"十三五"国家重点图书出版规划项目

BIM 技术及应用丛书

建筑工程设计 BIM 深度应用
——BIM 正向设计

杨 坚 主编

杨远丰 卢子敏 潘秀伟 何晓华 副主编

中国建筑工业出版社

图书在版编目（CIP）数据

建筑工程设计 BIM 深度应用：BIM 正向设计 / 杨坚主编 . —北京：中国建筑工业出版社，2021.3（2023.3重印）
（BIM 技术及应用丛书）
ISBN 978-7-112-25870-3

Ⅰ . ①建⋯　Ⅱ . ①杨⋯　Ⅲ . ①建筑设计—计算机辅助设计—应用软件　Ⅳ . ① TU201.4

中国版本图书馆 CIP 数据核字（2021）第 024861 号

本书是"BIM 技术及应用丛书"中的一本，详细介绍了建筑工程设计 BIM 技术的深度应用，即 BIM 正向设计的理想模式，是建筑工程设计流程再造与优化升级。全书共 14 章，包括 BIM 正向设计概述，基于 Revit 的 BIM 标准化管理，Revit 制图原理与通用步骤，BIM 正向设计总体策划，建筑专业 BIM 正向设计，结构专业 BIM 正向设计，给水排水专业 BIM 正向设计，暖通空调专业 BIM 正向设计，电气专业 BIM 正向设计，专业配合，管线综合设计，设计过程管理与成果交付，设计与模型校审，技术要点。

本书面向有意尝试或转型 BIM 正向设计的设计企业与团队，也可用作院校相关专业教学参考资料。

总 策 划：尚春明
责任编辑：王砾瑶　范业庶
责任校对：李美娜

BIM技术及应用丛书
建筑工程设计BIM深度应用
——BIM正向设计
杨　坚　主编
杨远丰　卢子敏　潘秀伟　何晓华　副主编
*
中国建筑工业出版社出版、发行（北京海淀三里河路9号）
各地新华书店、建筑书店经销
北京点击世代文化传媒有限公司制版
北京建筑工业印刷厂印刷
*
开本：787毫米×1092毫米　1/16　印张：25　字数：529千字
2021年3月第一版　2023年3月第三次印刷
定价：**89.00元**
ISBN 978-7-112-25870-3
　　　　（37068）

本书编委会

主　编　杨　坚
副主编　杨远丰　卢子敏　潘秀伟　何晓华
编　委　林　鹏　梁　隽　闫永亮　刘智衡
　　　　朱臻贤　凌　志　陈广权　余易运
　　　　郑　畅　李　昶　胡海峰　赵　欣
　　　　刘振新　李源龙　陈　亮　蔡文权
　　　　冯　俊　盛积源　梁孟曦　程晓宁
　　　　梁耀昌　吴剑琨　吕　冬　李玉山

丛书前言

"加快推进建筑信息模型（BIM）技术在规划、勘察、设计、施工和运营维护全过程的集成应用，实现工程建设项目全生命期数据共享和信息化管理，为项目方案优化和科学决策提供依据，促进建筑业提质增效。"

——摘自《关于促进建筑业持续健康发展的意见》（国办发 [2017] 19 号）

BIM 技术应用是推进建筑业信息化的重要手段，推广 BIM 技术，提高建筑产业的信息化水平，为产业链信息贯通、工业化建造提供技术保障，是促进绿色建筑发展，推进智慧城市建设，实现建筑产业转型升级的有效途径。

随着《2016—2020 年建筑业信息化发展纲要》（建质函 [2016]183 号）、《关于推进建筑信息模型应用的指导意见》（建质函 [2015]159 号）等相关政策的发布，全国已有近 20 个省、直辖市、自治区发布了推进 BIM 应用的指导意见。以市场需求为牵引、企业为主体，通过政策和技术标准引领和示范推动，在建筑领域普及和深化 BIM 技术应用，提高工程项目全生命期各参与方的工作质量和效率，实现建筑业向信息化、工业化、智慧化转型升级，已经成为业内共识。

近年来，随着互联网信息技术的高速发展，以 BIM 为主要代表的信息技术与传统建筑业融合，符合绿色、低碳和智慧建造理念，是未来建筑业发展的必然趋势。BIM 技术给建设项目精细化、集约化和信息化管理带来强大的信息和技术支持，突破了以往传统管理技术手段的瓶颈，从而可能带来项目管理的重大变革。可以说，BIM 既是行业前沿性的技术，更是行业的大趋势，它已成为建筑业企业转型升级的重要战略途径，成为建筑业实现持续健康发展的有力抓手。

随着 BIM 技术的推广普及，对 BIM 技术的研究和应用必然将向纵深发展。在目前这个时点，及时对我国近几年 BIM 技术应用情况进行调查研究、梳理总结，对 BIM 技术相关关键问题进行解剖分析，结合绿色建筑、建筑工业化等建设行业相关课题对今后 BIM 深度应用进行系统阐述，显得尤为必要。

2015 年 8 月 1 日，中国建筑工业出版社组织业内知名教授、专家就 BIM 技术现状、发展及 BIM 相关出版物进行了专门研讨，并成立了 BIM 专家委员会，囊括了清华大学、同济大学等著名高校教授，以及中国建筑股份有限公司、中国建筑科学研究院、上海建工集团、中国建筑设计研究院、上海现代建筑设计（集团）有限公司、北京市建筑设计研究院等知名专家，既有 BIM 理论研究者，还有 BIM 技术实践推广者，更有国家及行业相关政策和技术标准的起草人。

秉持求真务实、砥砺前行的态度，站在 BIM 发展的制高点，我们精心组织策划了《BIM 技术及应用丛书》，本丛书将从 BIM 技术政策、BIM 软硬件产品、BIM 软件开发工具及方法、BIM 技术现状与发展、绿色建筑 BIM 应用、建筑工业化 BIM 应用、智慧工地、智慧建造等多个角度进行全面系统研究、阐述 BIM 技术应用的相关重大课题，将 BIM 技术的应用价值向更深、更高的方向发展。由于上述议题对建设行业发展的重要性，本丛书于 2016 年成功入选"十三五"国家重点图书出版规划项目。认真总结 BIM 相关应用成果，并为 BIM 技术今后的应用发展孜孜探索，是我们的追求，更是我们的使命！

随着 BIM 技术的进步及应用的深入，"十三五"期间一系列重大科研项目也将取得丰硕成果，我们怀着极大的热忱期盼业内专家带着对问题的思考、应用心得、专题研究等加入到本丛书的编写，壮大我们的队伍，丰富丛书的内容，为建筑业技术进步和转型升级贡献智慧和力量。

前　言

BIM 正向设计[①] 是 BIM 技术在设计阶段应用的最理想模式，也是确保图模一致，设计信息顺利传递至施工与运维阶段，从而延展至 CIM 技术应用的必然选择。近年来国内很多设计企业投入了极大的热情进行 BIM 正向设计的研究、实践，也有不少堪称成功的项目案例，然而从企业层面而言，能成功从传统 CAD 设计模式顺利转型为 BIM 正向设计模式，并且以可持续的方式实现良性循环的设计企业可以说凤毛麟角。

实践表明，BIM 正向设计绝非易事。

很多设计企业将其主要原因归结为软件问题，认为通过设计人员的软件技能培训，即可解决 BIM 正向设计的瓶颈问题，然而一旦受挫，又将原因归咎于 BIM 设计软件的功能、效率、操作难度等方面的局限，继而失去信心，放弃尝试。这种成败系于软件的看法非常普遍，但我们认为并没有抓住重点。

重点在于，BIM 正向设计是整个建筑设计过程的流程再造与优化升级，需要企业层面的体系化支撑。它不单单是通过 BIM 软件建立 BIM 模型进行设计，并且出图，更关键的在于多专业的协同设计、互提资料、校对、审核、交付、归档、变更，乃至设计过程中的讨论、汇报，施工配合阶段的交底、工地巡场等全流程生产方式的切换。只有将 BIM 模型、BIM 软件作为日常设计、交流的工具，习惯成自然，才能形成可持续发展的生产力。

而这个生产方式的转变，离不开企业自上而下的策划与管理。BIM 正向设计由于多专业紧密配合，其图面表达又来自于三维，因此与 CAD 模式相比，规则繁多，要求严谨。粗放的管理模式不适合 BIM 正向设计；没有强有力的企业级技术管理，则难以形成技术迭代，无法从根本上提高效率。诸如设计样板文件、企业构件库的建立与维护，建模与出图规则的制定与落实，技术难点的研究与探索，易错点的总结与宣贯等，

[①]　BIM 正向设计的概念详见第 1.1 节，本书同时也采用"正向设计""正向"等省略表达，均为同一概念。但文中"BIM 设计"的概念则更宽泛，不仅限于 BIM 正向设计。

无不依赖于企业管理层面的主导。从这个角度看，说 BIM 正向设计是设计企业的"一把手工程"实不为过。

从技术层面看，BIM 软件的操作当然是一个根基，但一个普遍的现象是——"会 BIM 建模容易，会 BIM 设计很难，会 BIM 协同设计 + 出图更难"。原因在于目前看到的很多 BIM 教程、培训课程，着重讲述软件建模操作，即使有讲到出图，大多是单专业的基本图面表达，缺乏多专业之间互相配合协调、互相引用组合形成整合交付成果的深入介绍，对基于 BIM 模型出图如何尽量贴近传统二维表达缺乏深入的研究，鲜少看到有系统化的解决方案。因此，设计人员学会建模操作不难，但一到实战往往遇到无数的细节问题，摸索的过程事倍功半，让人疲惫不堪。

本书希望能给有意转型 BIM 正向设计的企业和团队提供一些帮助和参考。

本书基于广州珠江外资建筑设计院有限公司（简称"珠江设计"）与其下属技术支持单位广州优比建筑咨询有限公司（简称"珠江优比"）历年来的 BIM 设计研究与实践总结而成。与大多 BIM 相关教程不同之处在于，本书不讲述基本建模操作，也不讲述基于 BIM 进行建筑性能分析、方案推敲深化等内容，将重点放在如何多专业协同设计、如何提资、如何出图、如何校审、如何交付归档等设计全流程改造上面来。

虽然不讲基本建模操作，但本书对各专业正向设计过程中常遇到的技术细节问题也会作出深入的介绍，其中不乏独特的解决思路，可以说凝聚了一众设计与研发人员的探索与积累。

必须强调的是，BIM 正向设计目前确实还存在着很多技术难点尚未有理想的解决方案。本书没有回避这些难点，并且提供了我们的应对方案给读者参考。我们的原则是不能因为一些难点而止步，应从整体效益出发推进设计进程。有些解决方案虽然并不完美，但能通过某些方式绕过障碍，我们也权且采用，同时期待软件厂商解决或自己尝试开发解决。

同时，我们还秉承一个基本原则，即 BIM 正向设计应尽可能依照传统的专业表达习惯。或许业界对此仍有争议，但我们认为，从信息传递效率的角度看，二维图纸的制图标准与表达习惯经过数十年的打磨优化，已经达到极致，显然是有其合理性的。举个例子，无论是结构的平法集中标注，还是机电专业的多管标注，都是用一个集约的标记同时标注多个构件，这种高效的信息传递深受各参与方的欢迎，然而这在 BIM 设计中是无法直接做到的，因为违反了"标记与主体——关联对应"的逻辑。我们的基本态度是在确保信息准确的前提下，通过各种方法尽量维持传统的表达习惯，同时通过三维模型的辅助，对传统表达进行适度的改良或优化，如墙身大样可辅以局部三维轴测图等。

前面谈到 BIM 正向设计对设计企业来说是全流程工作方式的切换，但不意味着 BIM 正向设计与 CAD 设计之间的割裂与替代。相反地，我们认为只有做到 BIM 与 CAD 之间的二三维融合与无缝对接，才能真正让 BIM 正向设计落地。这其中既有各专业内部的设计分析软件与 BIM 软件之间的配合，也有设计成果与业主及外部参与方之间的配合，此外还有审批、交付、归档等各环节的要求，均无法离开 CAD 作为连接载体。单就设计出图而言，也无法完全从 BIM 模型导出整套设计图纸。因此，我们花了非常多的精力对二三维的转换、协同作出研究，取得了自认为不俗的效果，在本书中也作了专题介绍与业内分享。

总言之，我们理解的 BIM 正向设计模式，是可落地的、可成为持续生产力的设计模式，而不仅仅是尝试性的技术探索。希望本书的分享能给业界带来一点助益。

本书第 1~4 章内容为 BIM 正向设计的原理、标准化管理与总体策划；第 5~9 章为建结水暖电五大专业的正向设计指引；第 10~13 章为设计过程的综合管理；第 14 章为若干专题的技术要点。

本书主要面向的对象为有意尝试或转型 BIM 正向设计的设计企业与团队，如果读者有一定的 Revit 软件操作基础会更合适。如果没有，建议先学习 Revit 建模基础教程，再参考本书进行 BIM 正向设计的体系化学习。

技术研究永无止境，本书的许多做法未必是最佳做法，如有不当之处，还请读者批评指正。

目　录

第 1 章　BIM 正向设计概述

本章是整本书的总纲，主要介绍 BIM 正向设计的概念与优势，对正向设计与传统设计模式之间进行了详细的对比，也提到了 BIM 正向设计面临的困境。希望通过本章的介绍，快速建立起整体的框架，把握住正向设计的重点，不至于一下子进入具体的软件操作中。只有从整体把握正向设计的重点，才能理解全流程各个环节的逻辑与关联，从而顺利实施与转型。

1.1　BIM 正向设计的概念与要素

BIM 正向设计是近年才出现的名词，但迅速被行业所接受，表达了设计行业对 BIM 技术在设计领域回归本源的强烈期盼。这个概念提出的背景显然是针对一种被称为**翻模**的 BIM 应用流程。翻模这种广泛应用的流程是指基于二维图纸建立 BIM 模型，其主要目的是在设计阶段仍沿用传统二维 CAD 设计方式的条件下，建立 BIM 模型对设计成果进行检验、深化乃至虚拟建造、运维等后续应用。

翻模对于整个工程而言当然是有积极意义的，但对于设计阶段来说属于"后验证"的流程，没有在设计过程中起到应有的辅助与优化作用，模型与图纸之间是否一致也难以确保，因此设计领域对于这种 BIM 应用模式一直颇有微词。尽管遇到非常多的技术障碍与管理障碍，但设计领域及软件开发厂商一直没有停止对"BIM 设计"的研究与探索，希望能使 BIM 与设计流程、设计成果真正结合起来。

在这样的背景下，BIM 正向设计的概念被提出来。虽然尚未有官方的正式定义，但我们不妨这样对其作出解释：**BIM 正向设计是指应用 BIM 技术基于 BIM 模型进行设计，并据此形成设计成果文档的设计模式。**

这个定义仍然是宽泛与模糊的，从技术上说，目前还做不到像《建筑工程设计文件编制深度规定》那样对 BIM 正向设计提出明确的内容与深度要求，但业内也已形成一定的共识。我们将 BIM 正向设计确定的要素与不确定的要素归纳如下，以厘清概念。

1. BIM 正向设计的确定要素

（1）基于 BIM 模型出图

正向的概念已包含了基于模型形成设计文档的要求，因此是否基于 BIM 出图是判断是否正向的一个关键依据。虽然也有"用 BIM 全程辅助设计，但不出图"的做法，我们认为这属于"BIM 设计"，但不能算是"BIM 正向设计"。

但下文也会谈到，基于 BIM 出图所覆盖的专业、阶段、图别等，目前尚不确定。我们谨慎地作这样的限定：在技术可行的前提下，与建筑构件实体相关的图纸，由 BIM 模型输出。在第 4.3 节 BIM 出图范围一节，我们给出各专业分别采用 BIM 与 CAD 设计出图的范围建议。

（2）BIM 建模人员即为设计人员

翻模流程中，BIM 建模人员一般并非该项目的设计人员，因此造成理解偏差、图模不一致的情况频频发生。BIM 正向设计流程中，没有"纯建模"的岗位，各专业直接将建模与其设计进程相结合，模型即设计，建模人员即设计人员。

（3）基于 BIM 模型进行多专业协同设计

BIM 技术本身的协同性很强，只有把各个专业的模型集成在一起，才能表现设计的整体全貌、发现专业间的冲突、协调专业间的关系，各专业的设计图纸也是互相引用、协同进行，因此 BIM 正向设计要求多专业参与协同设计。仅有单专业（一般指建筑专业）参与的 BIM 设计，不能称为真正意义上的 BIM 正向设计。

（4）BIM 与 CAD 配合完成设计

BIM 设计在行业探索初期，也有过一些尝试，企图全专业全流程转向 BIM，只能使用 BIM 软件进行设计出图，不允许使用 AutoCAD 来绘图，甚至提出"告别 CAD"的口号。实践表明，这种做法目前还不具备可持续性。原因有多个方面，最主要的三个原因：一是很多专业的计算分析软件尚未移植到 BIM 软件平台，仍是基于 CAD 平台；二是仅就图面表达而言，BIM 软件的效果与效率总体尚未达到 CAD 的水平；三是设计表达在某些方面，模型投影的表达并无优势，如建筑的构造层次与细部节点、结构的钢筋、电气的线缆、机电的系统等，这些信息在传统的二维表达习惯中也许更简约、清晰，也更为各参与方所接受。

因此，为了推动真正落地的 BIM 正向设计，反而不应该摒弃 CAD，而应探索 BIM 与 CAD 二三维结合，高效完成设计的技术路线。

（5）BIM 出图的表达方式应接近传统表达方式

这个观点也许业内并不完全同意，有不少专家提出 BIM 时代的设计表达应根据 BIM 技术的特点进行修改，但如何修改尚未有得到普遍认同的做法。政府主管部门也组织编制了行业标准《建筑工程设计信息模型制图标准》JGJ/T 448—2018，但对于每个专业、每类构件的图面如何表达依然语焉不详。在这种状态下，保持传统习惯的表达方式进行法律意义上的设计成果交付就成了最现实但也最稳妥的做法。

从技术角度看，三维 BIM 模型的二维表达确实存在一些鸿沟，但基本不影响大局，部分细部可通过手动修饰完善来实现，目前最需要的是整理完整的技术路径，将 BIM 可直接实现的做法列出来，无法直接实现的部分则提供替代的做法，最终实现完整的保证质量的成果交付。这也是本书力求实现的目标。

2. BIM 正向设计的不确定要素

（1）BIM 覆盖的专业不确定

前面提到 BIM 正向设计要求多专业协同设计，具体覆盖的专业仍受到多方面的现实制约，无法统一要求全专业参与。如结构专业，其计算分析、出图均自成体系，普遍的做法是结构计算模型与 BIM 协同设计模型相互独立，或过程中互导，尚未形成两者合一的通用做法，因此结构的 BIM 正向设计还处于探索阶段。其他专业或细分专业也可能遇到同类问题，如电气专业的配电设计、暖通空调的冷热负荷计算等，其"设计"部分仍然较难集成在 BIM 模型中，目前较成熟的仍然是通过 BIM 实现其"制图"部分。

近年国内的软件厂商也在积极研发，如广厦软件已实现将结构计算模型与 Revit 模型结合并在 Revit 软件上进行平法表达的技术流程；鸿业的 BIMSpace 软件也集成了很多机电专业的计算与设计功能。随着类似技术的不断突破，BIM 正向设计覆盖的专业 / 细分专业也将越来越全面。

（2）BIM 覆盖的设计阶段不确定

什么阶段介入才算是 BIM 正向设计，这个问题也没有标准答案。有观点认为，从方案阶段就直接用 BIM 才算正向设计，笔者并不认同，因为方案更多的是建筑单专业的推敲调整，BIM 的信息化、集成化并非这个阶段所必须，建筑师可以应用 BIM 软件辅助方案设计，也可以不使用。当然，随着 BIM 软件的功能完善、建筑师的逐渐习惯，将其作为日常方案设计的工具也是很有可能的。

在第 4.2 节 BIM 介入时机一节中，我们列出几种模式供参考，原则仍然是在设计过程中通过 BIM 进行多专业的协同，并从 BIM 模型输出设计成果。在此原则下，不同专业根据项目具体情况选择合适的介入时机即可，关键是事先做好策划。

（3）BIM 出图范围不确定

前面提到，要求全套施工图纸均由 BIM 模型出图是不现实的。我们姑且使用"BIM 出图率"这样一个不太严谨的术语表达 BIM 出图占总体图纸的比例。即使是建筑专业理论上可以做到 BIM 出图率接近 100%，但部分图纸（如防水大样等节点详图），与模型并无太大关联，仍以二维线条绘制为主，这类图纸用 CAD 绘制也是可行的甚至是推荐的做法；其他专业的 BIM 出图率更低，如电气专业的很多图纸，在 BIM 软件里出图并非最佳选择。因此，BIM 出图范围是不确定的，随着软件的发展也会动态的调整。本书第 4.3 节给出的范围划分供参考，各设计企业可根据项目与人力资源情况进行调整。

1.2　BIM 正向设计的优势与困境

与传统的二维 CAD 设计模式相比，BIM 正向设计的优势是相当明显的，这里不作展开，简单归纳如下：

（1）基于三维可视化的 BIM 模型进行设计，设计师可更全面控制设计效果。

（2）基于多专业的三维 BIM 模型协同设计，有效提高专业配合质量。

（3）BIM 模型的二三维联动、数模联动，有效减少图纸错误，提高图纸质量。

（4）正向设计模式可彻底解决"图模一致性"问题。

（5）高度结构化的模型信息可在一定程度上实现合规性的自动审核。

（6）基于设计 BIM 模型可衍生出更多的设计成果，如可视化成果、性能分析成果、工程量统计成果等，提高设计的附加值。

（7）数字化交付的设计 BIM 模型可以延续至施工乃至运维阶段应用，也是未来 CIM 的组成基础（图 1-1 ~图 1-4）。

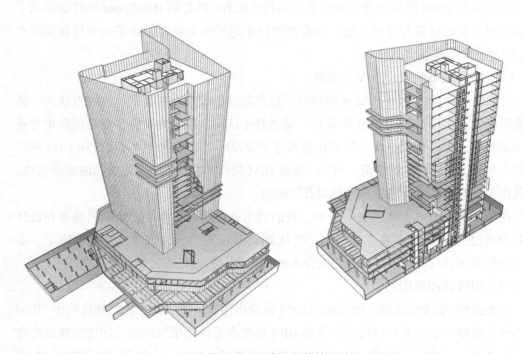

图 1-1　三维可视化的设计

图 1-2　细部的推敲

图 1-3　多专业的三维协同

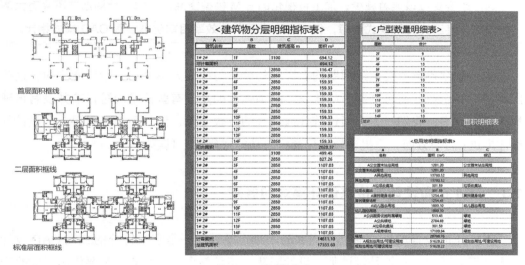

图 1-4　数模联动

尽管业内对 BIM 正向设计的优势普遍认可，但其推进速度却不尽如人意，其面临的困境主要有以下方面：

（1）BIM 软件操作技能要求较高，软件操作与 CAD 模式相差甚远，设计人员转变难度大，一般需专门培训。

（2）BIM 软硬件配置需要比 CAD 模式更多的投入。

（3）对于目前普遍被高度压缩的设计周期来说，BIM 正向设计的总体效率目前难以达到 CAD 模式下的效率。

（4）BIM 设计软件在图面表达方面与习惯表达仍有一定差距，耗费设计人员大量的时间去寻找解决方案，结果未必理想。

（5）BIM 设计软件目前与结构及机电的专业设计、计算软件结合度不高，设计环节往往需分为系统设计与计算、BIM 建模、出图三个环节，降低了效率。

（6）BIM 正向设计的协同要求比 CAD 模式严格很多，需要各专业紧密、近乎实时地协同，设计人员也需要转变与适应。

（7）BIM 正向设计的项目管理流程，如阶段划分、设计深度、提资方式、校审方式、出图方式、变更方式、产值划分等，均与 CAD 设计模式有所区别，甚至大相径庭，设计企业需要摸索适合自己的管理方式。

上面列出的 7 项困境，大致可分为技术与管理两方面的问题。笔者认为，其中最关键的还是第（3）、（4）点，解决了**效率问题**与**图面表达问题**，其他方面的困境基本上可以迎刃而解。

💡 提示：关于效率问题需辩证分析：基于高质量的 BIM 正向协同设计，后期因设计本身导致的修改变更应该显著减少，加上可视化的 BIM 模型交底，总体设计周期并不会有大幅的增加，甚至比传统模式更短，但"一次成图"的效率目前仍难以跟 CAD 模式相比。

本书后续各章节对上述问题均有详细的分析与应对方案介绍，希望能给面临这些困境的设计企业一些可资参考的建议。必须强调的是，**有些技术问题目前并没有很理想的解决方案**，我们一方面通过替代或绕开的方式应对，使其不至于阻碍正向设计的整体推进；另一方面，也提请软件厂商完善功能或研发工具解决。

1.3　BIM 正向设计与传统设计模式的区别

BIM 正向设计的推行遇到相当大的困难，原因之一是它跟传统的二维 CAD 设计模式有很大区别，不管是设计师、设计团队，还是整个设计企业，都要作出很大改变才能适应它。本节总结了这两种设计模式的区别，目的是让设计师在开始进入正向设计之前，对其有一个比较全面的认识。

1.3.1　设计载体不同

这是显然的区别。BIM 设计的载体是具有三维可视化特征的高度结构化的 BIM 模型，传统模式的载体则是由线条、文字等图元构成的相对离散的 CAD 图形。简单来看是三维和二维的区别，但这个区别对设计师的思维方式有非常大的影响，这里仅作简单介绍，相信在实践中会有更深的体会。

对于建筑专业来说，传统设计同样离不开三维造型软件去推敲造型与空间，但图纸与造型之间是相互独立的，没有关联，要深化设计及或者修改，就需要分别进行。

BIM 模型的二三维集成的特性对建筑师非常有利，可以随时、任意剖切进行查看，图纸与模型双向同步修改，这些都是 BIM 模型给建筑师带来的便利。但其修改时构件的互相关联，导致操作没有 CAD 设计模式那么随心所欲，这是需要适应的。

对于机电专业来说，对设计思维的转变要求更高。CAD 模式的机电设计，大部分机电工程师是平面思维，仅在最后的管线综合阶段会考虑高度方面的协调。BIM 设计模式要求所有的实体构件在设计的时候都要考虑高度，相当于把以往偏后期的设计工作提前考虑了，这对于专业协调是有利因素；但对于本专业设计来说，加大了前期的工作量，需要调整并且适应新的周期划分。

此外，原本用线条表达的内容一旦转为用三维模型表达，其要求就立刻变高，尺寸、标高均需要考虑，构件之间对位也需要考虑高度方向，原本有些构件在二维图纸上无需表达或无需精确表达，在 BIM 模型里也必须准确表达，如管道的弯头、三通等管件，门槛、楼梯扶手等构件，均需如实建模。调整起来也需要更多的工作量，机电管线的调整尤甚。纯以"制图"来说，这在一定程度上降低了效率，虽然设计效果应该会更好，但设计周期也应适当加长 [①]。

现实中加长设计周期也许很难，如何在 BIM 设计流程中也实现与 CAD 设计流程一致的效率，这是全行业孜孜以求的目标，本书也整理了很多我们积累的经验供参考。

1.3.2　制图原理不同

这是设计师很难适应的一个区别。CAD 模式以线条及符号为主要表达形式，并形成了一整套完善的表达习惯。BIM 模型以三维为出发点，其制图原理是基于三维模型进行投影或剖切，得出二维的视图，但其中的二维线条仍然跟三维构件是关联的，无法像在 AutoCAD 软件里一样自由编辑（图 1-5）。虽然 BIM 软件已经在此基础上根据

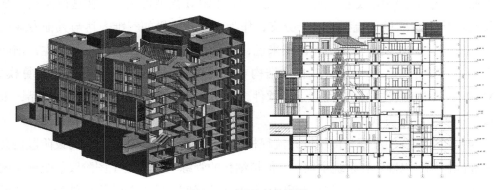

图 1-5　图形来自模型

---

① 基于高质量的 BIM 正向协同设计，后期因设计本身导致的修改变更应该显著减少，加上可视化的 BIM 模型交底，总体设计周期并不会有大幅的增加，甚至比传统模式更短，但"一次成图"的效率目前仍难以跟 CAD 模式相比。

专业表达习惯进行了大量的适配调整，外部载入的构件也可以自定义二维表达方式，但受到的掣肘仍然相当大。当发现图面表达无法按传统方式表达时，往往需要花大量的时间去研究如何实现，或者去修改构件的二维表达。

这个区别在软件操作上的体现就是自由度的区别，在 BIM 软件的平面视图里，无法随意进行线条（特指构件投影或剖切形成的线条，如墙线）的延长、打断等操作，需通过构件或视图的修改使其符合表达意图。如果实在满足不了，甚至需通过遮罩、不可见线等方式去人为干预。

如果 BIM 软件具体到以 Autodesk Revit 为核心软件，那两者的差别更为显著，AutoCAD 软件主要通过图层对图元进行分类和显示控制，而 Revit 软件没有图层的概念，完全依赖构件类别、属性进行分类和显示控制，这使得两者的逻辑和操作方式都大相径庭。

1.3.3　设计流程不同

BIM 正向设计的设计流程与传统设计流程没有本质的区别，一般来说整体的设计节奏仍按方案、初设、施工图三个阶段划分，其主要区别在于：

（1）由于图纸里与实体相关的图元主要来自模型，标注图元也大部分提取自模型信息，因此图面的整理与标注相对快捷[①]，可以将设计的侧重点放在模型及其信息的设计上。

（2）BIM 正向设计对专业协同的要求更高，为了整体效率的提升，机电专业的流程需要调整一下，在初步设计阶段就应把各系统的主管线模型建出来，并通过初步管线综合确保空间净高，确定路由走向。

（3）对结构专业来说，由于结构计算模型与 BIM 模型尚未融为一体，目前仍需基于 CAD 重建结构 BIM 模型，或从计算模型导出 BIM 模型再完善，在这种模式下 BIM 更像是结构本身的设计流程的一个分支，作为本专业成果的三维表达与其他专业进行提资与配合。BIM 模型对于结构出图来说，以仅表达几何尺寸的模板图为主，钢筋信息的表达尚未成熟。如前所述，目前结构专业的软件厂商已在研发将结构计算模型、BIM 模型、BIM 平法出图合而为一的软件，其中广厦软件已推出这方面的产品，未来应成为一种主流的方式。

（4）管线综合的流程与传统设计流程相比区别较大。传统流程中，初设阶段也会进行专业间协调，以确定各系统主路由，但精细化的管综一般到施工图阶段甚至施工图出图后才会进行。在施工图的设计过程中，各专业管线间、管线与结构构件间的协调是相

---

① 当然前提是操作熟练、标注样式已设置完善。开始阶段的前一两个项目，图面设置与标注样式均需要额外的时间进行尝试、整理，形成稳定的公司标准后才能提高出图阶段的效率。

对较少的，很容易造成净高不够或互相冲突的结果。使用 BIM 正向设计流程，全专业均在一个整合模型下工作，各专业负责人也需要随时把握本专业成果在整体设计中的效果，发现较大冲突时及时处理，因此在施工图过程中已消化掉大部分的管线碰撞，管线已完成了初步避让，管线综合图、预留孔洞图均有条件与各专业施工图同步出图。

1.3.4　协同方式不同

协同是指各专业之间互相配合的过程。CAD 模式主要通过 dwg 文件的外部参照方式进行，属于较为松散的协同，很容易出现各专业的文件版本对不上，导致冲突的问题[①]。在 BIM 正向设计模式里，各专业之间的协同紧密程度高很多，以 Revit 软件为例，通过其工作集模式与链接模式的结合，使设计团队内部几乎可以实时协同，各专业的工作文件即为其他专业的链接文件，可保持最新版本，工作文件的唯一性得到较高程度的保障；同时，全专业模型可以随时合模，使协同设计的效果大幅提升。

本书第 4.5 节"BIM 协同方式"专门讲述 BIM 正向设计的协同设计方法与要点，从中可更深入地了解其与 CAD 协同方式的区别。

1.3.5　提资方式不同

基于协同方式的不同，各专业间互提资料的方式也有显著区别。CAD 模式下以"dwg+ 云线圈示 + 引注说明"为主，传递的是独立的 dwg 文件，容易造成版本对不上，且管理基本上靠人工核对。Revit 软件的协同方式使各专业之间可以互相引用对方的视图，其云线或者专门的标注图元自带属性，可以用明细表[②]的方式进行列表管理，解决 CAD 模式下的不足。当然，在操作的规范性方面要求也更加严格。

本书第 10 章"专业配合"详细介绍了 BIM 正向设计中的专业配合、互提资料流程与技术要点。

1.3.6　校审方式不同

校审是确保设计质量的一个重要环节。传统设计模式以纸质图纸或 dwg/dwf/pdf 二维图纸校审的方式为主。BIM 正向设计的校审除了针对二维图纸，还应审核各专业整合的模型，在三维的角度观察细部，体验空间，排查专业冲突，这个过程对设计质量的提升是非常明显的；同时，也需要校审人员掌握在 BIM 软件里进行校审的基本操作。

本书第 13 章"设计与模型校审"介绍了 BIM 正向设计的校审流程与技术要点，同时也介绍了图模一致性的审查方法。

---

① 部分设计企业采购或定制 CAD 协同平台，通过平台改善协同的效果。

② Revit 云线虽自带属性，但也不能直接生成明细表，我们通过一个插件生成列表，详见第 10.3 节内容。

1.3.7 交付成果不同

BIM 正向设计的交付成果比 CAD 设计流程要丰富得多，除了传统意义上的图纸，还包括整合了各专业的 BIM 模型，以及从 BIM 模型衍生出的一系列成果，如漫游动画、全景图、VR 场景、各种统计表、各种可视化分析等，设计 BIM 模型本身也可以延续到施工阶段继续应用，从而创造更多的附加价值（图 1-6、图 1-7）。

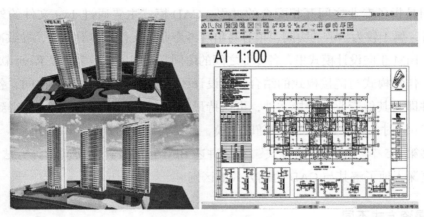

图 1-6 可视化交付成果

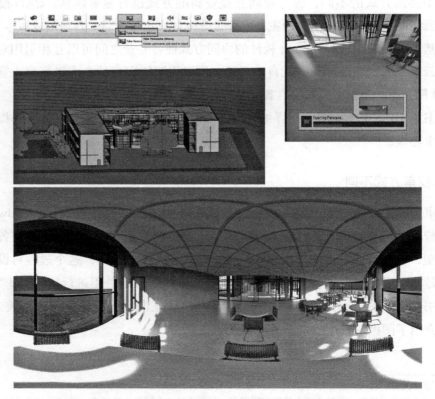

图 1-7 Revit 官方样例通过 Enscape 渲染全景图

本书第 4.8 节"成果交付清单"介绍了在总体策划阶段需对交付成果进行策划，以指导设计过程中的成果整理。

1.4　BIM 正向设计的软件选型

对于民用建筑设计领域来说，BIM 正向设计的软件选型目前主要有两条技术路线：

（1）以 Autodesk Revit 为主要建模与设计软件平台的技术路线

Autodesk Revit（后文简称 Revit）是 Autodesk 公司旗下的主打 BIM 软件产品，经过近 20 年的开发已相当完善，其优点是功能全面、拓展性强、资源丰富、应用面广。Revit 涵盖了建筑、结构、机电等专业的建模与设计功能，使得各专业可以在同一软件平台上协同设计，避免反复互导可能造成的低效与数据丢失。后续的施工阶段采用 Revit 软件的企业较多，因此设计 BIM 模型的延续性也较好。

基于 Revit 平台开发的插件非常丰富，已有不少成体系的专业插件，如鸿业 BIM Space、广厦 GSRevit 等，各设计企业也可以自行开发插件工具[①]。珠江优比也开发了一套正向设计的工具集 Revit 插件，可有效提高设计效率。此外，Revit 的相关教程、构件资源库（称为"族库"）也非常丰富，降低了设计企业从 CAD 设计转入 BIM 设计的门槛。

要完成正向设计的全流程，Revit 软件还需要与其他软件进行配合，如模型整合一般采用 Autodesk Navisworks Manage（后文简称 Navisworks）软件，模型的即时渲染可以选择 Enscape、Fuzor 等，根据具体需求进行搭配使用。

（2）Open BIM 技术路线

Open BIM 是以数据标准（通常指由 buildingSMART 组织倡导并维护的 IFC 标准及格式）为核心，实现多种软件之间互操作性的一种理念。Open BIM 强调数据互通，不指定软件。在实践层面，较成熟的流程是以 Graphisoft ArchiCAD 作为建筑专业的主要建模与设计软件，辅以其他专业 BIM 软件，如机电专业采用 Rebro 或 Revit、结构专业采用盈建科 YJK 或 Tekla 等，通过 IFC 格式进行数据传递及专业协同，多专业整合在 ArchiCAD 里进行或通过专门的整合平台进行。

Open BIM 优点是各个专业可以选择本领域中最合适或最熟悉的 BIM 软件，缺点则是不同软件之间数据互通仍有一些问题，多软件的成果互导、协作流程对设计配合效率有一定影响。

在上述两条技术路线以外，业内也期待早日看到国内自主研发的 BIM 设计软件。

由于国内的设计企业大部分为综合型设计院，多专业内部协作的模式居多，因此

---

① 本丛书中的《建筑工程 BIM 创新深度应用——BIM 软件研发》有 Revit 二次开发的详细教程可供参考。

采用 Autodesk Revit 作为核心软件平台开展 BIM 正向设计的设计院较多，珠江设计也选择此技术路线。本书以珠江设计的项目实践为基础，基于 Revit 作为 BIM 正向设计的核心软件平台展开介绍。

1.5　BIM 正向设计的实施要点

在第 1.2 节中我们提到 BIM 正向设计的优势与困境。BIM 正向设计对于设计企业来说是一个流程的大转变，要想充分发挥优势、摆脱困境，需要自上而下的总体规划。本节总结出对于设计企业来说，转型 BIM 正向设计需要注意的实施要点，分析如下：

（1）建立企业层面的 BIM 标准化技术管理体系

笔者认为，这是首要的一点。BIM 正向设计涉及的技术细节非常多，包括 Revit 样板文件、族库、建模规则、制图规则等，均需要建立企业层面的标准化技术管理体系。**这里的管理包括建立和迭代两个层面，其中迭代甚至更为关键。**

以样板和族库为例，即使有软件厂商提供的基础样板与基础族库，仍需经过大量的设置改造，才能真正成为企业样板与企业族库，而在项目实践过程中，会不断发现样板及族库的各种问题，需要进行修改、完善、替换。如果缺少企业级的技术管理措施，这些修改就分散在各个项目或个人身上，无法汇集到一处进行迭代，也就无法在后续项目中更新应用，于是问题又重复出现。

建立企业级的 BIM 技术管理体系，既要有一定技术能力的主管人员，也要有相应的沟通渠道及管理方式。对于其中的族库管理，目前业内已有多款成熟的族库管理软件可供选用。珠江设计则通过自主开发的族库管理软件进行管理，通过普通用户与管理员两种角色分别控制其读、写权限，要写入企业族库的构件须经管理员确认并可追溯。

（2）建立企业层面的软硬件配置及协同工作环境

这是必要条件，硬件配置需满足 Revit 进行中等以上规模模型的运行需求，一般配置双屏幕。软件配置除 Revit、Navisworks Manage 外，还需考虑前面提到的一些二次开发的专业软件，如鸿业 BIM Space，珠江优比研发的出图辅助软件优比 ReCAD，实时渲染软件如 Enscape 或 Fuzor，云端协同平台如 Revizto 等。这些辅助软件不一定一次性配置完全，可根据项目开展情况，经试用比选后再行采购。

协同工作环境则主要是局域网的配置，如果参与 BIM 正向设计的团队分散在多处办公，一般需要有同一个 IP 地址的局域网服务器供项目进行协同和共享，详见第 4.6 节的介绍。

（3）合理界定 BIM 正向设计覆盖范围

理论上，BIM 正向设计是全专业、全流程采用 BIM 设计并出图，但实践中发现并不能简单粗暴地抛弃 CAD、全面转用 Revit，两者需有机结合才能顺利完成项目设计。

本书第 4.2、4.3 节在介绍项目总体策划时会进行分析，BIM 介入时机、BIM 出图范围都是需要事先进行策划确定的。从设计企业推进 BIM 正向设计转型的角度看，必须分步骤分阶段，由浅入深稳步推进，在不同的阶段确定不同的覆盖范围，这样才能顺利转型。

（4）建立配套的项目管理体系

前面介绍了 BIM 正向设计在设计流程，协同方式，提资、校审、出图、变更、归档等流程方面，与传统设计模式均有较大区别，因此需建立配套的项目管理体系，把每个环节的做法都固化下来、责任人都明确下来，形成制度化的文档，以确保实施流程的顺利进行。

（5）模型应用日常化

模型应用日常化是 BIM 正向设计流程可持续进行的一个基本要求。在项目日常交流、设计评审、节点汇报、施工交底、施工巡场等各种场景，应充分应用 BIM 模型，使项目各参与方均能感受到 BIM 正向设计带来的优势，增加对设计团队的认可度，也增强设计团队的信心。

当然对于汇报、交底等正式场合，需事先对模型进行整理，如模型的轻量化、合模、视点预设等，才能取得更好的效果。本书第 12 章对此有系统的论述。

（6）逐步解决技术难点

前面提到，BIM 正向设计面临的困境中最关键的两个方面：效率和图面表达，均为技术方面的原因。基本上每一个设计团队在真正实施第一个 BIM 正向设计项目的时候，都会遇到大量的技术问题。这些问题有的已经有解决方案或替代方案，有的尚未有普遍认可的解决方案，这些问题常常成为 BIM 正向设计裹足不前的障碍，非常遗憾。

举一个简单的例子，Revit 的线型无法设置为带字母的复杂线型，未能满足机电专业的习惯表达，有些设计院的机电总工不能接受，于是 BIM 正向设计无法推进下去。[①]

我们认为，技术难点是必然存在的，解决也不可能一蹴而就，但不能因噎废食，仅因局部障碍就放弃整个正向设计的转型。很多障碍通过一些简单的替代方式或通过 CAD 配合就可以解决，也是可以接受的，关键仍是整个流程的打通。

在企业的技术管理层面应形成相关的知识库。这类技术问题往往每个项目都会遇到，应通过知识库记录标准化的应对流程，如果找到有更好的解决方案，就进行知识库的更新，这样方能整体提高设计团队的技术水平。

---

① 本书 14.7 节有该问题的解决方案。

第 2 章　基于 Revit 的 BIM 标准化管理

在第 1 章中，我们提到企业层面的标准化技术管理。对于 Revit 软件平台来说，其中关键的内容是企业级 Revit 样板定制、企业级族库管理和企业级建模规则。

企业级 Revit 样板定制需要考虑的内容相当多，有很多细节互相牵制，需全盘考虑。本章第 2.1 ~ 2.4 节介绍企业样板定制的要点。

企业级族库管理相对容易，可以依靠专项软件进行，本章第 2.6 节将作简单介绍。

BIM 正向设计的建模规则因涉及出图表达，因此需考虑的细节也更多，详第 5 ~ 9 章内容，本章暂不展开，但在介绍 Revit 样板时会讲述其与建模规则之间的关系。

2.1　企业样板定制要点

对于基于 Revit 进行正向设计的设计企业来说，一套好用的 Revit 样板文件至关重要。样板文件既统一了各个项目、各个设计师的模型与图纸的成果样式，同时又集成了各专业的很多技术细节，是提升效率的关键之一，因此需给予足够的重视。

企业 Revit 样板的定制需考虑的因素非常多，因此建议由熟悉 Revit 操作、同时也熟悉各专业出图要求的技术人员进行设定，并定期维护、升级。有一些基于 Revit 的设计软件如鸿业 BIM Space，提供了较为完善的 Revit 设计样板，但企业仍需要在其基础上进行调整，才能适应企业的应用要求。

总体来说，企业 Revit 样板定制需考虑以下因素：

（1）Revit 版本。

原则上统一以最新或较新的版本为宜，但一旦确定版本，就不宜频繁升级。建议每两年升级一次，至少保留三个年份的 Revit 版本，每次内容更新都要考虑各个版本同时更新。

（2）专业划分。

样板的专业划分有**单专业样板**与**组合样板**两个方案，分述如下：

1）每个专业所需的设置及构件库均不相同，样板全部分开是显然的一个方案，优点是样板文件比较轻量化，单专业应用比较简明、快捷；缺点是如果多个专业采用工作集方式在一个文件里协同，使用起来就很不方便。

2）另一个方案是多个专业分别组合做成样板。实践经验表明，建筑与结构专业在一起建模，可减少很多连接扣减及出图方面的麻烦，因此建筑与结构建议组合在一起做成一个样板文件；机电三个专业，协调频繁，有很多设置需统一，还有一些构件是多专业共用的，因此建议在同一个文件建模，样板也最好是三个专业合一的样板。这样，五大专业就分为"建筑＋结构""水＋暖＋电"两个样板文件。**本书建议采用组合样板的方案。**

（3）各专业通用设置。

有一些共性的设置必须（或最好）在多个专业的样板之间进行统一，否则可能带来比较麻烦的后处理。需统一的内容包括：线宽设定；对象样式；基本线型；基本材质；图框；浏览器组织；部分项目参数及共享参数。

（4）专业配合。

为方便进行专业之间的配合，需在样板文件中预设相应的视图分类及视图样板，便于其他专业进行引用。如机电专业的建筑底图，常规操作是通过链接建筑专业模型，引用预先设好的平面视图。这就要求建筑样板文件里预设对应的视图样板。

（5）样板文件的维护升级。

这里说的"升级"，不仅限于 Revit 软件版本升级，更多的是对于样板使用过程中发现的不合理之处、可优化之处，进行实时或定期的修改、更新（包括族的修改更新）。这项工作要求有专人跟进，最好由样板文件的制定人来跟进。

下面分别从**通用设置、视图组织、预设类型及预加载族**三方面介绍 Revit 样板的制作。不管是基于现成的样板整理，还是从头开始自己建立样板，均需考虑这几个方面的设置。设置的顺序也建议按此顺序进行，基于同一个初始样板，将前两部分设好后，再复制出来分专业进行预设类型及预加载族的设置。当然如果一开始没有统一，后续也可以通过**"管理→传递项目标准"**进行统一。

2.2 Revit 样板通用设置

通用设置包括了各专业需统一的设置项，包括线宽、对象样式、线型、填充、文字与标注等，均影响到各专业的图面表达是否协调一致。

2.2.1 线宽

跟 AutoCAD 主要通过颜色控制线宽的机制不同，Revit 的线宽跟颜色不相关，分为多个层级控制，体系比较复杂。其中，最基础的层级是通过**对象样式＋线宽设置**进行每一类构件的线宽设定。

线宽设定影响全局，不单是本专业，也不单是当前文件，它会影响到整个项目，因为当专业间通过链接进行协同时，各自的线宽如果不统一，就会影响到图面的效果，因此需各专业的样板文件统一进行设定。

💡提示：链接文件的构件线宽不会跟随主文件的线宽设置。

线宽通过『**管理→其他设置→线宽**』命令进行设定，如图 2-1 所示，分为模型线宽、透视视图线宽、注释线宽三个页面设置，其中最重要的是模型线宽。从图 2-1 中可以看出，Revit 直接按不同比例设置线宽，这省去了在 AutoCAD 中打印不同比例图纸时需选择不同打印样式的步骤，相当于把打印样式表内置于 Revit 文件中。

在设计过程中可通过『**细线**』命令（默认快捷键 TL， 〓 ）进行**单像素线宽显示与实际线宽显示**两种模式的切换，在出图阶段建议按真实线宽显示，以更好地控制图面效果。

图 2-1 所示为鸿业 BIM Space 样板的线宽设定，与 Revit 默认样板的线宽设定有较大区别，我们选择以它为基础进行调整，是考虑到项目过程中可能会使用鸿业 BIM Space 辅助设计，以它的样板线宽为基础，可以更好地配合其配套族的表达。

注意，这里共分为 16 种线宽，图 2-1 中示例并非一直递增，而是分为序号 1 ~ 8、9 ~ 16 两部分，这一方面是 16 种线宽并无必要，另一方面是两部分可以大致分别对应土建、机电来设定，更有条理。

💡提示：全局的线宽设定与对象样式的设定互相结合而起作用，需结合企业出图标准调整。

比如，图中圈出的 7 号线宽，在 1：100 比例下为 0.5mm 宽，这是常规建筑、结构专业的平面图中墙柱剖切线的宽度。如果企业标准中墙线并非 0.5mm 宽，就可在这里进行调整。

线宽				
模型线宽	透视视图线宽	注释线宽		
模型线宽控制墙与窗等对象的线宽。模型线宽根据视图比例而定。				
模型线宽共有 16 种。每种都可以根据每个视图比例指定大小。单击单元可以修改线宽。				
	1：20	1：50	1：100	1：200
1	0.1000 mm	0.1000 mm	0.0800 mm	0.0500 mm
2	0.1800 mm	0.1300 mm	0.1000 mm	0.1000 mm
3	0.2500 mm	0.1800 mm	0.1300 mm	0.1000 mm
4	0.3500 mm	0.2500 mm	0.1800 mm	0.1000 mm
5	0.5000 mm	0.3500 mm	0.2500 mm	0.1300 mm
6	0.7000 mm	0.5000 mm	0.3500 mm	0.1800 mm
7	1.0000 mm	0.7000 mm	0.5000 mm	0.2500 mm
8	1.4000 mm	1.0000 mm	0.7000 mm	0.3500 mm
9	0.1300 mm	0.1300 mm	0.1300 mm	0.1300 mm
10	0.1800 mm	0.1800 mm	0.1800 mm	0.1800 mm
11	0.2500 mm	0.2500 mm	0.2500 mm	0.2500 mm
12	0.3500 mm	0.3500 mm	0.3500 mm	0.3500 mm
13	0.5000 mm	0.5000 mm	0.5000 mm	0.5000 mm
14	0.7000 mm	0.7000 mm	0.7000 mm	0.7000 mm
15	1.0000 mm	1.0000 mm	1.0000 mm	1.0000 mm
16	1.4000 mm	1.4000 mm	2.5000 mm	0.7000 mm

添加(D)... 删除(E)

确定 取消 应用(A) 帮助

图 2-1 模型线宽设置

💡提示：注意 1 号线的设置，它决定了构件表面材质的填充线宽，因此宜设为该比例下最细的线宽，详第 14.9 节专题介绍。

线宽设定的第 2 页面为透视视图线宽，仅针对透视图设置，笔者的经验是这里所有线宽全部设为最细的线宽（0.025mm），透视图导出图片的效果最好。如图 2-2 所示，左图（a）为默认线宽效果，右图（b）为全部设为 0.025mm 的效果，边线设细后显得更精致。

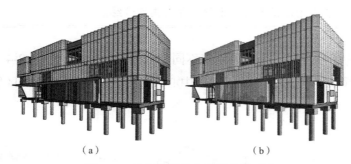

（a）　　　　　　　　　　　　（b）

图 2-2　透视视图线宽设置效果对比

2.2.2　对象样式

对象样式决定了 Revit 模型各类构件在视图中的**默认显示样式**，包括线宽、线颜色、线型图案，部分构件有默认材质。其中，对出图影响最大的还是线宽设置。

通过『**管理→对象样式**』命令打开设置界面，如图 2-3 所示，分为 4 个页面，包括 78 个模型类别、142 个注释类别，其中第 2 页注释对象比较简单，除图框和部分特殊标记外，大部分设为细线（1 号线）即可；图框的设置详见第 2.2.10 小节。第 3、4 页可以忽略。下面主要看第 1 页模型对象的设置。

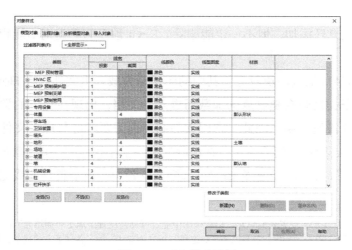

图 2-3　对象样式设置

首先设置各模型类别，然后再展开其子类别进行设置。**各模型类别的投影线、截面线线宽根据公司出图标准进行设置**，注意互相之间的协调，如墙的截面线宽与结构柱、结构框架（即结构梁）、楼板等结构构件的截面线宽应一致。注意楼板的**投影线宽**应设为 1 号线（最细的线宽），因为这个值决定了特定条件下 [1] 楼板在平面视图中**填充图案的线宽**，详见第 14.9 节专题介绍。

💡 提示：对于细分类别，如墙体的隔墙、面层墙等希望截面线设为细线，在对象样式这里无法实现，需通过视图过滤器进行细分，后文再作介绍。

子类别是为了满足同一个族里面有不同显示样式的需求，如图 2-4 所示的风管设置，其"中心线"子类别设为较细的"中心线"线型，与风管边线区别开，满足出图需求。

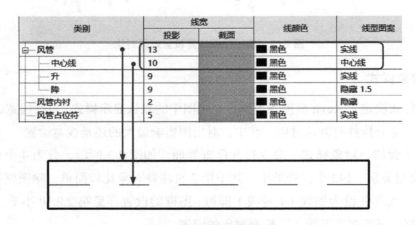

类别	线宽		线颜色	线型图案
	投影	截面		
⊟ 风管	13		■ 黑色	实线
— 中心线	10		■ 黑色	中心线
— 升	9		■ 黑色	实线
— 降	9		■ 黑色	隐藏 1.5
— 风管内衬	2		■ 黑色	隐藏
— 风管占位符	5		■ 黑色	实线

图 2-4 风管子类别设置

子类别可以自己添加，但不一定能删除。Revit 预设的子类别不能删除，自己添加的则可以。

正如 AutoCAD 加载图块时会将其中的图层一起载入主文件，**在 Revit 中载入外部族时，里面的子类别也会随着族的加载而进入主文档**，出现在相应的类别里，并**受主文档的对象样式设置控制**。因此，常用族的制作也需要考虑与样板文件的子类别设置对应。以如图 2-5 所示的门族为例，在门洞处有一根小短线 [2]，其子类别为"平 / 剖面打开方向 - 实线"，载入后**在主文档**的对象样式设置中，该子类别的线宽如果与墙体的

---

① 具体而言，是"材质没有设置表面填充，但在视图中通过可见性设置添加了表面填充"的楼板。

② 为什么会有这根小短线，原因跟门族做法有关，这里门板处为双线，为了盖住下方的线条，双线中间加了遮罩，而这个遮罩又把洞口处的墙端线盖住了一半，所以要用一根小短线补回去。如果门族采用单线表达则无此问题。

截面线宽不一致，即左下图的效果，图面效果不佳。当改为跟墙体一致（7 号线宽），即右下图的效果，符合表达习惯。

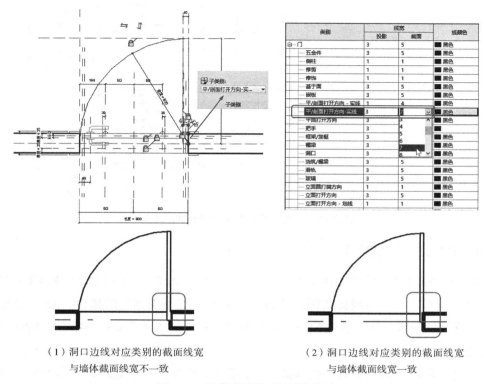

（1）洞口边线对应类别的截面线宽　　　　　　（2）洞口边线对应类别的截面线宽
　　　与墙体截面线宽不一致　　　　　　　　　　　　与墙体截面线宽一致

图 2-5　子类别设置对图面的影响

各类对象的颜色根据习惯设置。**机电管线系统一般按其系统颜色设置，无需在此考虑。**其余构件需考虑的是 Revit 视图背景颜色，如果设计团队习惯按 Revit 默认白底，则以深色系为主；如果习惯像 AutoCAD 一样，则以浅色系为主。如果两种习惯均有，则较难协调，建议大部分构件按黑色设置，如本节的图中所示，Revit 会自动适应黑白反显。

除了线宽、颜色，还需注意**线型**设置。一般构件类别均按默认实线显示即可，但很多构件类别都有一个叫"隐藏线"的子类别，其线型设置会影响图面。如结构的模板图里，楼板下方的梁边线显示为虚线，这个虚线的线型即在此设置，其属于"楼板"类别里面的"隐藏线"子类别。图 2-6 示意了不同线型设置对图面的影响（更详细的设置参见图 6-26）。这些构件的"隐藏线"子类别不单单影响结构平面，在很多视图中都可能有影响，如通过『视图→显示隐藏线』命令将被遮挡的物体显示为虚线，则此虚线即按被遮挡物的"隐藏线"线型显示。

对象样式的设置细致、烦琐，很难一步到位，可在项目实践中不断完善。

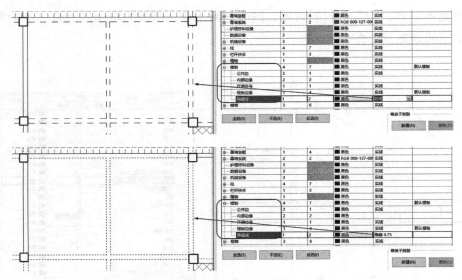

图 2-6　隐藏线子类别设置对图面的影响

2.2.3　线样式与线型图案

Revit 的**线样式**与**线型图案**是两个相关联的概念。AutoCAD 的线型在 Revit 中对应的概念是线型图案，而**线样式**则是"线宽＋颜色＋线型图案"的集合。Revit 里如需绘制特殊的线条或将图元表达为特殊的线条时，并不像 AutoCAD 一样直接设置线型，而是通过线样式来设置。

通过『管理→其他设置→线样式』『管理→其他设置→线型图案』命令可分别进入其设置窗口，如图 2-7 所示。对于样板设置来说，需将常用的线型图案及线样式设置好。

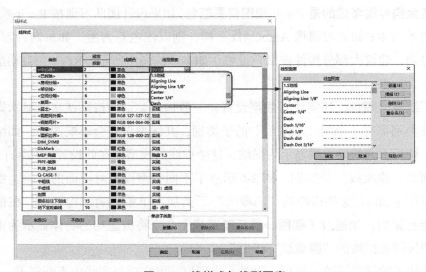

图 2-7　线样式与线型图案

Revit 软件与 AutoCAD 软件的线型有两个较大的区别：

（1）**Revit 没有线型比例的概念**。其短线、空隙的长度都是实际值，因此不同比例下需要不同的线型设置。

（2）Revit 仅支持由短线、点、空隙组成的简单线型，**不支持有图形、文字的复杂线型**，因此远不如 AutoCAD 的线型丰富。

第（2）个特点导致 Revit 的图面表达受到一定限制，尤其机电专业因同一图纸可能需要表达多个系统，非常习惯使用带字母的线型，而在 Revit 软件里只能通过区分度有限的简单线性来表达，因此常常受到诟病。**我们的解决方案是导出 dwg 文件进行出图，详见后续章节。**

Revit 自带样板里的已有常用的线型图案，如果需要也可以通过简单的操作自行新增。需要注意的是，AutoCAD 里的线型不能直接导入 Revit 使用，需要一些处理的技巧，详见本书第 14.3 节。

线型图案设置好后，就可以设置**线样式**。

💡提示：除 Revit 自带的以外，线样式可以任意新增、自定义，并通过命名区分不同的使用场景。

常用的详图线有：建筑红线、投影线、地下室轮廓线、洞口线[①]、门口线、配景线、立面轮廓粗线等，这些线样式可预设在样板文件里。**在导出 dwg 文件时，Revit 的图层转换设置可以将不同的线样式转换为不同的图层。**

2.2.4　填充样式

在 Revit 中进行**材质定义、图元图形替换**以及**填充区域类型设置**时，需要为其指定填充图案，以使 Revit 图形视图（一般指出图视图）中的图元显示符合传统工程图纸的表达习惯。

通过『**管理→其他设置→填充样式**』命令打开填充样式的设置框，如图 2-8 所示，可看到 Revit 的填充样式分为**绘图**与**模型**两类。模型填充图案按真实尺寸设置，绘图填充图案则按图纸打印尺寸设置。当填充图案只用来表达样式、不表达真实分格尺寸时，用绘图填充；反之，则使用模型填充。如外墙面需表达贴砖数量与大小时，其材质的表面填充需使用模型填充（参考"5.12 立面排砖图"的做法）。

Revit 自带样板中的填充样式已颇丰富，**建议补充 AutoCAD 或天正的填充样式**，以延续表达习惯。在图 2-8 的下方图标处有新建按钮，可在此导入 AutoCAD 或天正以

---

① 　BIM 正向设计的洞口应该模型开洞，这个详图线一般用在表达不规则洞口或中庭等的开洞折线处。

pat 格式存储的填充样式。导入时也有一些技术细节需要注意，详见第 14.4 的专题介绍。

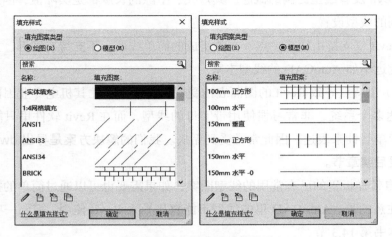

图 2-8　填充样式的两种类型

2.2.5　单位与捕捉

Revit 建模与设计过程中经常出现的失误就是出现极小偏差，如图 2-9、图 2-10 所示，分别代表了两类典型的极小偏差，其一是建模时不严谨或原本参照的底图不精确导致的，其二是非正交的构件捕捉失误导致的。

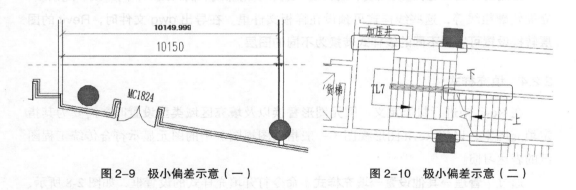

图 2-9　极小偏差示意（一）　　　　图 2-10　极小偏差示意（二）

这种偏差一旦出现就难以溯源，越传越广，非常棘手。除了要求设计人员养成良好的建模与绘图习惯、加强过程管理以外，通过 Revit 样板的设置也可以起到一定的作用。

其关键点在于**长度**单位的设置。如图 2-11 所示，通过『**管理→项目单位**』命令打开单位设置，将长度设为**舍入 3 个小数位**。这里默认是精确到毫米，改为精确到 0.001mm，在建模过程中所有的临时尺寸提示都能看到是否精确值，避免了四舍五入造成的潜在偏差掩盖。

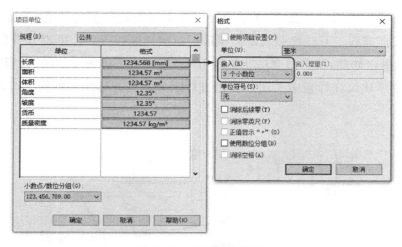

图 2-11　长度单位设置

这样修改后，图面上的尺寸标注就会有三位小数，这个问题通过尺寸标注的参数解决，详见第 2.2.7 小节。其余的单位设置按默认即可，面积、体积、角度均为精确到两个小数位。除长度的单位符号设为"无"外，其他均应有单位。

在捕捉方面，Revit 默认的捕捉点极多，带来便利的同时也容易造成误捕捉。建议通过『**管理→捕捉**』命令把**角度增量捕捉、远距离捕捉**两个选项关闭，如图 2-12 所示。

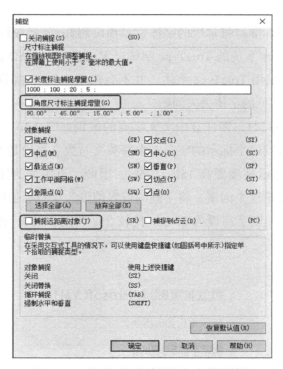

图 2-12　关闭远距离捕捉及角度增量捕捉

远距离捕捉的效果如图 2-13 所示，当处于复杂的非正交环境中时，会有非常密集的捕捉点或线，有些参照物距离很远但也同样能捕捉到，很难分辨是不是目标点。角度增量也如此，很多角度是非整数角度。当设置了整数增量时，很容易误捕捉。因此，这两项建议在样板中关闭。使用过程中如需打开远距离捕捉，可通过 SR 快捷键切换。

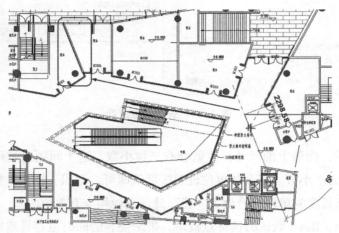

图 2-13　远距离捕捉示意

2.2.6　文字样式

文字按企业出图标准，将常用的字体类型预设到 Revit 样板即可。注意，Revit 的文字只能使用 Windows 系统的 TrueType 字体，无法像 AutoCAD 那样使用 shx 格式的单线字体。但 Revit 采用 TrueType 字体，并不会像 AutoCAD 那样影响显示速度，反而避免了 AutoCAD 常见的字体丢失问题。

在确定字体的字高时，需注意中英文字高的区别。图 2-14 示意了同样设为 8mm 高的几种字体，可看到这个标示的字高对大写英文与数字来说是准确的，但中文的实际高度则普遍比其标示高度要高 15% ~ 25%。因此，以中文为主的说明、图名等文字样式的设定，需考虑这个因素，将字高的设置值设为比目标值略小，如目标字高为 3.0mm，字体为宋体，则字高设为 2.4mm 比较合适（图 2-15）。各个字体最好测试过之后再确定。

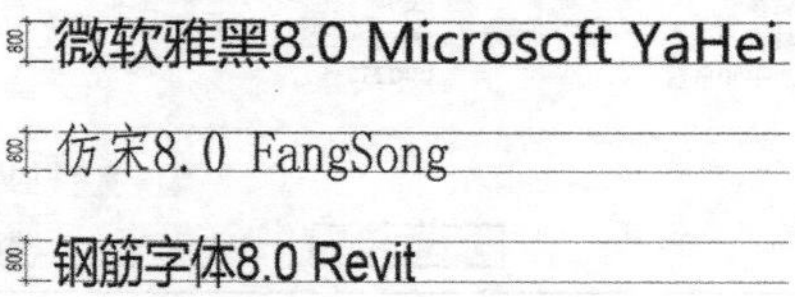

微软雅黑8.0 Microsoft YaHei

仿宋8.0 FangSong

钢筋字体8.0 Revit

图 2-14　中英文字高对比

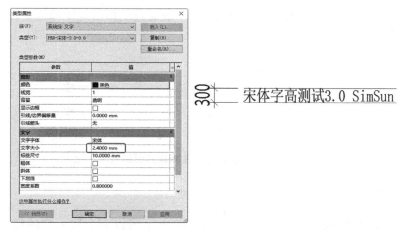

图 2-15　字高目标值与设置值

对于结构专业来说，需注意钢筋符号的输入。AutoCAD 一般通过 shx 字体的特殊字符定义（如 %%130 等）输出钢筋符号，但 Revit 无法按此解决，为此 Autodesk 在 2009 年发布了一款名字就叫"Revit"的 TrueType 字体。安装该字体后，Revit 可添加一个名为"钢筋字体"的文字类型，字体设为"Revit"字体，输入时**分别用 \$、%、&、# 四个字符代表四种钢筋符号**，如图 2-16 所示。该字体其余字符与微软雅黑接近。

该字体是正向设计必备，但官方下载地址已不可考，可网上搜索"Revit.ttf"下载，与 Revit 样板放在一起，方便各设计师安装。

图 2-16　钢筋符号的表达

值得一提的是，在 AutoCAD 底图导入或链接到 Revit 中时，其中的钢筋字符无法正确显示，只显示其原始字符（如上例的 %%130）。如何解决这个问题，请参考第 14.5 节的专题介绍。

Revit 的文字与 AutoCAD 相比还有一个区别，即支持添加引线，对于简易的标注说明比较方便，但其无法实现"线上文字"的样式，因此对于多行文字标注并不适用。

国内施工图常用的"线上＋线下"文字标注，一般通过制作常规注释族实现，如图 2-17 所示。

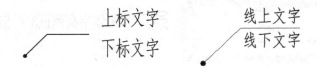

图 2-17　双行文字与常规注释族的引线效果对比

2.2.7　尺寸标注

Revit 的**尺寸标注样式**设置选项很全面，基本上可以完全按习惯的样式（如天正的样式）设置，内置于样板文件中即可，关键选项如图 2-18 所示，不再详述。需注意的是：

（1）标注字体也只能使用 Windows 的 TrueType 字体，这里同样设为**仿宋**，但 Windows 自带的仿宋字体英文与数字其实是宋体。如果对此很介意，可选择自己认为合适的字体，需确保字高与设定值基本一致；或网上搜索西文字符也是仿宋的第三方字体，但这样就无法保证其他人打开时还能保持原有的样式。

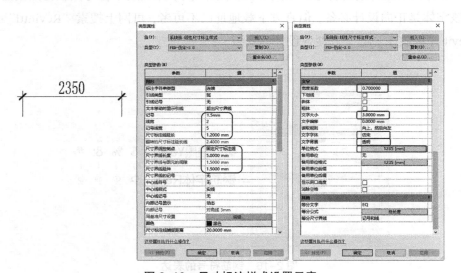

图 2-18　尺寸标注样式设置示意

（2）由于第 2.2.5 小节提到的原因，样板文件的长度单位设为 3 个小数位，因此单位格式处就不能按项目，需将其设为 0 个小数位。

（3）Revit 的尺寸标注为连续标注，且不会自动避让，密集处需手动移动文字进行避让，也有一些插件提供此功能。

（4）Revit 标注轴网时默认向上或向左，因此标注视图上侧或左侧轴网时，通常会出现如图 2-19 所示问题——**尺寸界线倒置**。有时会影响图面，需手动拉动每一个参照点。更简单的办法是针对轴网尺寸标注复制一个"反向"的标注样式，将"尺寸界线长度"与"尺寸界线延伸"两者参数值对调，即可实现"反向"的效果。

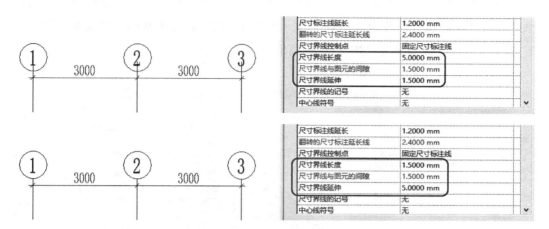

图 2-19　尺寸标注反向的解决方法

2.2.8　标高标注

Revit 软件标高分为两种（图 2-20），一种是有主体的标高，通过『**注释→高程点**』命令标注，可在平、立、剖面及 3D 视图标注，标注值即拾取点的标高；另一种则是没有主体的"标高符号"，为常规注释族，通过『**注释→符号**』命令放置，标高值由用户手填。两种标注方式的样式可以做成一样，但其本质是不一样的。

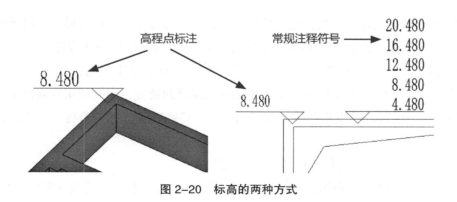

图 2-20　标高的两种方式

通过**高程点**命令标注的标高，标高值即模型真实标高，不会出错。但有些情况下由于图面表达的需要，却不能直接用这个方式标注标高，比如常见的**"建筑标高 + 结构标高"** 组合标注，或者如图 2-20 所示的多个标准层集中标高，就无法用高程点命令，只能通过常规注释族，用户自己手动填写，这样保证了图面符合表达要求，但数据与模型没有关联，靠设计师自己保证其准确性[①]。

两种标注的族均有多种样式，分别对应上标、下标、实心三角等，均应预先制作好，并预设在 Revit 样板文件中。

用高程点标注的标高需注意其基点的设置。如上例的标高，当其类型参数"高程原点"由"项目基点"改为"相对"时，其实例参数"相对于基面"即变为可选，如图 2-21 所示，选择基面为"2F"，则标高值从"2F"算起。

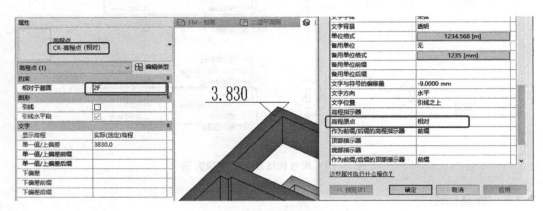

图 2-21　高程点标注的基面设置

> 💡 提示：因此高程点的类型命名应注明是按"项目原点"还是按"相对"，以作区分。

2.2.9　材质

Revit 样板中预设材质是比较烦琐的环节，需考虑各专业的常用材质，每种材质还需要考虑其表面、截面的填充图案与颜色，因此，一般是以 Revit 自带的几个专业样板的材质传递到同一个样板文件中，再进行增减。需注意以下原则：

（1）样板中不自制贴图。**Revit 的贴图是记录绝对路径**，因此使用自制贴图的文件传递给其他人时很容易发生找不到贴图的情形。特殊需求可各个项目自行处理，企业样板则需避免。

（2）样板中的材质需尽量精简、命名规范。

（3）注意结构材质对构件连接的影响。在第 6.2.1 节结构构件建模规则中将会看到，**同样是钢筋混凝土构件，如果分别采用不同的材质，构件连接后的截面将无法融为一**

---

① 或许有观点认为，这种"本应与模型相关联的数据却没有跟模型关联"违背了正向设计的原则。我们认为这个原则是对的，但在软件功能与图面表达存在矛盾的时候，应以确保整体正向设计顺利推进为主导因素，避免陷入个别的技术细节中，影响整体进度或效果。本书有多处"只求实现目标，不追求完美"的解决方案，均为实践中反复尝试过各种方案之后的妥协选择，尽管不完美但仍与读者分享，希望一起推动行业寻找更佳的解决方案。

体，对图面造成相当大的影响。因此，需避免同类材质有多个近似名称出现，以免误选。如图 2-22 所示为 Revit 自带结构样板中的多种混凝土材质。为了建模方便及图面表达，**我们建议钢筋混凝土、现浇混凝土各保留一个材质，不同强度等级通过构件的专门参数来记录。**同时，钢筋混凝土材质的截面填充需设为习惯的填充样式。

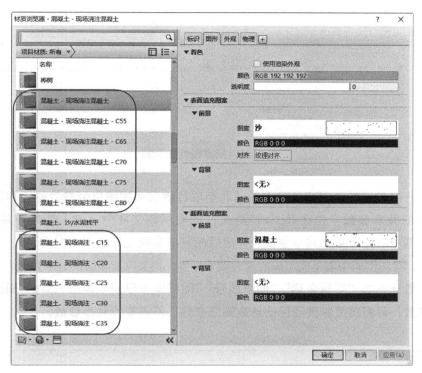

图 2-22　Revit 自带结构样板中的混凝土材质

2.2.10　图框

企业 Revit 样板需预设图框族，图框族一般需要准备：常规的 A2、A1、A0 及其各种加长加高的标准图框；A4 封面图框；A3 文本图框；设计变更单图框等几种，做法类似，关键点在于：

（1）通过**标签**读取**项目、视图参数及共享参数**[①]，使图框里的字段关联至图纸或项目的参数值。

（2）通过**线样式**的设定，使图框打印时区分粗细线，与 CAD 设计的图框一致。

标准图框族的图签都是一致的，可通过参数控制尺寸大小，实现多种尺寸规格放于同一个族里面，通过不同类型切换，如图 2-23 所示。

---

① 共享参数是 Revit 特有的概念，它通过一个独立的 txt 文件进行定义，然后可以挂接到不同的族文件与项目文件中，使该参数在不同族、不同文档之间的互通互认，从而实现参数值的统计、标注功能。其具体操作本书不作详细介绍，请参考 Revit 帮助文档及相关教程。

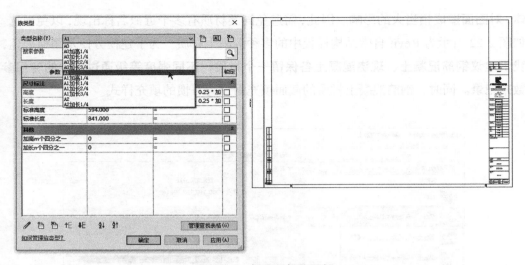

图 2-23　标准图框族示例

其中，图签里的众多字段除少数关联至**项目信息**或**视图自带参数**外，均需关联至项目预设的**共享参数**。先在 Revit 样板文件或图框族文件中通过『**管理→共享参数**』命令按图签需求逐个建立共享参数，完成后的共享参数文档如图 2-24 所示。

然后，在图框族中需生成字段的地方放置标签，再关联至对应的共享参数，如图 2-25 所示。**少数标签如"项目名称""图纸编号""图纸发布日期"等是 Revit"图纸"自带的可选参数，可直接关联至项目信息或图纸参数，不需要设共享参数。**

```
PRD图框共享参数.txt - 记事本                                              —    □    ×
文件(F) 编辑(E) 格式(O) 查看(V) 帮助(H)
# This is a Revit shared parameter file.
# Do not edit manually.
*META     VERSION MINVERSION
META      2         1
*GROUP    ID        NAME
GROUP     1         图框
*PARAM    GUID      NAME      DATATYPE     DATACATEGORY  GROUP  VISIBLE  DESCRIPTION   USERMODIFIABLE
PARAM     5944bd04-b18b-4bc7-86ee-98a9d0397744    审定    TEXT           1        1             1
PARAM     a4378311-19ac-46a9-a509-8e67e88c556d    制图/设计1  TEXT           1        1                    1
PARAM     27fc973a-e669-4f4a-9086-4fdc825c3390    制图/设计3  TEXT           1        1                    1
PARAM     dccd9e5f-f977-41b6-8b55-28054bcb48b4    工程名称 TEXT           1        1             1
PARAM     e9ce9760-99c0-4062-89b5-5b202b65e7a9    审核2    TEXT           1        1             1
PARAM     e4d17280-79ad-44d6-9eb7-26e9e05c07cc    项目负责人2 TEXT           1        1             1
PARAM     0648b989-1a4b-4a85-bb9e-a65f8c7f76e8    项目负责人1 TEXT           1        1             1
PARAM     891e1698-6a25-43ec-8890-8fccedbb5c4d    项目管理 TEXT           1        1                    1
PARAM     3817e6a4-1f53-4f18-90db-14821e255bd0    BIM专业1 TEXT           1        1             1
PARAM     d90a90a8-341d-4a9a-a19d-8d97cbe02a40    设计阶段 TEXT           1        1             1
PARAM     ad50ffb4-5cd7-493f-8425-4ff276881ef1    制图/设计2  TEXT           1        1                    1
PARAM     060133b7-ba32-4f26-bfb9-34da060b611b    工程编号 TEXT           1        1             1
PARAM     539afcb9-ae48-4fe1-a687-937e8865a390    审核1    TEXT           1        1             1
PARAM     f0402bbe-02a9-4a52-9dae-b25a7fbf2071    校对1    TEXT           1        1             1
PARAM     68eb07c4-c433-409e-9130-201eef69342a    BIM专业2 TEXT           1        1             1
PARAM     1a7f1bc6-c960-4625-861e-3786547723fb    专业负责人2 TEXT           1        1                    1
PARAM     436b68d1-4e77-4191-b661-7445d0a510de    专业负责人1 TEXT           1        1                    1
PARAM     eb4ca0d4-a4dd-4c12-a5e2-888e1948f477    委托方   TEXT           1        1             1
PARAM     235a3edd-8415-4b34-aad4-402b9fcadf65    专业工种 TEXT           1        1             1
PARAM     8a70cce6-39e0-484d-84a0-ab52ab74aa08    项目管理2 TEXT           1        1             1

                                     第6行，第11列       100%   Windows (CRLF)    UTF-16 LE
```

图 2-24　制作图框所需共享参数

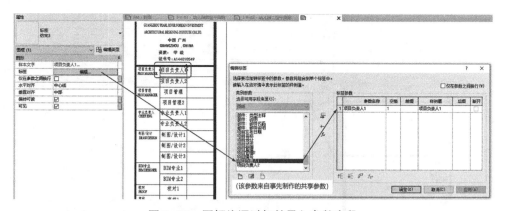

图 2-25　图框族通过标签录入参数字段

这些共享参数在 Revit 样板文件中也全部关联至"图纸"类型[①]。这样，当图框族载入样板文档时，就会自动关联至图纸的相应属性。效果如图 2-26 所示。

图框族的线宽同样需要跟 Revit 样板的线宽设置互相配合。如图 2-27 所示，不同线宽的线条设在不同的子类别里，子类别的对象样式分别设好线宽和颜色。

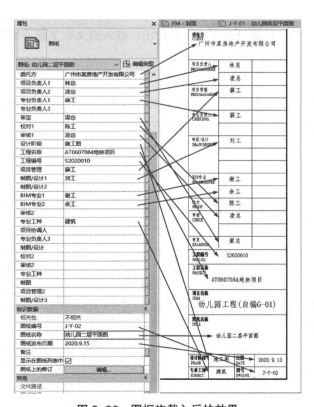

图 2-26　图框族载入后的效果

---

① 实际上有些参数是整个项目公用的，如项目名称、项目负责人。

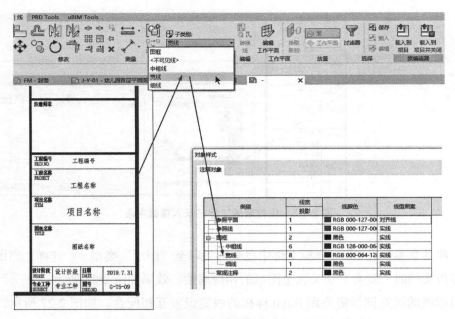

图 2-27　图框族各类线的子类别设置

💡提示：族里的对象样式设置只是在族里面显示，载入到文档里是不起作用的。需在 Revit
文档中进行对象样式的设置才能起作用。

图框位于对象样式设置中的第 2 页"注释对象"处，将其各个子类别的线宽、颜色设置好，如图 2-28 所示，这样才能起作用。

对象样式

模型对象　**注释对象**　分析模型对象　导入对象

过滤器列表(F)：　<全部显示>

类别	线宽 投影	线颜色	线型图案
⊞ 参照点	1	■黑色	实线
— 参照线	1	■ RGB 000-127-00	实线
— 喷头标记	2	■黑色	实线
⊟ 图框	2	■黑色	实线
— 中粗线	6	■ RGB 128-000-064	实线
— 宽线	8	■ RGB 000-064-128	实线
— 细线	1	■黑色	实线
— 场地标记	1	■黑色	实线
— 基础跨方向符号	1	■黑色	实线
— 墙标记	1	■黑色	实线

图 2-28　Revit 样板文件中图框的对象样式设置

2.3　Revit 样板视图组织与设置

2.3.1　视图分类及视图浏览器

对于协同项目，通常视图数量十分庞大，如果命名不规范、组织不清晰，会导致视图管理混乱，其他人难以找到需要且正确的视图。所以，在 Revit 样板文件里，应先对视图进行分类管理且按规定统一命名，以便他人能快速找到正确的视图。

下面通过珠江设计 Revit 样板文件作为示例，说明视图组织的要点。该做法可供参考，也可以结合本企业要求进行修改拓展。图 2-29 所示是珠江设计 Revit 机电样板文件的视图浏览器示意，其中包含了两个浏览器组织方式，分别是"PRD 设计"与"PRD 校审"，**前者按专业优先分类，适合设计师设计过程中使用；后者按用途优先分类，适合各方校审文件使用。**如校审环节，可只看"出图"类别下的视图，再把自己的意见放在复制出来的视图里，将其改为"03 校审"用途，这样就可自动归类。业主接收文件后，可以只查看"02 出图"类别下的视图。

图 2-29　视图浏览器组织的两种方式

这样分类的前提是事先给"视图"类别添加**视图分类－专业、视图分类－用途**两个**项目参数**。凡新建视图后均应设置这两个参数，以便自动归类到合适的地方。如图 2-30 所示，**其参数值需严格按规定填写。**

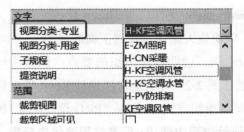

图 2-30　通过视图的两个参数进行分类

（1）**视图分类－专业**：可按本专业细分的子专业划分，如"P 给排水""XF 消防"等，也可以按分区分项划分，如"地下室""裙楼""塔楼"，或者"核心筒""楼电梯""幕墙"等，以方便专业内各设计人员组织各自的设计范围。其中机电专业样板应按固定的代号及命名规则进行划分。

（2）**视图分类－用途**：只能设为"01 建模""02 出图""03 校审""04 提资""05 变更"的其中一个，不允许另外增改。

1）**01 建模**：常规工作视图，视图名称建议带"建模"或"工作"字样。

2）**02 出图**：正式出图视图，名称应规范，该类视图应该整理好视图范围，清理好图面，补充好必要的注释，内容深度达到出图要求，视图设置可随时按正图查看。

3）**03 校审**：供校对、审核人员使用，视图名称建议带"校对"或"审核"字样。校审人员可复制其他视图，修改为本类视图，在此通过云线标注校审意见，详见第 13.2.1 小节专题介绍。

4）**04 提资**：用于专业间互提资料，视图名称建议带"提资"字样，该类视图应该整理好视图范围，清理好图面，补充好必要的注释，内容深度达到规定的提资要求，以供其他专业链接使用，详见第 10.2 节专题介绍。

5）**05 变更**：用于局部变更，详见第 12.7 节专题介绍。

添加了这两个项目参数后，通过『**视图→用户界面→浏览器组织**』命令新建上述的两个浏览器组织方式，分别如图 2-31 所示设置，即可实现图 2-29 所示的效果。

注意，这里还有两个细节：

（1）排序的第三个条件设为"族与类型"，其作用是可以对同一类视图（如平面）进行区分，如图 2-32 所示，"建施"平面可分为普通建施平面、楼梯大样平面、卫生间大样平面等，通过系统族"楼层平面"的不同类型进行分组，使视图组织的条理性更强。

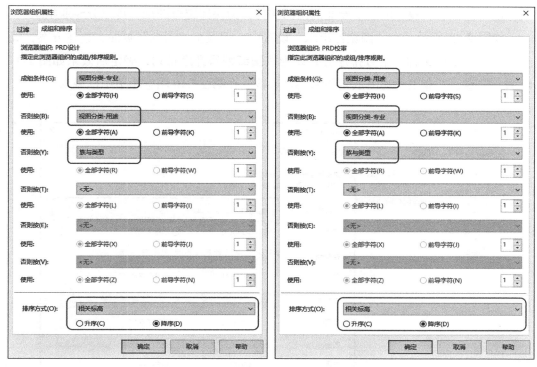

图 2-31　两种浏览器组织方式

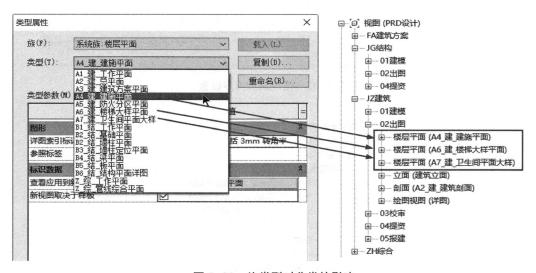

图 2-32　族类型对分类的影响

（2）图 2-31 所示下方的排序方式，设为**相关标高**按**降序**排列。降序是为了使楼层高的在同一目录的上方显示，楼层低的在下方，使其跟实际的楼层关系对应，比较符合人的思维习惯。

除了视图浏览器，Revit 对图纸也可以自定义组织。尤其对于机电专业来说，一个文件往往包含水、暖、电三个专业的出图文件，为快速定位图纸，可以分专业组织。

如图 2-33 所示，在"浏览器组织"设置中，切换至"图纸"页面，新建方案，成组条件选择**专业工种**，下方排序方式设为按**图纸编号升序**排列，确定后效果如图 2-34 所示。注意，专业工种为图纸专用的共享参数，在第 2.2.10 图框小节中已载入。

图 2-33　图纸成组排序设置

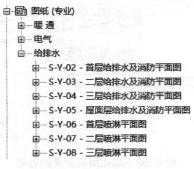

图 2-34　图纸成组排序效果

2.3.2　视图样板

在第 3 章的第 3.5、3.6 节中将会介绍 Revit 的视图控制。跟 AutoCAD 基于图层的组织方式不同，Revit 的视图控制选项、层级非常复杂，不同的阶段及应用需求对视图的显示方式不一样，不同的图纸文档对比例、对象样式的要求也不相同，这就要求在 Revit 样板文件中预设多种**视图样板**，以便快速应用。

💡 提示：使用"视图样板"的意义在于批量修改多个视图的属性，企业样板中的"视图样板"不可能覆盖各种场景，项目中需根据实际情况进行调整或复制后微调。

样板文件中一般须针对各专业、各图别作出基本的设置，如图 2-35 所示是珠江设计的机电专业 Revit 样板内置的视图样板，按不同专业、不同工作场景分别进行了细致的设置。

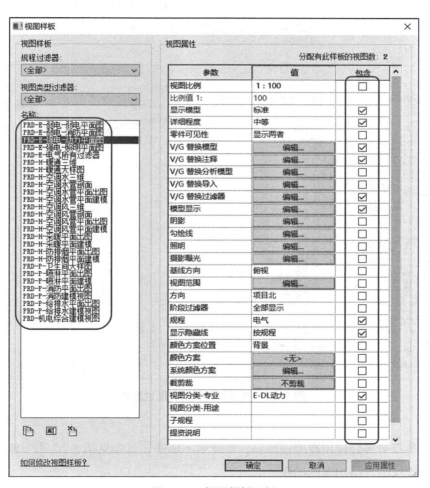

图 2-35　视图样板示例

💡 提示：每个视图样板，其右侧的"包含"项都不应简单地全部勾选，需考虑该样板的设定仅涵盖哪些方面，以免造成限制过大，无法普遍适用。

视图样板是 Revit 样板设置中技术含量最高的环节之一，要考虑的因素非常多，需要在项目实践中不断迭代，才能打磨出好用的视图样板。作为企业 Revit 样板，视图样板既要考虑**统一性**，又要考虑**普适性**，尽量减少不必要的强制设置。在满足标准化表达的同时，将更多的**自由度**留给设计师。本书不对各个视图样板的具体设定进行介绍，但在后面的章节中，各个专业主要视图的关键设置项都会给出提示。

2.3.3 视图过滤器

视图过滤器是基于设定规则对图元进行自动过滤的一个工具，将这些过滤器应用到视图，以更改图元的可见性或图形显示。在第 3.6.1 小节中我们会讲到视图过滤器在控制图元显示方面的关键作用。图 2-36 所示是珠江设计 Revit 机电样板中预设的过滤器，由于机电系统类别繁多，因此预设的视图过滤器也相当多。

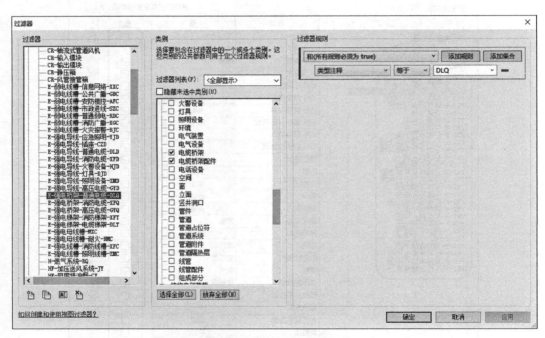

图 2-36 样板中预设的视图过滤器

本书各章节多处使用视图过滤器，在此暂不展开，可参见第 5.2.2 小节使用视图过滤器区分建筑墙与结构墙的操作。

2.3.4 启动页

启动页是指 Revit 打开文档时显示的视图，通过『**管理→启动视图**』命令设定。如 Revit 自带样例中，打开时启动的视图是其 A001 号图纸（图 2-37）。

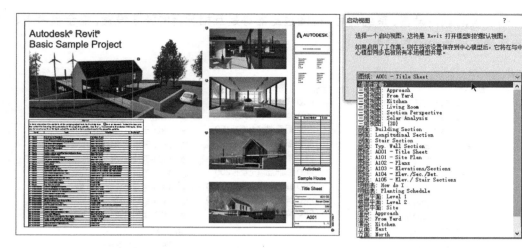

图 2-37　启动页示例

一般 Revit 的指导手册都会提示宜将启动页设为**无模型的说明页面**，一是为了加快启动速度；二是为了各方打开时均能看到重点的说明提示。这是一种**面向交付与外部配合**的规范做法，但我们经过一段时间的实践后认为，**面向内部设计配合为主的** Revit 样板不宜设定固定的启动页，因为这样打开文档后还要再去寻找上一次的工作视图继续工作，没有延续性。**建议直接设为 < 最近查看 > 即可，打开文档即可进入上一次的工作状态，更为高效。**

2.4　Revit 样板预设类型与预加载族

Revit 样板制作中的另一项技术含量较高的工作，就是为每一种构件预设常用的类型。对于系统族来说，是预先设置常用类型；对于可载入族来说，则是预加载族。这样可以使设计师快速开始设计，而不是每类构件都在用到时才去设置或查找族。

这个环节需注意以下几点：

（1）控制预设类型与预加载族的数量，避免样板文件过于臃肿，在设计过程中再按需从配套族库中加载。

（2）命名必须规范。后续复制添加的族类型一般也将延续已有的类型命名，因此一开始就要规范化命名。

（3）机电专业样板的预设类型还包括各种机电管线的系统设置，这是难点，可直接采用鸿业 BIM Space 等二次开发厂商提供的专业样板设置，或在其基础上进行修改完善。

图 2-38 ~图 2-40 所示是珠江设计 Revit 样板主要构件与注释的预设类型与预加载族示意，其中土建构件的预设类型仅提供常用的基本类型，但**机电管线的类型与系统**

设置跟系统的颜色设置、系统缩写、视图过滤器等是互相配合的整套设置，需全盘考虑，因此尽量在样板中设置完善。

图 2-38　土建主要构件预设类型示意

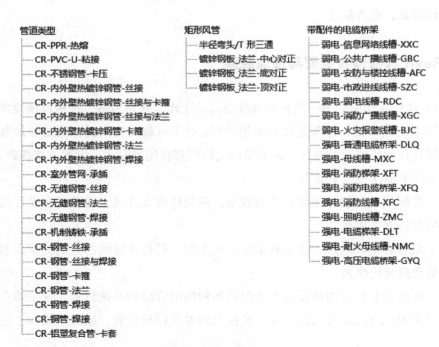

图 2-39　机电管线预设类型示意

图 2-40　机电管线预设系统示意

　　此外，注释符号需预加载的内容很多，土建与机电各自需要加载的族各不相同，需分别加载。图 2-41 所示的左侧为土建专业需加载的标记示意，右侧为机电专业专用的标记示意。

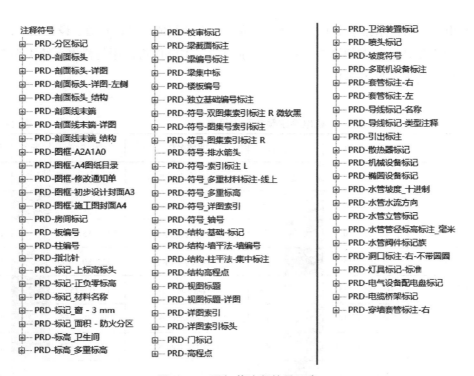

图 2-41　预加载注释符号示意

图 2-42 所示为珠江设计的土建 Revit 样板中预加载的部分注释符号族，在样板中单独设一个详图视图，将常用注释符号放出来以方便选择复制，是一个值得推荐的做法。

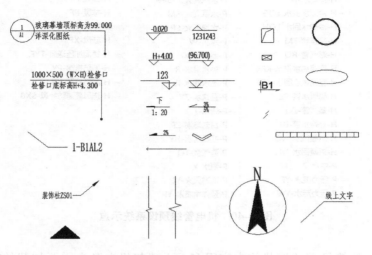

图 2-42　部分注释符号族示意

2.5　Revit 样板预设机电系统

机电专业由给水排水专业、暖通专业和电气专业组成，设计管道、设备较多，具体设置也相当复杂，本书的第 7~9 章将分别介绍，本节仅将常用的机电系统类型名称、颜色、代号列表，见表 2-1。

机电系统颜色及代号表　　　　　　　　　　　　　　　　　表 2-1

系统名称	对应 RGB	颜色	代号	系统名称	对应 RGB	颜色	代号
给水	0，255，0		J	空调冷冻水供水管	0，255，255		LG
直饮水	0，200，100		ZY	空调冷冻水回水管	0，153，153		LH
中水	0，127，0		Z	空调热水供水管	247，150，70		KRG
热水供水	0，0，255		R	空调热水回水管	192，80，153		KRH
热水回水	0，255，255		RH	空调冷凝水管	0，0，255		N
废水	100，100，100		F	空调冷却水供水管	255，0，255		LQG
压力废水	100，100，100		YF	空调冷却水回水管	153，0，153		LQH
污水	128，64，0		W	空调乙二醇供水管	0，128，255		LYG

续表

系统名称	对应 RGB	颜色	代号	系统名称	对应 RGB	颜色	代号
压力污水	128, 64, 0		YW	空调乙二醇回水管	0, 128, 192		LYH
雨水	255, 255, 0		Y	采暖供水管	255, 0, 0		NG
压力雨水	255, 255, 0		YY	采暖回水管	153, 0, 0		NH
虹吸雨水	255, 255, 0		HY	地热盘管	255, 0, 0		DR
通气管	128, 0, 0		TQ	补给水管	255, 255, 0		BJ
消火栓	255, 0, 0		XH	膨胀水管	255, 255, 0		PZ
自动喷淋	255, 0, 0		ZP	冷媒管	255, 0, 255		LM
气体灭火	255, 0, 0		QT	动力线管	255, 127, 159		DLX
水幕灭火	255, 0, 0		SM	弱电线管	255, 223, 127		RDX
水炮灭火	255, 0, 0		SP	消防线管	255, 0, 0		XFX
雨淋灭火	255, 0, 0		YL	照明线管	192, 80, 77		ZMX
水喷雾灭火	255, 0, 0		SPW	应急照明线管	120, 30, 240		YJX
蒸汽管	255, 191, 0		ZQ	强电-普通电缆桥架	255, 127, 159		DLQ
燃气管	255, 255, 0		RQ	强电-消防电缆桥架	241, 014, 133		XFQ
加压送风管	0, 176, 80		JY	强电-高压电缆桥架	128, 0, 64		GYQ
回风管	255, 255, 0		HF	强电-电缆梯架	255, 127, 159		DLT
新风管	0, 255, 255		XF	强电-消防梯架	241, 014, 133		XFT
排风管	0, 0, 255		PF	强电-照明线槽	192, 80, 77		ZMC
厨房排风管	153, 0, 204		CP	强电-母线槽	0, 0, 255		MXC
厨房补风管	191, 0, 255		CB	强电-耐火母线槽	0, 128, 255		NMC
消防排烟管	0, 255, 0		PY	弱电-消防广播线槽	75, 172, 198		XGC
消防补风管	255, 0, 255		XB	弱电-公共广播线槽	75, 172, 198		GBC
梯间加压风管	191, 255, 0		TYF	弱电-信息网络线槽	0, 128, 0		XXC
送风兼消防补风	0, 176, 80		SXB	弱电-安防楼控线槽	128, 0, 255		AFC
排风兼排烟系统	0, 0, 255		PFY	弱电-市政进线线槽	128, 128, 0		SZC
前室加压风管	96, 153, 76		QYF	弱电-普通弱电线槽	255, 0, 255		RDC
				弱电-火灾报警线槽	255, 0, 0		BJC

2.6 企业族库管理

设计企业的 BIM 资源一般是指企业在 BIM 应用过程中开发、积累并经过加工处理，形成可重复利用的 BIM 模型及其构件的统称。对 BIM 资源的有效开发和利用，将大大降低设计企业 BIM 技术应用的成本，促进资源共享和数据重用。

在企业应用 BIM 过程中，BIM 资源一般以库的形式体现，如 BIM 模型库、BIM 构件库、BIM 户型库等，这里将其统称为 BIM 资源库。随着 BIM 应用的普及，BIM 资源库将成为企业信息资源的核心组成部分。

BIM 资源的利用涉及模型及其构件的产生、获取、处理、存储、传输和使用等多个环节。随着 BIM 的普及应用，BIM 资源库规模的增长将极为迅速，因此建议设计企业采购成熟的族库管理软件进行管理。

第 3 章　Revit 制图原理与通用步骤

基于三维的 BIM 模型进行二维制图，其原理与 CAD 制图完全不一样，Revit 的视图控制、图元显示控制方式也跟 CAD 的习惯大相径庭，因此本章先对 Revit 的制图原理作总体介绍。

各专业基于 BIM 模型的制图步骤基本上是一致的，主要分为新建并设置视图、图元显示控制、添加注释、布图 4 个步骤。本章第 3.3 节总体介绍通用制图步骤，第 3.4 ~ 3.7 节则分别介绍 4 个步骤涉及的要点。本章与后续各章节的制图相关内容是互补的。

3.1　Revit 图元组成

在介绍 Revit 制图原理之前，先概括性介绍 Revit 图元的分类，建立起整个图元分类的概念框架对理解 Revit 软件乃至所有 BIM 设计软件的制图原理均有裨益。

Revit 图元可分为三类：模型图元、注释类图元和基准图元。

（1）**模型图元**：具有实体的图元，一般建筑的构件均属于模型图元，在三维视图可以显示。模型图元是组成 BIM 模型的最主要部分，也是设计的主体。

（2）**注释类图元**：没有实体，用于描述的图元，包括文字、标记、尺寸标注等。该类图元无法在三维视图中显示，并且**仅在创建它的视图中显示，在其他视图中不显示**。注释性图元是图面表达的重要组成部分，如图 3-1 所示，纯模型图元的平面视图只是一个"框架"，加上必要的注释性图元后才算是完整的图纸表达。

Revit 的注释类图元中，文字、标记与尺寸都有一种"比例不相关"的特性，其大小是按打印出来的尺寸设定。比如，文字设为 3mm 字高，那么不管视图比例为多大，该文字打印出来都是 3mm 高。这意味着当视图比例从 1∶100 切换为 1∶150 时，文字与尺寸标注会变密，如图 3-2 所示。这对设计的影响是：**在开始图面标注之前，应确定视图的比例，避免后期调整**。

💡 提示：注释类图元的视图相关性、比例不相关性是 Revit 的两个特点，决定了其图面表达、专业配合中的很多与 AutoCAD 不一样的操作。

（3）**基准图元**：包括楼层标高、轴网、参照平面，是其他图元创建时的基准。注意，在 Revit 里"标高"一词有两种意义，其一是我们习惯的高度表达；其二则是**楼层**的意

思，如图 3-3 所示。英文版为"Level"，中文版译为"标高"容易引起混淆，因此本书一般表述为"楼层标高"。图中的"立面"参数则反而应该是标高的意思。

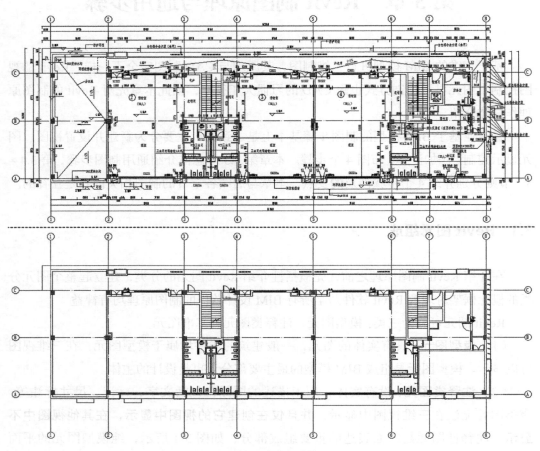

图 3-1　有无注释类图元的视图对比

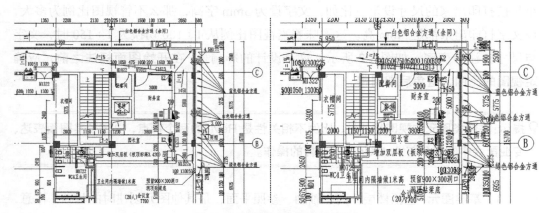

图 3-2　切换比例对图面的影响

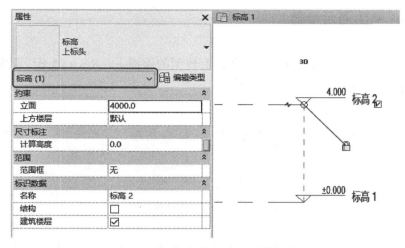

图 3-3　Revit 中表示楼层的"标高"

3.2　Revit 制图原理

Revit 的平、立、剖面等跟模型相关的视图，其生成的原理均为：**模型剖切 + 模型投影 + 注释图元**。图 3-4 所示是一个剖面图的示例，其右侧的剖面图来自于模型剖切，所有被剖切的构件，其剖切面被设置为实体填充；视线方向可见的构件则投影至剖面视图成为可见线。补充尺寸标注、房间名称等注释性图元后成为传统意义上的剖面图。

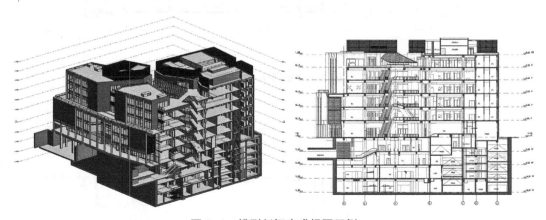

图 3-4　模型剖切生成视图示例

平面图、立面图与此类似，平面图为水平面剖切往下看，立面则可以看作从建筑物外部剖切的特殊剖面（没有剖切线 / 面，全部是投影线 / 面）。从图 3-4 中可看出，图面与模型相关的线条均来自于模型自动生成，无需设计师手动对位绘制，避免了手动绘制可能发生的平、立、剖面对不上的错误，对于复杂空间的表达尤其高效。

3.3 Revit 制图通用步骤

对于主要来自模型的设计图纸，在已有模型的前提下，Revit 制图步骤大体分为 4 个步骤，如图 3-5 所示。

图 3-5　Revit 制图通用步骤

以一个幼儿园的二层平面为例，按上述四个步骤分解其生成过程，每一步的效果如图 3-6 ~图 3-9 所示。在第 5 章我们将细化各个步骤的实现。

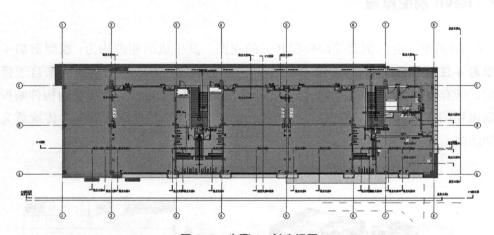

图 3-6　步骤 1- 创建视图

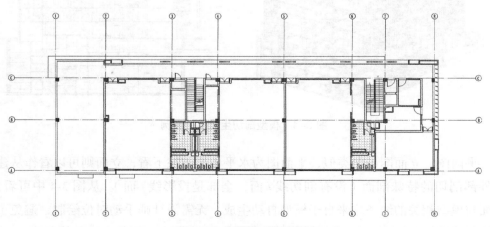

图 3-7　步骤 2- 图元控制

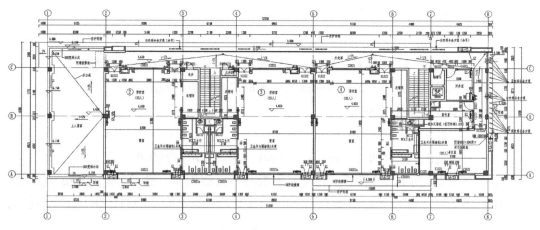

图 3-8 步骤 3- 添加标注

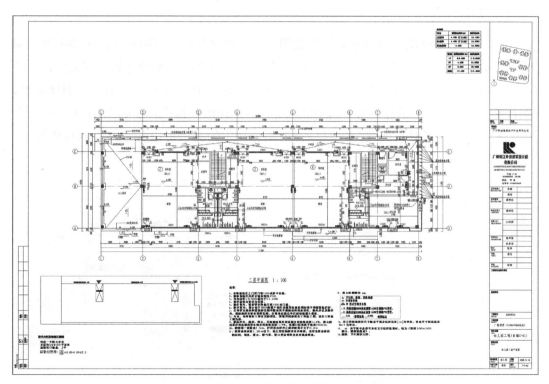

图 3-9 步骤 4- 布图

3.4 视图创建与设置

Revit 中的视图可以分为两类：

1. 与模型显示相关的视图（简称图形视图）

（1）平面视图：包括楼层平面、顶棚投影平面、结构平面、面积平面。

（2）立面视图。

（3）剖面视图。

（4）三维视图：包括默认三维视图（轴测图）、相机（透视图）、漫游。

（5）详图视图：从平、立、剖面视图中截取局部形成的视图。

2. 与模型显示无关的视图

（1）绘图视图。

（2）图例视图：图例构件来源于模型构件，但其显示与整体模型无关。

（3）明细表：明细表也归入视图类，其数据与模型相关，但图面显示与模型无关。

视图的设置贯穿整个BIM设计过程，本节着重介绍平面、剖面、详图这3类视图的创建与设置要点。

3.4.1　平面视图

Revit的平面视图**泛指水平剖切的视图**，包括楼层平面、顶棚平面、结构平面、面积平面4种，如图3-10左图所示。其中还有一种**平面区域**并非独立的视图类型，一般嵌入到其他平面视图中用于局部调整视图范围。图3-10示意了楼层平面的创建步骤，其中楼层平面的多个类型为珠江设计的土建Revit样板所预设。在第2.3.1小节中已介绍其作用，是为了对平面视图进行分类组织。特定的类型可以绑定对应的视图样板，一步到位。

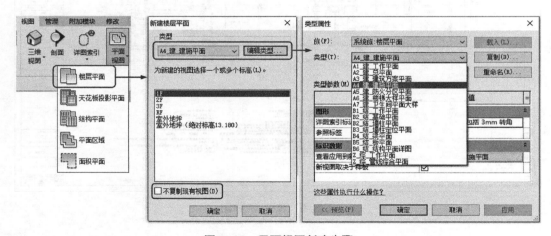

图3-10　平面视图创建步骤

平面视图的设置要点如下：

（1）平面视图依存于**楼层标高**，称之为视图的"相关标高"。若将楼层标高删除，与之相关的平面视图也随之删除。

（2）虽然平面视图依存于楼层标高，但Revit对其视图范围的设置没有作高度上的限制，举例来说，基于 1F 创建的平面视图，通过设置其视图范围，可以显示完全跟 1F 无关的内容。当然，这并非常规推荐的做法。

> 💡 提示：制作总平面需用到超常规的范围设置，即从屋顶上空水平剖切，往下看到地坪标高。

（3）上述 4 种平面视图中，楼层平面往下看，顶棚投影平面往上看，结构平面则可以往上，也可以往下。

> 💡 提示：向上看的平面视图，可用于制作"需要向上看梁，同时又要保持常规建筑平面显示"的视图，如某些机电子专业的建筑底图。详见第 10.2.5 小节内容。

（4）面积平面一般用于制作防火分区平面图、人防分区平面图，具体用法详见第 5.4 节内容。

平面视图的**视图范围**是比较重要的设置项，其定义了该平面视图的**水平剖切面高度及可视范围**，如图 3-11 所示。

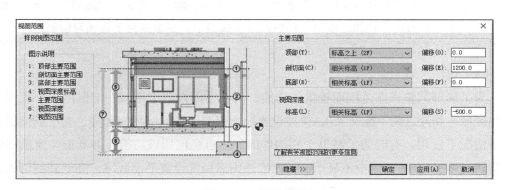

图 3-11　视图范围

视图范围对图元的显隐及显示方式有直接的影响，其细则相当复杂，可查看 Revit 帮助文档中的相关内容。以下为设置要点：

（1）剖切面

1）对于建筑平面图：剖切面一般设置在普通窗的高度范围之内，同时考虑楼梯剖断的美观，一般将其设置为 1200mm（相对于当前平面的"相关标高"）。

2）对于结构与建筑分开建模的协同方式，当结构向建筑制作提资平面图时，剖切面高度应设置为比建筑平面图的略高，如 1300mm。当建筑模型链接结构模型并设置相应的结构视图作为底图时，**结构墙柱的截面将会覆盖建筑墙体截面**，减少在设计初期手动处理构件重叠问题的时间，提高效率，重叠问题待设计稳定后再进行处理。详见第 5.3.2 小节的图 5-66 所示。

3）对于机电专业平面图：一般设置为空间内最高的图元之上，以达到俯视所有机电图元的目的[①]。

（2）顶部

视图上方范围，此范围内仅部分图元类型可见，包括**窗、橱柜、常规模型及机电管线**（但不包括喷头、机械设备等类型）。"剖切面"与"顶部"范围之间的图元一般为"虚投影"，如建筑平面中**高窗**就在这范围之内，显示为虚线（需与族做法配合）。

（3）底部

视图下方范围。"剖切面"与"底部"范围之间的图元一般为常规投影线（即通常所说的可见线）。

（4）视图深度

等于或低于"底部"。两者之间的图元按 < **超出** > 线样式显示，一般为虚线。如建筑平面中想显示楼层下方的"结构梁"，将视图深度设至梁底，则梁显示为虚线。

💡 提示：但 Revit 对几种构件类别作了特殊处理：当楼板、楼梯和坡道在"底部"以下 1.22m（4 英尺）以内且高于视图深度时，仍然按投影线显示。应该是为了延续习惯表达。

（5）视图区域

为了局部调整视图范围而提供的功能，可在平面视图中用该功能框出一个或多个视图区域（相互之间不能交叉），单独设置视图范围。在局部平面升降、夹层或错层平面等情况下使用，有时为了调整个别构件的显示也会使用该功能，如低窗（窗顶部低于剖切高度），在平面图中不显示，如需表达则需局部设置平面区域，降低其剖切面才能显示出来。详见第 7.4.5 小节的示例。

3.4.2 剖面视图

Revit 的剖面比较复杂，其剖面符号通过**嵌套族**来设置，如图 3-12、图 3-13 所示。我们传统的制图习惯大致分为两类剖面：大剖面与小剖面，前者用两个"L"形折线符号表达；后者用一端为带圆圈的索引符号、一端为粗细双线表达。Revit 将这两者的逻辑统一起来，均为：**剖面标头 + 剖面线末端**，组合成为**剖面标记**。

---

① 对于机电专业平面，能否采用类似顶棚投影的方式来显示机电图元，是一个值得商榷的问题。虽然这样可以解决剖切高度太高对视图的影响，但本身也会带来相当多的问题，比如其链接土建模型的视图作为底图，该底图也必须为顶棚投影平面。因此，我们仍建议用往下看的楼层平面视图为宜，仅在某些需要向上看梁的视图中采用顶棚投影视图或向上的结构视图。

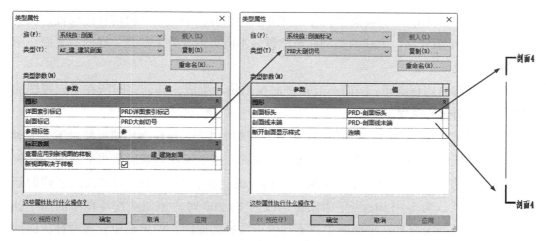

图 3-12　大剖切号嵌套关系

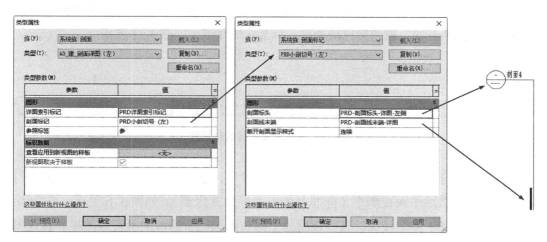

图 3-13　小剖切号嵌套关系

如图 3-12 所示，为了组成"大剖切号"，需分别制作头尾两个族，其形状一样，方向互为镜像。为了组成"小剖切号"，需分别制作带圈符号的"详图标头"、粗细双线的"剖面线末端"，而**带圈的剖面标头还需左右各制作一个，以适应放在左侧或右侧的需求**。族的做法如图 3-14 所示，其中剖面线末端的粗线为填充区域。

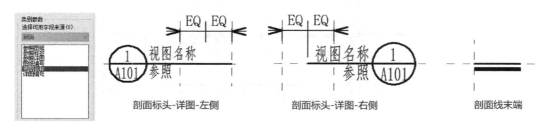

图 3-14　小剖切号嵌套族做法示意

图 3-12、图 3-13 中的**详图索引标记**并非剖面独有，平面、立面均有此设置，我们将在第 3.4.3 小节介绍。上述两类剖面虽然符号不同，但其效果却是一样的。下面介绍剖面视图的设置要点。

（1）**剖面的规程继承**：剖面一般在平面视图拉动生成，其创建时所在平面视图的规程决定了剖面的规程。

（2）**剖面符号的显示**：剖面有一个很让人费解的参数：**当比例粗略度超过下列值时隐藏**，其默认值等于创建时所在平面视图的比例。这个属性的意思是当平面图的比例比该值更粗略时，该剖面符号不可见。举例来说，在比例 1∶150 的平面图创建的剖面图，该值默认为 1∶150；当平面图比例改为 1∶200 时，该剖面符号在平面图中就消失了。这是剖面符号在平面图中找不到的很常见的原因，如果希望它在各种比例的平面图中都可见，将此值设为 1000 或更大即可。

（3）剖面符号默认中间有根线，没有直接的办法关掉，只能手动点击中间的锯齿符号，然后在断开的空隙两侧拉动端点，拉至尽端即可，如图 3-15 所示。

图 3-15　关闭剖面符号的剖切线

（4）剖面符号不仅出现在其创建的平面视图中，也出现在它剖切的高度范围内与之相交的各个楼层平面视图中（除非其他因素导致其隐藏）。如图 3-16 所示，该剖面的高度范围跨越了多个楼层，这些楼层的平面视图也能看到该剖面符号（除非其视图范围与剖面的高度范围没有交集）。

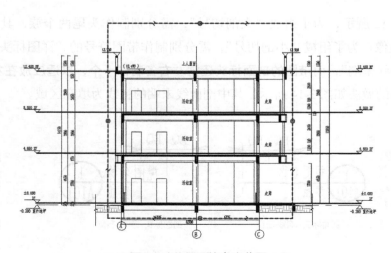

图 3-16　剖面的高度范围

（5）剖面的深度可通过在平面图中拉动调节，也可以通过参数**远裁剪偏移**设置，该参数只能创建出来后才能修改，不能预设（图 3-17）。

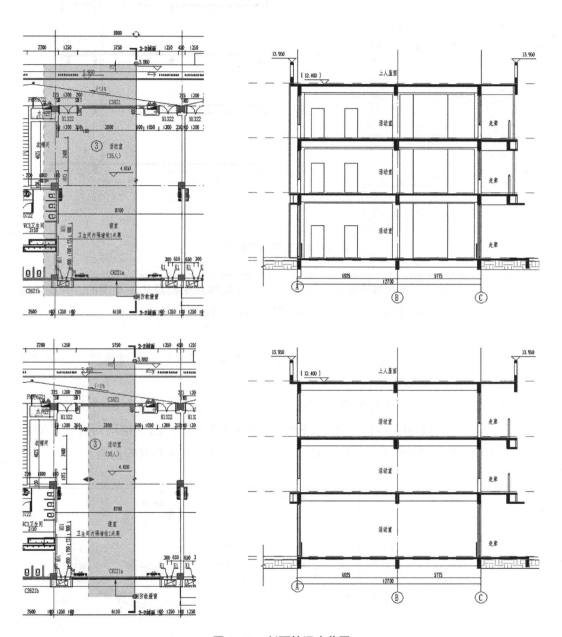

图 3-17　剖面的深度范围

（6）剖面可以拆分成多段，每一段可以平行拉动，以适应图面表达的需要，如图 3-18 所示。**但其剖切深度的位置是不能拆分的，并且只能平行拉动，因此无法利用该功能制作成角度的转折剖面，更无法制作展开剖面。**

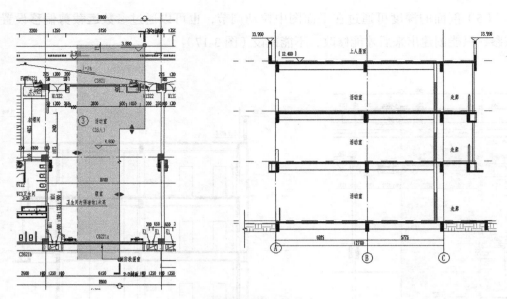

图 3-18　剖切位置的拆分

💡 提示：展开剖面对于各种基于投影制图原理的 BIM 软件来说都是无法实现的，只能通过编写程序的方式，将需要展开的构件边线通过几何计算展开为平面线条。

（7）成角度的转折剖面，可以分别制作两个剖面，在图纸中并排放置，达到"看上去像转折剖面"的效果。

（8）非横平竖直的**斜向剖面**如何精确定位，尤其是如何对齐斜向的线条或构件表面，这在以往是件困难的事。但从 Revit 2019.2 版开始，已支持用**对齐**命令对剖面进行定位。如图 3-19 所示，通过对齐、移动命令建立面向斜墙的剖面。

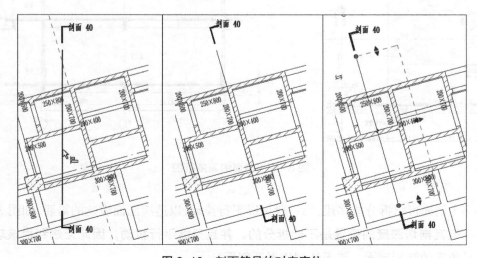

图 3-19　剖面符号的对齐定位

（9）另外，也可以在新建剖面时直接**捕捉关键点**来定位剖切线。Revit 在执行剖面命令时默认关闭了捕捉，但可以通过右键『**捕捉替换**』命令强制进行捕捉，如图 3-20 所示。这样可以精确地进行定位，包括剖面两侧的范围也可以精准对齐目标。这也是 Revit **2019.2 版**才开始有的功能。

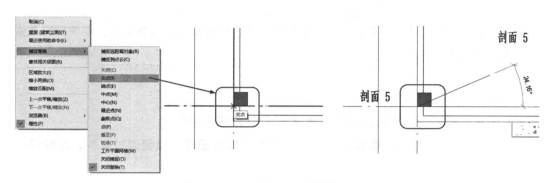

图 3-20　新建剖面时强制捕捉定位

（10）在立面或剖面中还可以创建剖面，初始只能创建竖直剖面，创建出来后可以在原视图**旋转该剖面，形成倾斜剖面**，如图 3-21 所示。这对于特殊的斜面构件建模或定位都非常有用。

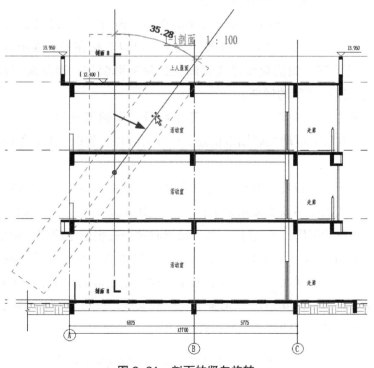

图 3-21　剖面的竖向旋转

3.4.3 详图索引视图

详图索引视图，简称详图视图，指依附于其父视图而存在的局部视图，**一般用于绘制局部放大的详图**。详图视图在父视图生成详图索引标记，能自动与视图名称、图纸编号等关联。

💡 **提示**：局部放大的详图也可以通过复制原始视图、修改裁剪区域来实现，跟使用详图索引视图没有本质区别。

我们的建议是：

（1）当需要显示详图的边界及索引时，用详图索引视图。

（2）多个楼层需统一边界出大样时，用详图索引视图，以便通过复制、粘贴统一裁剪区域。

（3）其余情况可使用复制视图 + 修改裁剪区域的方式来制作。

通过『视图→详图索引』命令，可在平、立、剖面视图中框出详图范围，随即生成局部详图，其默认比例比其父视图的比例详细一倍，如在比例为 1∶150 的视图创建的详图，默认比例为 1∶75，用户可自己修改比例。

详图视图的要点如下：

（1）删除父视图，相关详图视图也随之删除。

（2）平、立、剖面均可创建相应的详图视图。但有一种特殊做法是在平面视图中用『剖面』命令，选择其中的**"详图"**类型，可以直接在平面视图创建剖面详图。为了规范及简化管理，**我们建议这类详图直接用剖面制作，而不是"在平面用剖面命令生成详图"这种迂回的做法**。

（3）详图索引标记在创建之时，其**图纸编号、详图编号**均为空。当详图被放入视图后，这两个参数会自动关联图纸信息，并且实时跟进修改，无需手动填写索引号，如图 3-22 所示。

（4）详图索引标记仅能在其创建的原始视图中显示，后期不可修改或复制到其他视图。如果原始视图中不需要显示索引标记（如图 3-22 中的卫生间大样，通过编号即可区分，不需要框示范围[①]），直接选择『鼠标右键→在视图中隐藏』命令即可。

（5）详图索引视图也可以不生成真的视图，仅生成一个符号并关联到其他视图。其索引编号也关联到该视图，如图 3-23 所示。这个用法多数用于墙身大样的索引，有很多部位的墙身是一样或接近的，无需重复绘制大样，就可以在各个部位都放一个详图索引视图，然后参照到同一个墙身大样。

---

① 前文提到，类似卫生间大样这种不需要圈示范围的详图，用详图索引视图或"复制视图 + 修改裁剪区域"的方式创建均可，后者更简单直接。这里仅用其说明详图索引视图的用法。

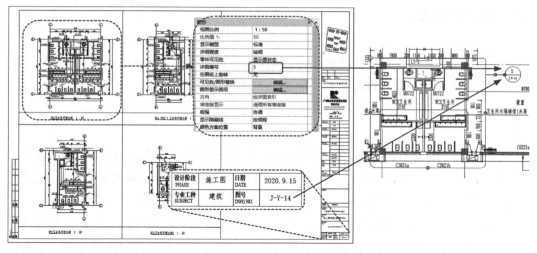

图 3-22　详图索引编号的关联

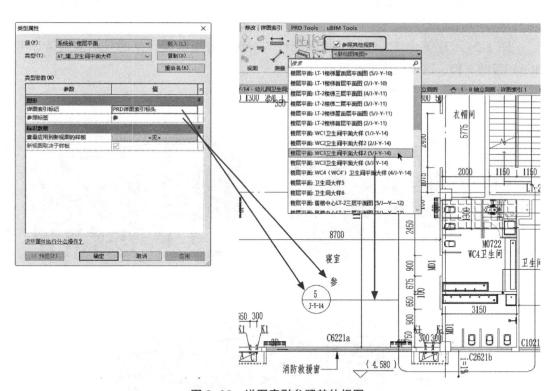

图 3-23　详图索引参照其他视图

（6）选择详图索引的边界，按 Ctrl+C 键复制，然后通过『**修改→剪贴板→与选定视图对齐**』命令，可将按此详图索引的边界，在选定视图中的同一位置批量创建详图，但需注意 Revit 会自动按原详图的名称**自动递增命名，需手动修改**。这在楼梯大样、核心筒大样等多个楼层固定位置的大样制作中，可以提高一点效率。

3.5　调整视图属性

创建视图后，打开需要处理的视图，或在"项目浏览器"中多选视图，然后在"属性"选项板中，对视图属性进行初步设置，主要属性如下：

3.5.1　规程

规程是 Revit 特有的概念，表示不同专业对各构件类型的不同显示方式，建、结、水、暖、电五大专业的视图一般分别对应**建筑、结构、卫浴、机械、电气** 5 个规程。另外，有一个**协调**规程是不分专业的，一般在合模或管线综合期间使用。

其中**卫浴、机械、电气**三者对图元显示并无区别，其更多的意义在于对视图进行分组，比如在视图浏览器（详第 2.3.1 小节）设置中也可以使用规程进行分类。本书将其统称为 **MEP 规程**。建筑与协调规程亦几乎完全一样，唯一区别是协调规程可显示所有规程的剖面符号。

图 3-24 示意了建筑、结构、机械规程的对比。各个规程详细的显示规则请参考 Revit 帮助文档，这里仅作重点提示：

（1）建筑及协调规程显示所有构件类别。

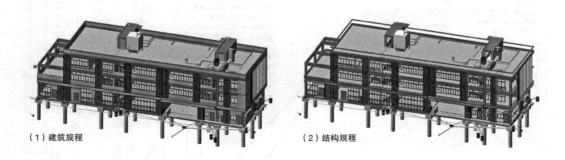

（1）建筑规程　　　　　　　　　　　（2）结构规程

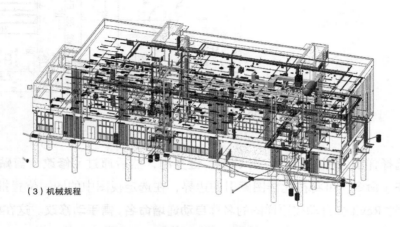

（3）机械规程

图 3-24　建筑、结构、机械规程对比

（2）结构规程：非结构墙（"结构"参数没有勾选的墙）将被隐藏。平面视图中被隐藏构件按隐藏线显示（即结构模板图的表达方式）。

💡 提示：**结构规程仅隐藏非结构墙，不会隐藏非结构楼板，需要特别注意。**

（3）MEP 规程：土建构件显示为"半色调"，突出机电构件。平面视图中各种管线的显示有很多该规程特有的规则，如上下管线交叉处的空隙、被遮挡构件的隐藏线显示等。

3.5.2　详细程度

详细程度是 Revit 图形视图的一个基本属性，它有三个可选值：粗略 / 中等 / 精细。在视图中切换不同的详细程度，视图中的图元（一般指模型图元）将会根据各自特点，显示相应详细程度下对应的图形。

详细程度对复合材质的构件（如复合材质墙体、楼板）、机电专业的管线影响较大，很多可载入族也设置了不同详细程度的不同表现。本书第 5.2.2 墙体小节以及第 7、8 章管道、风管相关内容均有深入分析详细程度对 BIM 制图的影响。

3.5.3　视图方向

视图方向，除了总平面选择"正北"外，其余视图一般选择"项目北"。

如果建筑整体或局部平面不是横平竖直，建模、制图时又希望保持横平竖直操作，有两种方法：一是旋转**项目北**（注意，不是旋转**正北**）；二是旋转视图**裁剪区域**。前者会影响项目所有平面视图，后者仅影响当前视图。

💡 提示：**旋转项目北在团队协作时难以控制，如果有人误操作将极其麻烦。建议用第二种方式。**

以图 3-25 所示的客房大样为例，用详图命令框出局部，默认为矩形，如图 3-26 所示。

选中视图裁剪框，选择『**修改→旋转**』命令，将**旋转基点**拖拽到轴线上，此时需要先确定视图旋转的最终方向：移动鼠标直到鼠标点与旋转基点连线与屏幕长边平行，再移动鼠标点击旋转基点所在的轴线一次，完成视图旋转，操作结果如图 3-27 所示，符合表达习惯。部分标记也会跟着旋转，需重新标记。

如果想将视图回复原始的角度，可**先将视图的方向改为正北，再改为项目北**即可。这个操作的逻辑难以言说，但是有效。

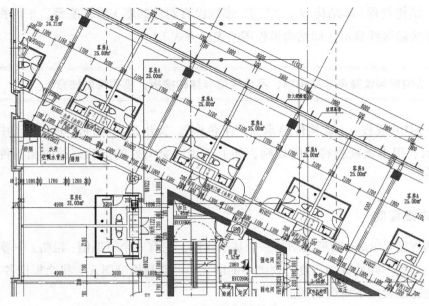

图 3-25 非正交平面的示例

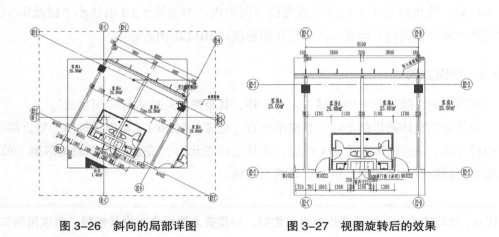

图 3-26 斜向的局部详图   图 3-27 视图旋转后的效果

3.5.4 视图裁剪范围

Revit 的视图可以是无边界的，布图时无边界的视图自动按其包络框作为边界。为了控制布图，一般需要通过**裁剪区域**定义项目视图的边界范围。裁剪区域分为**模型裁剪区域**和**注释裁剪区域**，如图 3-28 所示。

裁剪区域是否起作用可通过视图下方的小图标 来切换，而不管裁剪区域是否起作用，其边界的显示都是可以打开或关闭的，通过旁边的小图标 进行开关切换。这两个按钮与视图属性中的**裁剪区域**、**裁剪区域可见**两个参数等价。

将上述两个参数打开，视图出现**模型裁剪边界**，可分别调节四边范围，或编辑为不规则边界。另一个参数**注释裁剪**打开时，在裁剪边界之外出现了另一条虚线显示的**注释裁剪边界**，这是为了提供一个范围，在此范围中模型的显示已被裁剪，但注释图元可以显示。如图中的实线框与虚线框之间的尺寸标注所示例。该范围的宽度可通过『**尺寸裁剪**』命令设置，默认为打印尺寸 25mm。

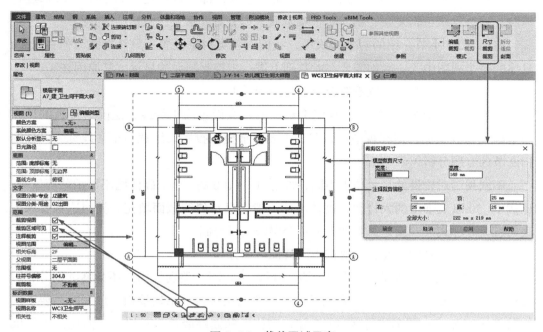

图 3-28　裁剪区域示意

💡 **提示：只要注释裁剪区域接触到注释图元的任意部分，注释图元都会被"裁剪掉"。轴号是特殊的裁剪方式，打开视图裁剪后，轴号会自动拉近至注释裁剪的边界外侧。**

Revit 支持复杂边界的裁剪区域，如图 3-29 所示，通过『编辑裁剪』命令，可自由设定多边形的视图边界。

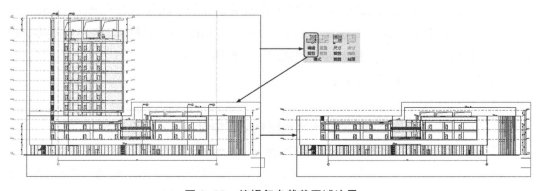

图 3-29　编辑复杂裁剪区域边界

3.6 图元显示的控制

Revit 的图元显示控制与 AutoCAD 相比，灵活度与复杂度都大幅提高，每一类构件甚至每一个构件在视图中是否显示、如何显示，都可以通过非常多的层级来进行控制。这些层级逻辑复杂，初学者很难掌握，本节对其重点作概括性的介绍。

在第 2.2.2 小节介绍的**对象样式**中，我们对各类对象设置了默认样式。但在 Revit 具体的每个视图中，一般均需要在此基础上进一步控制图元的显示。其原因在于：

（1）对象样式中的设置不符合当前视图的需求

例如，在"对象样式中"，我们将楼板的线宽设置为 1 号线，是因为楼板的填充图案线宽与其有关。但在视图中，我们需要保证楼板投影线线宽为正常线宽（详见第 14.9 节的专题分析）。

不同视图对构件的显示要求不同，如比例 1∶100 的平面，砌体墙不显示截面填充；比例 1∶50 以上细度的大样图，砌体墙体一般会显示斜线截面填充。类似这种要求无法通过对象样式一一满足，需加入下一个层级进行控制。

（2）同一类别的图元，需要按不同特征再细分

对象样式是按构件最大的分类层级进行设定，同一类别的构件还会继续细分，以进行不同的显示设置。例如，在剖面中的建筑面层楼板和结构楼板，出图时需要不同的截面线宽和填充图案进行区分；又如，砌体墙和面层墙都属于墙体，但比例 1∶100 平面中只显示砌体墙，面层墙则需单独关闭显示。

图元显示的控制包括**可见性、显示样式**两方面，其中显示样式又包括线型、线宽、填充图案、颜色、透明度、是否半色调等，相当繁杂。一般会在 Revit 样板中预设多种固定搭配的**视图样板**，以便统一标准并快速设置。但即便有完善的视图样板，图元显示控制的层级和方法还是应该掌握，以适应项目的各种需求。

3.6.1 图元显示控制的关键层级

前面提到 Revit 的图元显示控制层级非常复杂，详细的层级请查看 Revit 帮助文档中"图元可见性替换层次"专题，其总结了 10 个层级的优先级排序。本节去掉其中的枝节，仅保留主体脉络，使读者可以快速理解其整体逻辑。

如图 3-30 所示，最关键的层级有三个：

（1）对象样式

对象样式的设置是全局性的，所有视图默认即按对象样式的设置显示。

（2）可见性 / 图形替换（Visibility/Graphics Overrides）

这是 BIM 设计出图过程中大量使用的设置，针对当前视图，对每一类构件进行可见性及显示样式的设置，默认的快捷键为"VV"，因其简单、快捷，日常也经常

简称"VV 设置"。

（3）视图过滤器[1]

这也是针对当前视图的设置，实际上是从属于"可见性 / 图形替换"的一个子项，但它的优先级更高，因此将其单列出来。其作用是通过特征值的设定，自动提取特定对象进行设置。

以墙体为例，这三个层级的影响效果如图 3-31 所示，从下往上示意了一个视图的墙体从默认到逐步设置为符合出图标准样式的过程。

图 3-30　图元显示控制关键层级

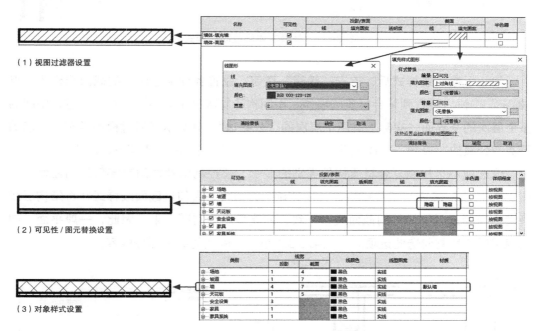

图 3-31　图元显示控制关键层级示意

在其中的第二层级有一个分支，涉及一个 Revit 极晦涩的概念**主体层截面线**，对图面的某些局部又有较大影响，在此专门讲解。该设置不是全局设置，仅针对当前视图起作用。如果视图中勾选应用此设置，则墙、**楼板等复合材质构件的截面显示**将不再受"模型类别"的设置控制，转而受**替换主体层截面线**的设置控制，如图 3-32 所示。注意，视图详细程度应设为**中等**或**精细**，如果是**粗略**，则此选项不起作用。

---

[1]　Revit 有多处用到"过滤器"一词，为避免混淆，本书将针对视图设定的过滤器称为"视图过滤器"。此外，还有选择过滤器、专业过滤器等。

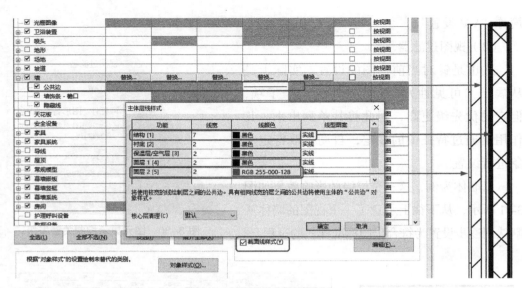

图 3-32　替换主体层截面线样式

　　勾选了**截面线样式**后，点击**"编辑"**按钮，设置各种构造层次的截面线样式，点"确定"按钮后可看到复合材质的墙体，不同构造层次显示为不同线宽。注意，中间的**多个层次的交界面，实际上是两个层次的"公共边"**，其显示又通过模型类别里面**墙的子类"公共边"**控制。整体关系相当复杂，需反复测试，以弄清其逻辑层级。

　　该选项不单控制复合材质构件类别的显示，还控制**构件之间交接部位的显示**，如图 3-33 所示。墙体与梁连接后，交接处显示为细线，需勾选**截面线样式**并将**结构**层线型设为与墙梁板等构件的截面线型一致，才能显示为右图效果。**因此，一般平面、剖面视图设置均需勾选此选项**。参见第 5.3.2 小节中墙柱的显示部分内容。

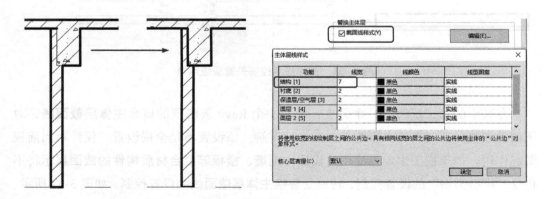

图 3-33　截面线样式对构件连接处的截面影响

　　除了上述这三大控制层级，还有其他一些影响的因素，如阶段的设置、针对个体图元的单独替换等，不在此展开介绍，后文需要用到的地方再作详细介绍。

3.6.2　图元的显示开关

可以在视图中隐藏若干个图元或类别。在视图中选择需要隐藏的图元，在其上单击鼠标右键，弹出菜单，点击"在视图中隐藏"命令。根据情况选择"图元"或"类别"，如图 3-34 所示。

图 3-34　在视图中隐藏

（1）若选择"按类别"选项，其设置将同步修改"可见性/图形"中的设置。

（2）如果要隐藏的图元用作标记或尺寸标注的参照，则此标记或尺寸标注也将被隐藏。

查看或者恢复显示被隐藏的对象：

（1）点击视图控制栏中"显示隐藏的图元"按钮，可观察到已被隐藏的图元，如图 3-35"显示隐藏的图元"模式所示。

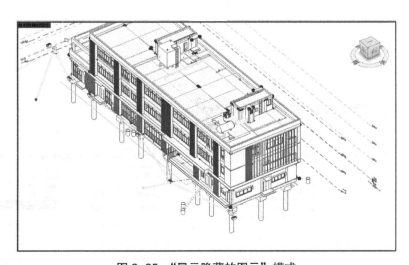

图 3-35　"显示隐藏的图元"模式

（2）选择需要恢复显示的图元，在功能区中点击"取消隐藏图元"或"取消隐藏类别"按钮。

（3）点击功能区中"切换显示隐藏图元模式"按钮。

💡 提示：在视图中直接隐藏图元需慎重操作，因为从图面上、设置上均看不出有图元曾经被隐藏过，只有进入"显示隐藏的图元"模式，才能看到哪些图元被隐藏。

3.6.3 链接文件的显示控制

Revit 设计过程中一般通过**链接**方式进行专业间的协同，Revit 对链接文件在主体文件中的显示方式也提供了既灵活又复杂的选项，分别介绍如下：

（1）按主体

在本视图中通过"可见性 / 图形替换"和"过滤器"等对图元的显示控制将同样影响到"RVT 链接"文件内的图元。一般适合对同专业的模型使用此选项。

（2）按链接

一般须在被链接的文件中创建用于链接的视图，方便当前视图快速、便捷地显示链接文件。例如，在结构模型创建竖向构件提资平面，其中仅显示竖向构件，建筑平面中可"按链接"显示。

（3）自定义

可对链接文件内的各项视图属性进行单独设置，也可以在第（2）项的基础上继续调整。

上述选项如图 3-36 所示，亦可参看图 5-66 的实例。除模型类别的构件外，还经

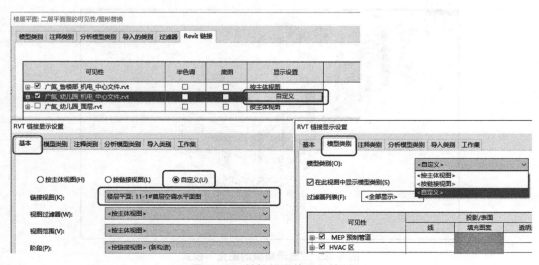

图 3-36　链接视图的显示控制

常需要将注释类图元关闭（如链接文件里的轴网、标高，跟主文件叠在一起严重影响图面效果），可按图 3-37 将链接模型的所有注释类图元都关闭显示。关闭前后的效果对比如图 3-38 所示。

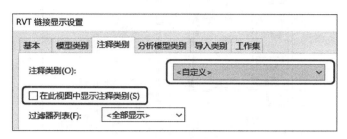

图 3-37　关闭链接视图的注释类图元

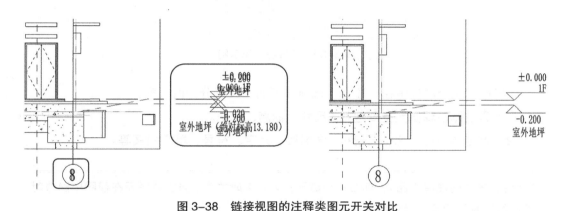

图 3-38　链接视图的注释类图元开关对比

♀提示：此操作对每个视图、每个链接文件都要手动操作一次，相当烦琐而且没有插件可以实现批量操作。

唯一能加快一点效率的操作是设好一个视图后，保存为一个**视图样板**。仅勾选此项，然后应用到不同视图。但对新增、修改的链接文件无效，因此也并非良法。该项功能在专业间协同过程中大量应用，本书后续章节也多有谈及，在此不作展开。

3.7　添加注释

设置好视图及模型的显示样式后，下一步是在视图中添加**注释性图元**。注释性图元是模型图元的信息标示与补充说明，如图 3-39 所示。

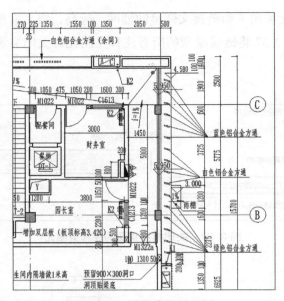

图 3-39　注释类图元示例

注释性图元全部集中在『注释』选项卡下面，又可分为两大类：

（1）有主体注释图元主要包括：尺寸、标高、标记。

（2）无主体注释图元主要包括：详图线、文字、符号、填充图案等。

💡 提示：有主体的注释性图元，其信息来自于主体并实时关联。当主体图元在视图中隐藏时，关联的注释性图元也随之隐藏。

注释类图元的添加操作比较简单，在第 2.2Revit 样板通用设置节中的文字、填充、尺寸、标高等小节均有提及相关内容，在本章第 3.1Revit 图元组成节的注释图元部分也有介绍，其余注意事项详见各专业的具体章节，在此不再赘述。

3.8　图纸布图

在 Revit 中，视图与图纸是两个概念，视图可以类比为 AutoCAD 的模型空间，图纸则相当于 AutoCAD 的图纸空间。将视图布置到图纸中的过程，称为**布图**。

但 Revit 的布图与 AutoCAD 的布图也不完全一样，区别主要在以下几方面：

（1）Revit 对于不同比例的视图放到同一图纸的支持更好

如第 3.1Revit 图元组成节中所说，Revit 的注释性图元原生有一种"比例不相关"的特性，按实际打印尺寸来设定，与视图比例无关，直接拖放即可，不用考虑字高、尺寸标注等会因不同比例而大小不一，因此比 AutoCAD 方便很多。

（2）Revit 的图纸及视图的图名、图号等均互相关联

不管是图纸还是视图，其图名、图号、比例等字段，均与其属性相关联。修改属性，相应字段即自动跟随修改。

（3）除了图例视图，Revit 的每个视图只能被放到一个图纸中

如需将同一个视图放到多个图纸中，模型视图可以通过 Revit 的复制视图命令（在项目浏览器中右键点击『**复制→带细节复制或复制关联**』命令），将视图复制出来，再进行布图；如果不是模型视图，**如通用说明等，可用图例视图来制作**。

如图 3-40 所示的建施平面图中，通用说明、区位图等均为图例视图。

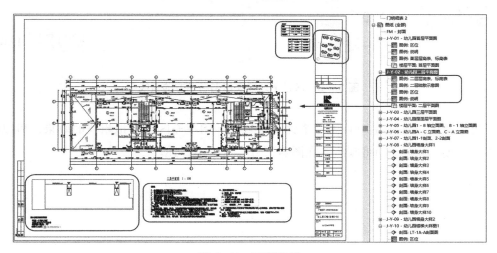

图 3-40　图纸示例

Revit 布图操作之前，需准备好图框族。一般在企业模板中已制作好（详第 2.2.10 小节），直接应用即可。

将视图添加到图纸中后，其视图标题默认显示为其"视图名称"，但可在"属性"选项板中指定它们在"图纸上的标题"，如图 3-41 所示。

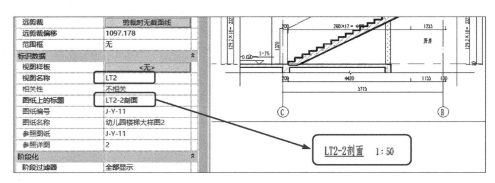

图 3-41　自定义图纸上的标题

Revit 的视图标题也让人略觉纠结。国内惯例是图名下方有一道粗线，或一粗一细两道线，Revit 虽然可以通过在视图标题族里添加填充区域、详图线的方式来实现，但其长度却不会跟着视图名称字符数的变化而变化，并且无法通过实例参数控制，只能设置很多个类型，通过类型参数控制长度，适应不同字数的图名，可以说相当笨拙。

笔者建议的方法是直接设置**图名文字带下划线**，勉强实现"图名下方有根线"的需求，且横线长度自然跟随图名文字，如图 3-42 所示。但因其太贴近文字，效果未见得佳，很多设计师也表示难以接受。

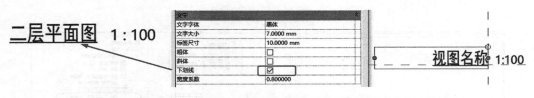

图 3-42　通过下划线模拟图名下方的横线

更直接的方法则是单独做一个详图符号族，用填充区域模拟粗线的效果，可以随意拉动长度；但需手动将族放置在图名下方，这里不详述。

第4章　BIM 正向设计总体策划

BIM 正向设计要求各个专业之间的配合更加紧密，对各种流程及操作的标准化、规范化要求更高，因此如果项目确定采用 BIM 正向设计的方式进行，在项目开始之前应先进行 BIM 设计的总体策划。对于尚未形成 BIM 正向设计固定模式与标准流程的设计企业来说，这一步必不可少；对于已有一定实践经验的企业，总体策划应该已经形成固定的标准文档，但仍需要根据项目具体情况、软件技术发展情况而不断更新。

总体策划主要是管理方面的内容，同时也离不开与技术的结合。本章介绍一个项目的 BIM 正向设计总体策划应考虑的各方面内容，具体的实施路径有多种，本书主旨并不在于提供一个最优的策划方案，而在于阐述如何考虑各方面的影响因素，从而作出最适合本企业、本项目的策划方案。

需强调的是，BIM 正向设计仍属一个宽泛的概念，其本源意义上的正向设计要求全专业、全过程均基于 BIM 模型进行设计并形成全套设计文档，但目前的技术、人力、资源、设计周期、设计收费等各方面条件，尚未支持最严格意义上的 BIM 正向设计。**本书的基调是在当下技术可行的基础上，在不增加太多资源投入，不改变太多设计管理流程的前提下，尽可能让"正向"的比例更高一点。这也是本章总体策划的出发点。**

4.1　BIM 团队架构

关于 BIM 团队架构，我们坚持一个观点：BIM 正向设计的流程里，不应该有"只负责建模"的 BIM 工程师角色，所有 BIM 建模的人员都应参与设计、出图；所有设计师也都应该参与到 BIM 协同设计流程当中，即使不具体建模，也要看模、用模、审模，基于模型完善设计。

因此，**我们淡化 BIM 团队架构的概念，BIM 团队实际上就是设计团队，不分彼此。**所区分的只是专业内的分工不同，比如有的成员负责本专业方案（不单建筑方案，也包括结构方案、机电系统方案等）设计与优化，有的成员负责落实细部做法、专业之间的协调，前者更多的时间在思考上，后者更多的时间在软件操作上，并不以"是否使用 BIM 软件进行建模"来区分。

唯一需要确定的是一名 **BIM 负责人**。这个角色只针对本项目的 BIM 相关技术与管理，并非定位于"企业 BIM 技术负责人"。因此，同样建议从设计人员中指定，如果实在没有合适人选，才选择项目设计团队以外的人员。其不一定是 BIM 技术专家，但要求对 BIM 软件技术有较高程度的掌握。

项目 BIM 负责人对内是 BIM 技术方面的管理与协调人员，对外则是 BIM 技术方面与其他单位对接的出口。其职责如下：

（1）项目设计合同中有 BIM 专项要求时，总体负责对接其中的 BIM 应用要求与交付要求。

（2）收集并协调解决项目实施中可能遇到的各类 BIM 技术问题。

（3）组织各专业划分工作集，控制各专业链接关系。

（4）负责各专业模型深度及质量控制。

（5）负责模型技术交底、模型维护、模型整合交付。

（6）组织完成各阶段的 BIM 模型可视化表现成果。

（7）组织完成项目所需的拓展性 BIM 应用。

从企业技术管理层面，项目级的 BIM 负责人同时还有一项重要的职责，即**总结项目过程中遇到的 BIM 技术问题、经验或教训，辅助完善企业的相关标准、样板文件、构件库及 BIM 技术相关知识库**。当越来越多项目有这样的积累和完善时，企业的效率就能显著地提升。

4.2 BIM 介入时机

项目总体策划首先要考虑的是 BIM 介入时机，并非每个 BIM 正向设计项目都要求"原生的"从方案就开始介入，需要根据项目实际情况确定；不同专业介入时机也各不相同，因此总体策划首先要考虑 BIM 介入的时间节点。

按传统设计流程的阶段划分（方案、初步设计、施工图设计），BIM 介入时机大致可分为三种模式：

（1）建筑专业在方案阶段即开始介入，方案确定后结构 BIM 参与进来，初设中期机电 BIM 加入，如图 4-1 所示。这种模式的"正向"程度最高，BIM 设计的优势发挥最充分，但前提是建筑师熟练掌握并习惯 BIM 软件（特指 Revit）直接进行方案设计。

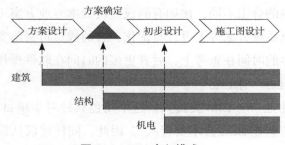

图 4-1　BIM 介入模式一

（2）建筑、结构专业均在方案确定后介入，初设中期机电 BIM 加入，如图 4-2 所示。由于方案阶段的大幅度修改非常频繁，很多建筑师更习惯使用 SketchUp、Rhino 等灵活度高的软件进行方案设计，在定案之后再转入 Revit 进行方案深化及后续设计，因此这是目前比较主流的方式。另外，很多项目的方案是由第三方方案公司提供设计，这种项目的 BIM 设计也基本上只能采用本模式介入。目前也有不少方案公司直接用 Revit 进行方案设计，是否可以直接沿用方案 Revit 模型进行深化，要看方案模型是否规范、是否可以快速改造为符合本公司企业标准的模型。如果难以改造，则需要重建或部分重建[①]。

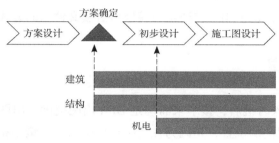

图 4-2　BIM 介入模式二

（3）建筑、结构专业均在初设中期介入，机电 BIM 在施工图阶段才加入，如图 4-3 所示。这种模式往往是项目进行过程中才确定要使用 BIM 正向设计，初步设计已经开始采用 CAD 进行当中了，因此最佳的介入时间已经错过，但建筑结构专业还可以快速从 CAD 设计转入 BIM 设计，并在初设出图前完成转换，同时对初设进行校验。机电专业的 BIM 设计由于需要土建模型作为依托，会稍微滞后一些，加上初设的机电 BIM 模型内容不多，因此往往放弃在初设出图时采用机电 BIM，代之以直接在施工图阶段全面铺开。

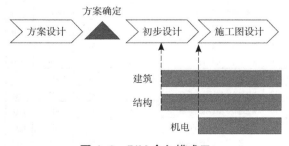

图 4-3　BIM 介入模式三

---

① 这种情况在与境外方案公司合作的项目中比较多见，主要在于 Revit 语言版本不同，构件的命名、参数均为英文，后续应用不便。

这三种模式首选当然是第一种。如果条件不具备，则选择第二种。第三种模式一般在项目开始之初没有做 BIM 设计计划时才采用。

💡 提示：第一种模式下，在结构专业介入之前，方案 BIM 模型里也有结构墙板柱等结构构件。当结构专业介入后，需要做一个权属转移的处理，将结构构件的权属由建筑专业转移给结构专业。

如果建筑与结构是采用工作集进行协作（仍属同一个 Revit 文件），只需将结构构件归入结构专业的工作集即可；如果是采用分开 Revit 文件、以链接的方式协同，则需要将构件拆分出来，建议采用『创建组→转换为链接文件』的方式，比较方便。

4.3 BIM 出图范围

确定了 BIM 介入时机后，接下来需确定 BIM 出图范围。出图主要指的是施工图，我们将这一项提到很前的位置，是因为在实际项目中这一项策划很关键，对人员安排、进度计划安排均有决定性的影响，因此在 BIM 设计开始之前就要确定下来。

珠江设计的做法简单直接，在做这一项策划的时候，请各专业负责人将本项目未来施工图的图纸目录参考同类项目先列出来，要求不漏项、数量尽量准确；然后，在图纸目录上将哪些图纸用 CAD 方式出图、哪些图纸用 Revit 出图事先确定下来，使各专业设计人员都全面了解整体策划，并且有的放矢地安排本专业建模及绘图的进度计划。图 4-4 所示是珠江设计一个典型 BIM 正向设计项目的给水排水专业出图范围划分局部示例。

5	消防给水系统原理图	A1	S-05	CAD
6	自动喷淋系统原理图 地下室排水系统原理图	A1	S-06	CAD
7	排水系统原理图（一）	A0	S-07	CAD
8	排水系统原理图（二）	A0	S-08	CAD
9	排水系统原理图（三）	A1	S-09	CAD
10	排水系统原理图（四）	A1	S-10	CAD
11	室外给水总平面图	A1	S-11	BIM
12	负四层给排水及消防平面图	A1	S-12	BIM
13	负三层给排水及消防平面图	A1	S-13	BIM
14	负二层给排水及消防平面图	A1	S-14	BIM
15	负一层给排水及消防平面图	A1	S-15	BIM
16	负四层自动喷淋平面图	A1	S-16	BIM
17	负三层自动喷淋平面图	A1	S-17	BIM
18	负二层自动喷淋平面图	A1	S-18	BIM

图 4-4 BIM 出图范围划分示例

对于每个专业 CAD 与 BIM 的出图范围如何界定，设计企业应有一个基本的指引，并在项目实践中不断进行调整，使总体的设计效率、质量达到一个平衡。以下是我们建议的一个划分方案，供参考。表 4-1 中标注"■"的为建议项，标"□"的为可选项。具体每个专业如何实现相应的 BIM 出图，详见后续的各章节内容。

各专业 CAD 与 BIM 出图界面建议　　　　　　表 4-1

专业	内容	CAD	BIM	备注
建筑	设计说明、构造做法表	■		
	总平面	□	□	1
	各层平面		■	
	消防分区平面、人防分区平面		■	
	立面		■	
	剖面		■	
	局部平面大样		■	
	楼梯大样	□	□	2
	墙身、节点大样		■	
	无需建模的详图节点（如防水大样、变形缝大样等）	■		
	门窗表及门窗大样、幕墙大样		■	
	各类报审图，如报建通、节能计算报审	■		
结构	设计说明	■		
	结构布置与受力计算	■		
	框架梁、柱、墙等主要构件截面计算和配筋	■		
	模板图		■	
	墙柱定位图		■	
	平法出图	■		
	节点大样	■		
给水排水	设计说明与计算书	■		
	系统原理图	■		
	系统轴测图	□	□	3
	室外给水排水平面		■	
	室内给水排水平面		■	
	局部放大设计（水泵房、水池、水箱间、卫生间、管井等）		■	
	设备表		■	
暖通空调	设计说明与计算书	■		
	系统图	■		
	通风、空调、防排烟等风管平面图		■	
	空调冷热水、冷媒、冷凝水等管道平面图		■	

续表

专业	内容		CAD	BIM	备注
暖通空调	通风、空调、制冷机房大样			■	
	剖面和大样设计			■	
	设备表			■	
电气	设计说明与计算书		■		
	各类系统图		■		
	高低压配电	变配电所		■	
		配电干线		■	
	配电、照明设计	配电平面		■	
		照明平面		■	
	防雷、接地设计	防雷平面	□	□	
		基础、各层接地平面	□	□	
	电气消防	火灾自动报警平面		■	
		消防应急广播平面		■	
	智能化各系统	智能化各系统平面	□	□	4
	主要电气设备表			■	

注：1. 总平面以标注为主，且格式比较讲究，用 CAD 标注比较方便，建筑物轮廓可由 BIM 模型导出。如在 Revit 出总平面图，需特别注意标注格式及坐标数值。

2. Revit 出楼梯大样图是个难点，参考第 5.8 节楼梯及其详图。如果追求效率，在 CAD 出图可能更为高效，但需保证图模一致性。

3. Revit 原生的轴测图不一定符合施工图表达习惯。鸿业 BIMSpace 等二次开发插件提供了生成符合习惯的系统轴测图功能，如果没有插件，建议 CAD 绘制。

4. Revit 模型无法设置带字母的复杂线型，智能化系统如果较多，或图面表达要求较严格，Revit 无法或较难（通过等距标记）满足图面要求，建议 CAD 绘制。本书第 14.7 节专题介绍的优比 ReCAD 插件，可将 Revit 导出为带字母线型，通过"Revit 设计＋导出 AutoCAD 打印"命令，一定程度上解决此问题。

4.4　软件版本

Autodesk Revit 惯例每年升级一个版本，以次年年份命名。由于 Revit 无法用低版本打开高版本文件，也没有另存为低版本的功能，**文件一旦用高版本 Revit 打开并保存模型后，无法再使用低版本的软件打开**。而高版本 Revit 打开低版本的文件，也需要耗费大量的时间升级。因此，在总体策划阶段需确定并统一 Revit 版本，如无特殊需要，该版本将持续到项目交付。

Autodesk 对于以年份命名的大版本，还会不定期发布补丁升级为小版本，如 Revit 2019.2 版，这种升级不会影响文件保存的版本，可以放心升级。

Revit 每个新版本都会增加新的功能、完善原有功能，近年来的升级在运行速度上也不断提升，因此，**原则上建议选择在项目开始时的最新或次新版本**，如 2020 年启动的版本，可选择 Revit 2021 版或 Revit 2020 版。**需考虑的是配套插件是否已跟进最新版本。**

配套的 Navisworks 原则上也应采用与 Revit 同年份的版本。

对于特殊项目需要，如与外方合作的项目，需考虑 **Revit 语言版本**。Revit 安装后已包含多语言版本。不同语言版本的软件互相兼容，除命令面板的命令显示为不同语言外，更大的影响在于很多系统族类型的名称、设置项、默认加载的族、导出 dwg 文件的默认图层设置等是按创建时的语言版本设定。因此，如果项目需要应用非中文版，在项目启动时就应统一确定语言版本。

以英文版为例，在 Revit 启动图标上单击鼠标右键，修改『属性→快捷方式→目标』，将末尾的三个字母由 "CHS" 改为 "ENG" 即可，如图 4-5 左图所示，图 4-5 右图为各种语言的缩写，可以复制多个快捷方式图标，分别修改，按需启动。

图 4-5　通过 Revit 快捷启动图标修改语言版本

4.5　BIM 协同方式

BIM 协同方式是 BIM 正向设计流程中的关键环节，基于 Revit 的协同设计主要通过**工作集与链接**两种方式的组合实现。**在项目总体策划时应确定两种方式各自的应用范围以及如何组合。**本节先对 BIM 协同设计及其两种主要实现方式作出介绍，最后再分析如何进行策划。

4.5.1　BIM 协同设计概述

BIM 协同设计指基于 BIM 模型和 BIM 软件进行各专业的交互与协作，目的是取代或部分取代 CAD 设计模式下低效的工作模式，充分利用 BIM 模型数据的可视化、可传递性，实现各专业间信息的多向、及时交流，从而提高设计效率，减少设计错误。

本书的第 10.1 节专门讲到专业配合的**信息唯一性原则**。在 CAD 设计模式下，协同设计主要通过 dwg 文件的外部参照进行，由于 dwg 文件的离散性、CAD 图元的非结构化，以及 AutoCAD 目前尚不支持多人协作等因素，决定了 CAD 协同方式的局限性——难以确保信息的唯一性。这是 CAD 设计经常发生的"图纸版本对不上"这种配合失误的根本原因。

BIM 协同设计是 BIM 正向设计优势得以发挥的重要保障，也是与 CAD 设计流程差异性较大的一个环节。设计师如果习惯了 CAD 普遍较为松散的协同方式，在起初转入 BIM 流程时，面对严谨的协同方式可能会感觉很不习惯。但一旦经历了完整的 BIM 正向设计流程，感受到这种协同方式带来的优势之后，就自然会认同这种方式，并且如果再回到 CAD 的协同方式，甚至会产生一种因随意性而带来的"不安全感"。

Revit 主要应用**工作集**与**链接**两种方式进行协同，另外 Revit 还提供了 Revit Server 的方式，理论上支持广域网的协同，实际应用面临几方面的问题：部署复杂；广域网受网速限制；不支持外部链接。后者是由于 **Revit Server 实际存储的是一堆格式为 dat 的数据，在打开时才还原为 Revit 文件**，因此无法像普通 rvt 文件那样被链接，这对于分专业协同的设计模式来说基本上不可行。本书仅介绍工作集和链接两种常用方式。

4.5.2　工作集协同方式

工作集是 Revit 的团队工作模式，其架构如图 4-6 所示，由一个"中心文件"和多个"本地文件"的副本组成，多个用户可以通过工作集的"同步"机制，在各自的本地文件上同时处理一个模型文件。若合理使用，工作集机制可大幅提高大型、多用户项目的效率。

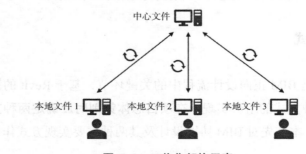

中心文件

本地文件 1　　本地文件 2　　本地文件 3

图 4-6　工作集架构示意

工作集模式因涉及多人协作，技术细节比较多，本章主要介绍总体策划相关的要点，详细的操作步骤我们放到第 14.1 节专题讲述。跟链接方式相比，工作集的优势在于：

（1）多人同时处理同一个模型文件，方便划分工作界面，同时减少 Revit 文件数量、减少链接关系，使模型整合起来更简单。

（2）不同的成员，其作出的设置、载入的族都是所有成员共享的，相比多文件统一设置，难度大幅降低。

（3）不同的成员，其放置的构件、绘制的图元，都属于同一个 Revit 文件，互相之间可以有连接、扣减、附着等关系，这是链接方式所无法实现的。

而工作集也有其缺点：

（1）其部署过程较复杂，且稳定性比独立文件要弱一些，偶有中心文件损坏的情况发生，需注意控制同步的间隔不能太长。

（2）工作集无法脱离局域网环境（只允许偶尔、个别、短时的脱离），限制较大。

（3）参与工作集的人数如果太多，就会经常发生"同步塞车"的状况，需等待较长时间依次同步。一般建议一个中心文件不超过 10 人同时工作，以 5 ~ 6 个人以内为宜。

4.5.3　链接协同方式

Revit 的链接跟 AutoCAD 的外部参照概念大体相近，设计师很容易理解。其优势与劣势跟工作集基本上是互补的：它无需特别的操作，稳定性较好，可以将单个 Revit 文件体量控制得比较小，工作环境不受限制，但它无法将各个链接文件的图元互相连接起来，各个文件之间互相独立，有些公用的基准图元（如楼层标高、轴网）及设置（如线型、填充图案、底图的深浅）等需分别设置，也很难访问链接文件里面的构件及视图。

但 Revit 的链接与 AutoCAD 相比仍然是有改进的，首先它提供了"复制/监视"功能，实现某些类别的图元可以跟链接文件共用[①]；其次 Revit 可以引用链接视图的指定视图作为底图，这给设计协同带来了很大的便利，在第 10 章 "专业配合" 的内容里我们会看到大量这样的应用。

4.5.4　协同方式策划

综合工作集和链接两种协同方式，在项目中如何进行策划，不同设计企业或团队有不同的做法。以一个规模适中的单体建筑（无需进行模型拆分）为例，只考虑常规五大专业（建、结、水、暖、电），主要有以下几种方式：

（1）每个专业内部采用工作集协同，每个专业一个中心文件，专业间互相链接。

（2）将水暖电三个专业合在一起采用工作集协同，分建筑、结构、机电三个中心

---

① 实际上并非真正共用，而是通过在两个文件之间建立监视的机制，使两边的指定构件保持同步，看起来像是同一个构件。

文件互相链接。

（3）将建筑、结构合在一起、水暖电三个专业合在一起，分土建、机电两个中心文件互相链接。

上述三种方案如何选择，主要看建筑、结构两个专业合在一起、水暖电三专业合在一起，各有什么利弊，表 4-2 作了简要的分析：

专业组合工作集优缺点分析　　　　　　　　　　　　　　　表 4-2

类别	建筑 + 结构	水 + 暖 + 电
优点	（1）建筑的砌体墙、楼板面层等，与梁、板、柱等结构构件之间可以互相连接、扣减，大大方便了平、剖面处理。 （2）提资、受资流程简化，统一交互，无需两个专业分开进行	（1）三个专业统一设置。 （2）方便管线综合协调，遇到冲突可以即时调整，实时看到效果。 （3）提资、受资流程简化，只需统一交互，无需三个专业分开进行
缺点	（1）结构模型不是独立模型，难以跟结构计算模型通过互导等方式进行频繁的交互，只能局部更新，只能依赖人工进行。 （2）结构出图需将过滤建筑构件	文件会比较大，操作起来灵活性差一些

从表 4-2 可看出，水暖电合在一起优势比较明显；建筑与结构合与不合各有利弊，如果注重建筑图面表达的便利性，合起来更方便；如果注重结构专业的独立性，分开更合适。

💡 提示：建议水暖电三个机电专业合在一个 Revit 中心文件中设计；鉴于目前结构专业的计算模型与 BIM 模型尚未有机统一，建议建筑与结构也合在同一个 Revit 文件中进行设计。

这也是珠江设计目前采用的协同方式。随着技术发展，结构 BIM 模型与结构计算、出图得到有机的结合，再考虑结构专业单独分开 [①]。

大原则确定以后，总体策划文档还需要将工作集的具体划分确定下来。工作集划分实质是团队成员设计界面的划分，跟 CAD 设计流程有类似之处，同时也要结合 BIM 设计的特点来安排。以下是工作集划分的一些**建议性原则**，前提是模型拆分已经做好规划，这里针对的是拆分后的一个子项进行划分。

首先是建筑 + 结构的土建 Revit 模型，建筑专业工作集划分建议：

（1）建筑核心筒工作集：核心筒、竖向交通（楼梯、电梯、扶梯等），含楼电梯大样 / 核心筒大样。

---

① 目前结构软件厂商也在不断研发，如广厦科技的"广厦结构 BIM 正向设计系统"已在一定程度上实现结构计算与结构 Revit 模型的结合。

（2）建筑立面工作集：建筑外皮、幕墙、装饰构件等，含立面出图。

（3）建筑平面工作集：建筑平面的其余内容（内墙、门、房间等）单独一个或多个工作集，看工作量，如果上下楼层区别较大的（如商业），可适当分开，如果楼层平面接近的，尽量同一人完成，含平面图制作。

（4）其余图面标注、节点大样等，可按工作量划分工作集。

结构专业的工作集划分建议：如果是竖向展开的建筑，考虑按核心筒 + 外部结构划分；如果是平面展开的建筑，考虑按楼层划分。同时图面标注、出图可单独划分工作集。

机电专业的工作集划分建议：一般按系统划分，如果单个系统工作量仍然太大，再按建筑分区或者按防火分区细分。

以上是工作集划分的建议性原则，实际项目中除了考虑工作界面，还需要考虑团队成员的组成与特点进行灵活划分，项目过程中也可以随时进行调整。

4.5.5　协同守则

确定协同方式、工作集划分后，总体策划文档需要把协同过程中的一些基本守则列出，对团队的协同操作进行规范化。

工作集协同的技术细节详见第 14.1 节工作集设置步骤及要点，其管理方面的要点如下：

（1）工作集协同需要在局域网中进行，为避免冲突，不允许将本地文件脱离局域网，编辑后再拷贝回来同步的做法。如确有需要，需与 BIM 负责人报备，并及时回归中心文件。

（2）参与项目的各专业设计人员在 Revit『选项→常规』命令选项中设定好各自的 Revit 用户名（建议中文实名），便于查找对应的设计人员。

（3）工作之前，各专业设计人员需先将自己的工作集置为当前工作集，再创建模型，以避免将自身的模型创建到别的工作集中，同时不允许占用其他设计人员的工作集。

（4）设计人员可设置本地文件的同步频率，以便实时将最新文件同步至中心文件。建议每 2h 一次，避免太频繁的同步影响效率。

链接协同方式的管理要点如下：

（1）各专业已经采用统一的原点坐标系统，链接采取的定位方式为"原点到原点"。链接文件均选择各专业的中心文件。

（2）在链接模型文件中，一般选择参照类型为"**覆盖**"，以避免循环嵌套链接；**仅当确定当前文件链接到在其他文件时，需要与子模型一起显示，方可选择"附着"。被附着型链接的子模型，不应再被其他父模型所链接，以免重复。**举例来说，假如建筑专业的"门楼"单独一个文件建模，链接到建筑主文件中时就应当选择"附着"，并且跟其他专业说明，链接建筑专业时不应再选择门楼。而在建筑专业链接结构模型时，则必须选择"覆盖"，因为结构模型同时还会被机电专业所链接。

（3）路径类型一般设置为"**相对**"，确保整体文件夹移动或拷贝时，链接关系不会丢失。

（4）链接文件之后，在"管理链接"中不可随意删除，或随意点选链接进行非相应文件的"重新载入来自"，因为此类操作会使项目文件中的视图所设置的链接视图丢失。

4.6 设计文档组织

由于第 4.5 节所提到的 BIM 协同设计要求，Revit 的中心文件路径、链接文件的相对关系均不能随意改变，因此对设计的公共文件路径、文件夹结构，均应在总体策划时确定下来。

常规做法是在公司局域网中设定项目的公共目录，要求所有设计成员均可访问并有读写权限。**为方便访问，一般会将局域网路径映射为一个盘符，注意中心文件记录的是绝对路径，因此这里要求所有团队成员映射的盘符是同一个。**如图 4-7 所示，应在项目策划时明确局域网路径及对应的盘符。

图 4-7 设定局域网映射盘符

文件夹结构可根据公司习惯设定。图 4-8 所示是珠江设计 BIM 正向设计项目的标准文件夹结构，其中实线方框内的部分是固定的目录，每新建一个项目就把整套不含文件的多层目录复制到项目文件夹里。虚线部分则根据项目是否分子项而定。从图 4-8 中可看到"1_模型文件 \1_Revit-2019"这个目录，里面设定了常规几个专业的子文件夹，如果项目有子项，就分别在各个专业下面再设文件夹。

另一种排列方式是把子项这个层级放在前面。我们的考虑是为了整体保持固定的架构，没有采用这种方式。

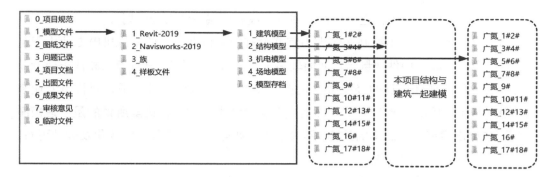

图 4-8　项目文件夹结构

值得一提的是，上面的文件夹架构中，没有出现"方案""初步设计""施工图"等表达设计阶段的目录层级，原因还是由于 Revit 的中心文件路径、链接文件的相对关系不能随意修改。

提示：为了在不同的设计阶段能顺利延续，我们在设计文件的路径中不体现设计阶段，也不体现节点日期，但在"模型存档""图纸存档"等文件夹中，就必须加上阶段、日期等字段作为子文件夹名称，以作区别。

文件夹架构确定后，对文件的命名方式须作出规定。文件命名规则，建议以企业标准的形式固化下来。每个具体项目的总体策划书中，只规定当前项目的简称或代号就可以了。

以上主要针对项目公共文件夹的文档组织要点作了介绍，对于设计师个人本地文件夹，建议用同一目录架构就可以了，但工作集中的本地文件名需将"_ 中心文件"改为"_ 个人实名"，详见第 14.1 节工作集设置步骤及要点。

4.7　BIM 模型拆分组织

4.7.1　模型拆分

BIM 模型一旦超过一定规模，软件处理起来就会显著变慢，工作集的同步时间也会变长，因此一般大中型项目都需要进行模型的拆分策划。

BIM 模型拆分需要综合考虑项目规模、项目形态和软硬件处理能力等内容。拆分模型的目的在于提高工作效率，最大限度的提高专业内和专业间的工作效果。可参照以下拆分原则：

（1）第一层级按单体划分（仅针对多单体项目），如总图、A 座、B 座。

（2）第二层级按单体分区域划分，如商业综合体项目可分为：地下室、裙房、塔楼、住宅。如果单层面积较大，也可以按层划分，或者单层按防火分区划分。

（3）每个单元的大小控制在多少为宜并没有统一标准，一般来说机电专业由于是三个专业合在一起，构件数量多且曲面较多（喷头占比最大），软件负荷相比土建专业来说更大。目前珠江设计的经验数字是控制在 1 万 m^2 以内比较合适，对机电专业来说极限值是 1.5 万 m^2，超过此值软件运作会相当缓慢。**注意，这里所说的是"建模净面积"，如标准层等多个副本的处理，不考虑重复计算。**随着软件升级优化及硬件更新，这个限值应该是不断扩展的。

（4）各专业的拆分应尽可能一致，以便互相链接配合。

图 4-9 所示是一个总建筑面积约 32 万 m^2 的综合体项目，根据建筑的分区、形态，地上部分划分为 12 个单元，地下部分划分为 4 个单元（图中没有标示），其中最左侧的超高层约 7 万 m^2，由于有多个标准层且形体规整，因此土建、机电均只划分为一个单元。

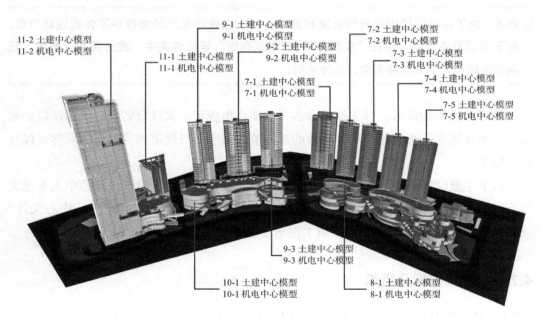

图 4-9　大型综合体项目拆分示例

4.7.2　总平面与单体定位

为了方便操作，一般会将项目的建模与绘图坐标设为横平竖直，同时将原点设在轴线交点等显著定位点处。但总平面又要求按实际坐标标注，坐标系跟单体文件不一样，尤其当涉及多个单体时，总平面与单体之间的定位就变得很复杂。

图 4-10 所示是一个典型的住宅小区，有十多栋单体，其总平面与各单体之间定位的做法是：

（1）各单体文件依然采用自己的坐标系进行设计，另外单独建立一个总平面的 Revit 文件，按 dwg 总平面底图设置其坐标系。

（2）分别将单体的基准文件（一般用轴网文件）链接到总平面文件，按底图进行旋转、平移定位，然后就可以建立起总平面与单体之间的"共享坐标"。

（3）同一个单体的各个专业所有 Revit 文件，都可以通过链接该基准文件获取这个共享坐标。

（4）当以总平面为主文件进行 Revit 的合模时，选择通过共享坐标链接，即可以自动定位。导出 Navisworks 文件时也可以选择通过共享坐标导出，在 Navisworks 里合模时即可自动对位。

具体的操作过程有比较多技术细节，在第 14.2 节以实际案例作专题介绍。在项目总体策划阶段，如果已经有总平面设计和单体平面，需要先制作好总平面 Revit 文件，并与单体建筑 Revit 文件链接定位，建立共享坐标，以便项目过程中可以随时合模检查。

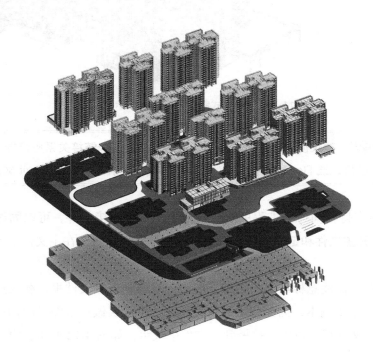

图 4-10　总平面与多单体定位示例

4.7.3　标准层做法

标准层理论上有两种做法：**组**或者**链接文件**，两者可以互相转换，但转换起来很慢而且可能有预料不到的情况发生，因此最好一开始就确定下来。

虽然用组作标准层对于后期图面标注、统一修改比较方便，但 Revit 的组编辑起来比较麻烦，**尤其在放置了组的多个实例之后，编辑起来速度非常慢，几乎无法满足正常的编辑需要，**因此建议单独用一个 Revit 文件作标准层，然后链接到主文件，再复制到各个楼层，如图 4-11 所示。

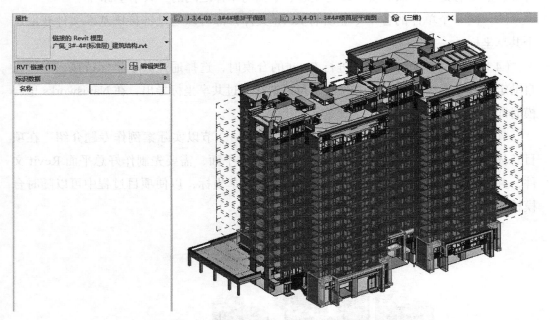

图 4-11　用链接方式制作住宅标准层示例

💡提示：为了方便编辑，建议使用链接方式制作标准层，注意这个链接关系应选择"附着"，这样其他专业在链接建筑 Revit 文件时，就不需要再链接建筑的标准层 Revit 文件。

由于 Revit 不支持在同一个进程里同时打开主文件与链接文件，**可以同时打开两个 Revit，分别打开主文件和链接文件，**修改链接文件并保存后，在主文件中更新链接文件即可。

在总体策划时，需注意**标准层的组织。**因为一旦做到链接文件里，载入进来后就会有数个乃至二三十个副本，因此像家具这类仅在一个楼层做示范即可的构件，就不要做到标准层链接文件里，可以直接做到主文件中成组。如图 4-12 所示，家具没有包含在链接的标准层文件里。

标准层里面的楼梯，也要考虑是否放进标准层链接文件中。楼梯的做法有两种（图 4-13）：一种是分楼层做，应放进标准层文件里；一种是多层楼梯（即选择楼梯后用『**连接标高**』命令连接了多个楼层的楼梯），本身已表达了多个楼层，不应该放进标准层文件里，直接在主文件建模即可。考虑到与核心筒一起调整更方便，建议采用第一种做法。

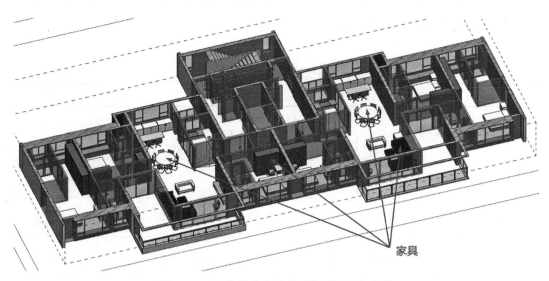

图 4-12　链接的住宅标准层模型不包含家具

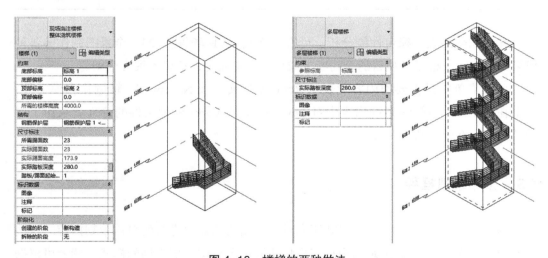

图 4-13　楼梯的两种做法

　　此外，需注意住宅平面里经常会有**镜像户型**，如果只用一侧作标准层文件，另一侧链接后镜像，这样会导致两侧镜像的门窗编号无法区分，因此一般不建议这种做法，应一个标准层里包含左右两个户型。组的做法同理，不能通过组的镜像来进行户型镜像。

4.8　成果交付清单

　　在总体策划阶段，需明确项目 BIM 成果交付的要求，建议以清单的形式列出。

除了第 4.3 节提到的出图范围外，成果交付还包括整体的模型，以及模型的衍生成果。表 4-3 是常见的 BIM 交付成果列表[①]。

BIM 成果交付清单示例　　　　　　　　　　　　表 4-3

序号	成果	格式	要求	交付节点
1	各专业 Revit 模型文件	rvt	（1）脱离中心文件 （2）保持链接关系 （3）清除无关视图、底图链接、冗余图元	（1）初设 （2）施工图
2	整合 Navisworks 模型文件	nwd	（1）对位正确 （2）设定关键视点	（1）初设 （2）施工图
3	净高分析图	pdf	每个楼层分区域用颜色表达净高	（1）初设 （2）施工图
4	管线综合图、预留孔洞图	rvt pdf	明确管综的 Revit 主文件、主视图	施工图
5	漫游动画	mp4	路径事先设定	（1）初设 （2）施工图

其余如明细表、绿色性能分析、可视化交底、VR 场景、720° 全景图制作等各种成果交付形式，根据各项目的合约要求或项目需求而定，这里不展开介绍。

交付清单中最重要的内容无疑是 Revit 模型文件及 Navisworks 轻量化合模文件。本书在第 12 章、第 13 章的内容中对 Revit 及 Navisworks 模型文件的管理要求作了详细的介绍，在此也暂不展开。

4.9　总体策划框架

本章前面几个小节介绍了 BIM 正向设计开始之前需要进行的总体策划内容。这些内容需形成文档，发布给项目团队。图 4-14 展示了总体策划文档的框架，读者可根据项目实际进行调整，并逐渐形成公司标准文档格式。

以下的例子中，局域网中的项目公共文件夹需要先搭建好，同时基准文件、总平及合模文件、各拆分单元的中心文件也需要先制作好。

[①] 这里列出的 Revit 原始模型文件，可能有一些设计企业不希望分享出去。从 BIM 的全生命期模型与信息传递这个角度看，我们认为设计 BIM 模型只有传递到施工与后续阶段才能最充分发挥其价值。当然是否提交给业主，根本依据还是看合约以及审查程序规定。即使提交，也可以将一些有技术含量（如视图样板）的内容去掉，只保留完整的模型、信息与图纸。

XX 项目 BIM 正向设计总体策划

1. 项目名称：_____，项目简称（代号）：_____
2. 设计团队：列出各专业负责人及设计人员；确定 BIM 负责人：_____
3. Revit 及 Navisworks 版本：_____
4. BIM 出图范围：参照表 4-1、图 4-4 列出各专业 BIM 与 CAD 出图内容。
5. BIM 成果交付清单：参照表 4-3 列出 BIM 需提交的成果清单。
6. 模型拆分架构：
　举例：分为 3 个单元：1）地下室；2）1～4 层裙楼；3）5 层以上塔楼。
7. 协同方式：
　1）每个单元两个中心文件：建筑＋结构；水＋暖＋电。
　2）工作集划分：根据项目具体情况及人员表，划分工作集。
8. 项目公共目录：\\192.168.0.100\Project\XX 项目；
　样板文件目录：\\192.168.0.100\Project\XX 项目 \1_ 模型文件 \4_ 样板文件。
9. 初始文件：
　（下面用 ... 代替 \\192.168.0.100\Project\XX 项目 \1_ 模型文件 \1_Revit-2019）
　1）基准文件：
　　...\1_ 建筑模型 \ XX 项目 _ 轴网 .rvt。
　2）总平面及合模文件：
　　...1_ 建筑模型 \ XX 项目 _ 总平面 .rvt。
　3）中心文件：
　　...\1_ 建筑模型 \1_ 地下室 \XX 项目 _B3F-B1F_ 建筑结构 _ 中心文件 .rvt。
　　...\1_ 建筑模型 \2_ 裙楼 \XX 项目 _1F-4F_ 建筑结构 _ 中心文件 .rvt。
　　...\1_ 建筑模型 \3_ 塔楼 \XX 项目 _5F-RF_ 建筑结构 _ 中心文件 .rvt。
　　...\3_ 机电模型 \1_ 地下室 \XX 项目 _B3F-B1F_ 机电 _ 中心文件 .rvt。
　　...\3_ 机电模型 \2_ 裙楼 \ XX 项目 _1F-4F_ 机电 _ 中心文件 .rvt。
　　...\3_ 机电模型 \3_ 塔楼 \ XX 项目 _5F-RF_ 机电 _ 中心文件 .rvt

图 4-14　BIM 正向设计总体策划示例

第5章 建筑专业 BIM 正向设计

从本章开始进入各专业 BIM 正向设计具体流程与方法的介绍。建筑专业是设计的"龙头"专业，BIM 正向设计也从建筑专业开始。一般先由建筑专业确定了楼层标高、轴网及主体平面布局、立面造型后，其他专业才开始基于建筑专业模型进行协同设计。本章先介绍建筑专业 BIM 正向设计的流程。

接着介绍各类构件的建模要点。出图表达与建模方式密不可分，本书不具体讲述建模的操作，仅将要点列出，着重讲述建模方式对出图的影响。

建筑专业对 BIM 正向设计的接受程度普遍较高，"BIM 出图率"也比其他专业更高。由于建筑专业的图别与出图细节较多，因此本章花了相当长的篇幅介绍各种图别的设计方法与技术细节。

建筑专业的模型是其他专业的协同基础，与各专业之间的配合非常密切，本章专门用一节讲述如何与机电专业 BIM 模型配合。相关内容在其余章节也多处出现，是贯穿本书的主题之一。

5.1 建筑专业 BIM 正向设计流程

建筑专业是"龙头专业"，与其他所有专业都紧密配合，因此其设计流程也相对复杂。以下是建筑专业从方案开始介入的常规正向设计流程，如果实际项目中 BIM 介入的时机不同，可参考调整。

需要注意的是，这里列出的流程主要考虑专业间的协同，基本上不影响本专业既有的设计深化进程。

（1）方案阶段建立楼层标高，建立方案模型，推敲平面布局与立面造型，基于方案 BIM 模型进行各项建筑性能模拟分析，优化方案。

（2）方案确定，进入初设第一阶段，其他专业准备介入，建筑专业确定轴网。

（3）此时建筑专业需将建筑构件与结构构件分开，如果建筑结构分开文件进行协同，则需将结构构件拆分为独立的结构模型；如果建筑结构仍在一个 Revit 文件中通过工作集协同，则需将结构构件划至专门的工作集。此时应尚未有结构梁。

（4）建筑专业初步确定防火分区，标注房间。

（5）机电专业介入，新建文件，链接土建模型，通过复制/监视功能复制建筑专业的楼层标高、轴网，设定各层底图，开始本专业设计，对机房布置、竖井要求向建筑专业提供资料。

（6）结构计算后加入结构梁，对结构柱、墙、板等进行细化调整，实时通过链接将调整后的模型提供给各专业。

（7）进入初设第二阶段，建筑专业继续对核心筒、门窗、幕墙、楼（电）梯、坡道等关键项进行深化设计。

（8）配合机电专业的机房、竖井提资调整平面，实时通过链接将调整后的模型提供给各专业。

（9）机电专业对消火栓、排水沟、地漏等位置提出建议，由建筑专业建模。

（10）建筑专业除本专业的各部分不断深化外，还需随时查看各专业集成的模型，控制净高及空间效果，协调各专业基于机电主管线完成初步管线综合。

（11）建筑模型调整至基本定型，制作初步设计平、立、剖面等主要图纸，完成初步设计。

（12）施工图阶段，对各细部继续深化设计，同时协调落实机电专业对预留孔洞的提资。

（13）绘制墙身、核心筒、卫生间、门窗等各分项大样图。

（14）持续整合模型、控制净高，协调各专业基于机电所有管线、末端完成管线综合。

（15）完成施工图模型及图纸。

5.2 建筑专业 Revit 建模要点

本节按构件类型介绍建模要点。Revit 土建的构件类型很多，本节介绍楼层标高、轴网、墙体、幕墙、楼板、门窗、房间以及跨专业构件；楼梯、电梯则在第 5.8 节、第 5.9 节结合楼梯大样、电梯大样的出图专题介绍；结构相关的墙梁板柱等构件在下一章介绍；其余构件类型则不作专门介绍，读者如需深入了解，请查阅 Revit 帮助文档及相关教程。

5.2.1 楼层标高与轴网

楼层标高与轴网在 Revit 中称为"基准图元"，即其他构件的参照对象，与在 CAD 里的概念不一样，在 Revit 中两者均为 3D 图元，两者都是唯一的。也就是说在各个楼层平面、各个立剖面所看到的Ⓐ轴轴线，都是同一个图元，假如在某个视图移动Ⓐ轴，会影响到整个 Revit 文档的各个视图。

可以想象为三维空间下每个楼层标高为一个基准水平面，每个轴线则代表了一个竖向的基准面，如图 5-1 所示。从 Revit 2019 版开始支持楼层标高的 3D 显示；轴网不支持 3D 显示，图中将Ⓐ轴设为工作平面后才可在 3D 视图中示意。

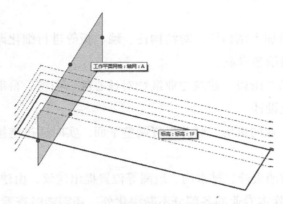

图 5-1 楼层标高与轴线基准面示意

由于其他专业的楼层标高与轴网均需与建筑专业保持一致，一般通过 Revit 的**复制 / 监视**功能，将建筑专业的模型链接进来，再选择其楼层标高与轴网进行复制 / 监视。

💡提示：对于大型项目、多单体项目，建议标高与轴网在展开协同设计之前独立制作，供各专业单独链接并复制 / 监视。

在建模之初，一般先设定楼层标高再绘制轴网，以使轴网范围默认覆盖所有楼层。当然后期也可以调整。**为了避免误操作，轴网建立后须锁定。**

（1）楼层标高技术要点：

1）楼层标高仅能在**立剖面**中创建，部分插件提供了批量创建的功能。

2）楼层标高是系统族，其**符号**为嵌套的可载入族，需要自己根据企业制图标准制作。在 Revit 样板中应预设至少**上标高标头、正负零标高标头、下标高标头** 3 种，以适应不同需求，如图 5-2 所示。除"符号"设为不同符号外，其余应一致，线型图案选择符合公司标准的楼层线线型。

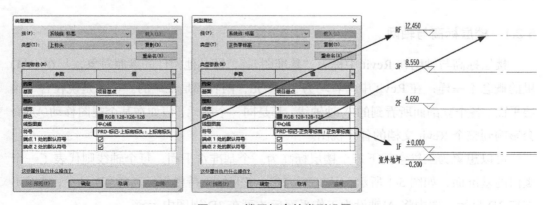

图 5-2 楼层标高的类型设置

3）楼层标高在立剖面中可切换 2D/3D 状态，在 2D 状态下可单独调整本视图的标头位置，而不影响其他视图。

4）可同时创建**结构标高**。一般结构标高以建筑标高为基准往下偏移固定值，由于有大量结构专业的构件需约束在结构标高上，如建筑墙体的底部、结构框架、结构板的顶面等，通过结构标高可省去输入各图元标高偏移值，直接以结构标高为约束标高（即偏移值为 0 ）。

提示：目前国内开始试点推行三维 BIM 施工图审查系统，各地审查系统要求尚未统一，部分审查系统不支持项目中同时有建筑标高与结构标高，这种情况下只能选择放弃结构标高。

（2）轴网技术要点：

1）Revit 软件创建或复制轴线时会自动递增轴号，**但不会避开 O 和 I 轴**，需手动修改。部分插件可批量创建轴网并自动跳过 O 和 I 编号。

2）轴网也是系统族，Revit 样板中应预设多个类型，以适应不同轴号字符数的需求。如图 5-3 所示，由于有前缀或分轴号，因此标头族里的字体宽度系数设到了 0.35。

3）"轴号中段"设为"自定义"，才能按公司标准设置线型。

4）"非平面视图符号"应设为"底"，才符合立剖面中轴号在下方的表达习惯。

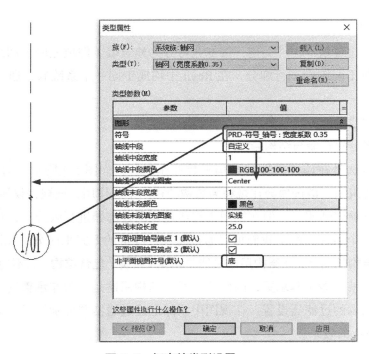

图 5-3　标高的类型设置

5）除平面外，轴网只在与它垂直的视图中显示。**非正交的轴线有时在剖面中不显示，极有可能是由于极小偏差导致剖面不垂直于轴线**。这时可通过对齐等操作进行精确对位。

6）轴网仅在与其相交的平面上显示。如果裙楼部分轴网无需在塔楼平面显示，可在立剖面调整其高度，使其仅与裙楼相交。

7）轴网在视图中也可以切换 2D/3D 状态，与楼层标高类似。在 2D 状态下调整轴号标头位置，可通过『影响范围』命令将其拓展到其他视图。

8）当视图中开启**裁剪视图**，且标高/轴网的范围超过裁剪区域的范围时，其长度将被裁剪，同时由 3D 状态转为 2D 状态（参见第 3.5.4 小节介绍）。如果取消裁剪，则恢复 3D 状态。

💡 提示：轴网无法批量从 3D 转为 2D 状态。有个迂回的方法：使用"裁剪视图"裁剪它们，手动拖动某一图元的 2D 端点，与之锁定对齐的其他轴线端点也随之移动，之后再取消"裁剪视图"或修改"裁剪区域"即可。

9）轴网是整个项目的定位基准，一定要确保绝对精确，因此，**禁止采用拾取或捕捉 CAD 底图的方式建立轴网**，应通过复制、偏移等方式精确定位，或用插件批量建立轴网。

5.2.2　墙体

墙体是建筑基本构件类型，按专业可分为建筑墙（即填充墙）和结构墙，每个专业内又可按不同维度进行细分，在 Revit 中均属于同一个系统族，通过不同的族类型进行区分。

墙体的建模细节比较多，重点如下：

（1）区分建筑墙与结构墙

通用做法是在墙体属性的**结构**参数处作区分，如图 5-4 所示。勾选的为结构墙，反之，为建筑墙。该选项会在**规程为结构**的视图中起作用，该规程仅显示结构墙。

这个选项清晰明了，但在视图中想通过**视图过滤器**进行区分时，却发现过滤器规则中没有这个条件，所幸我们可以通过另一种等价的方式来区分，如图 5-5 所示。由于勾选了**结构**的墙体，其**结构用途**可能是**承重/抗剪/复合结构**，而不勾选**结构**的墙体，其**结构用途**就只能是**非承重**，因此我们通过**结构用途**是否为**非承重**这个条件，进行建筑墙与结构墙的过滤器设置。在视图中添加上述过滤器并分别设置其显示样式，即可显示为图 5-4 的效果。

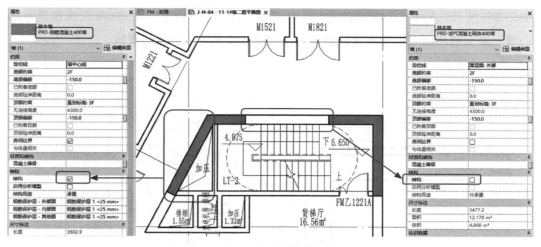

图 5-4　区分建筑墙与结构墙

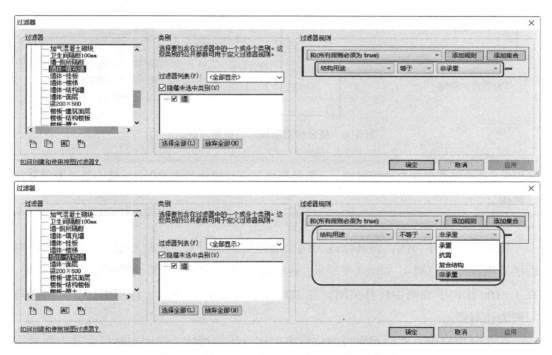

图 5-5　设置视图过滤器区分建筑墙与结构墙

此外还有其他一些特殊的墙体需要特殊的表达，比如隔墙需用中细线表达；防火墙需用特殊填充图案表达等，均通过视图过滤器以作区分，过滤条件可直接用类型名称设定。常用的视图过滤器可预设于 Revit 样板文件中。

（2）墙体构造层的做法

墙体一般均有核心层、填充层、面层等各种构造层次，Revit 的墙体支持复合构造，理论上可以完全把所有构造层次表达出来，但在图面表达上遇到了无法逾越的鸿沟。

如图 5-6 所示，为 Revit 自带建筑样板中的墙体类型，矛盾集中在 Revit 无法仅显示核心层。要么显示所有构造层次，要么用粗略模式仅显示最外侧的双线。

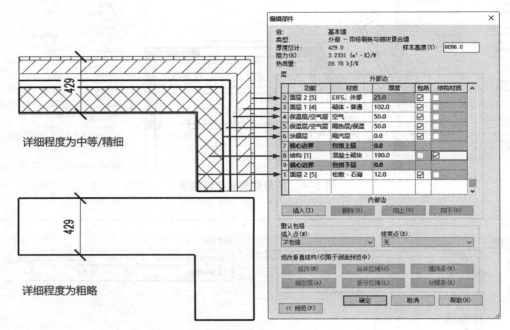

图 5-6　复合构造层墙体的设置与表达

💡提示：这个矛盾多年来未能解决 [①]，最终形成了一种妥协的主流做法：核心层与面层分开建模。

仍以这个墙体为例，将其修改为两个墙体类型，一个为原核心层，一个为原外侧面层（内侧面层忽略），如图 5-7 所示，这样即可通过视图过滤器设置面层墙体的开关，在 1：100 比例平面图中将其关闭，在 3D 视图及 1：50 比例以上详图中打开，实现与习惯表达对接。

在实际项目中，面层墙也可简化为单个构造层的墙体，保证实际厚度及表面材质即可。

💡提示：这样的做法虽然增加了工作量，但也有其他好处，比如在外立面的剪力墙、梁柱等部位，可以通过面层墙整体覆盖外表面，使立面更加整洁，减少各种交接线的处理，如图 5-8 所示。

---

① 本书成书期间看到 Revit 的新版本规划已有"仅显示核心层"的功能。该功能将给建筑师带来更灵活的做法，但核心层与面层分开的做法仍有其合理性。

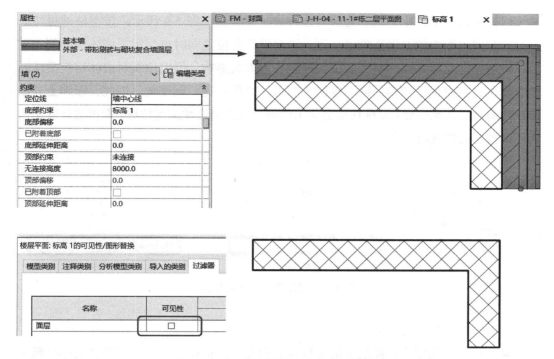

图 5-7　核心层与面层墙体分开建模效果

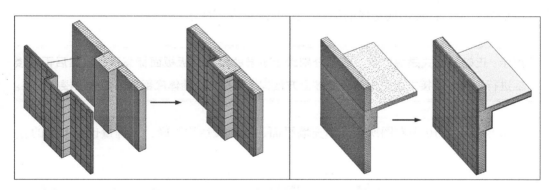

图 5-8　面层墙覆盖外立面效果

（3）墙体定位线与内外侧

为了精确定位，墙体建模时一般在平面视图进行，同时谨慎捕捉，并同样**禁止拾取 CAD 底图**[①]。应使用 Revit 轴网或可靠的参照物作为定位基准，尽量通过对齐、临时尺寸的驱动等方式进行精确定位。这是一整套操作的"手势"，设计人员习惯之后会减少很多麻烦。

---

① BIM 正向设计前期也会有根据 CAD 底图建模的场景，CAD 导入 / 链接到 Revit 会经过公制 / 英制的转换导致误差，或者勾选了"自动校正"后反而导致误差。为了方便看底图，但又不拾取底图，我们甚至写了一个简单的插件给设计师，按快捷键就能开关底图。

墙体建模时可按中心线、边线等多种方式定位，如图 5-9 所示。按空格键可切换镜像，与点击图中的双箭头效果一致。该双箭头的位置同时也标示了墙体的**外侧**。对于单构造层的墙体来说，是否区分内外侧并无太大影响。但定位线对墙体切换类型时会有影响，它决定了切换不同厚度的类型时，墙体往哪一侧变化。因此，**原则上外墙应以外侧边线为定位线（厚度往里变化），面层墙以内侧边线为定位线（厚度往外变化），内墙则根据具体情况而定。**

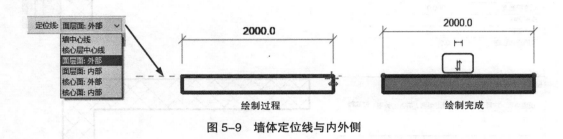

图 5-9　墙体定位线与内外侧

（4）墙体顶部、底部定位

墙体除了平面定位，高度上的定位也有讲究。结构楼板一般比建筑楼层标高低一点，两者之间是建筑楼板面层的厚度，填充墙的高度如果按默认为楼层标高至楼层标高，在剖面处就会跟楼板形成奇怪的结果，如图 5-10 左图所示。

💡 提示：正确的方式是墙体顶、底部分别跟上下层的结构楼板板面标高平齐，然后再跟楼板进行连接。连接方式是墙体顶部被上方结构楼板剪切，墙体底部则剪切建筑楼板面层。

效果如图 5-10 中右图所示。填充墙平面、剖面表达均正确，工程量也是准确的。

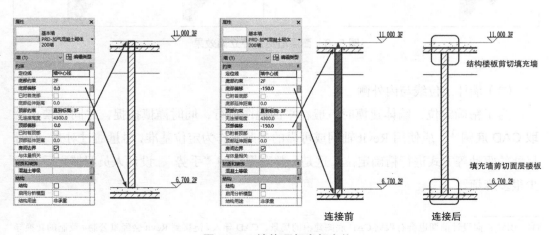

图 5-10　墙体顶部底部定位

如果墙体顶部有结构梁，则同样通过连接命令处理，**砌体墙顶部被结构梁所剪切**。上述处理的前提条件是建筑结构在同一个文件里建模，才能使用连接命令。如果结构的楼板、梁是位于链接文件中，则无法使用连接命令。这种情况下的解决方法是**墙体顶部直接设到楼板或结构梁底部**，如果遇到垂直于墙体的梁，则需通过**编辑墙体立面轮廓**的方式实现被剪切的样子。

（5）墙体顶部底部附着

墙体可通过顶部或底部附着到结构楼板，实现类似上面的效果，但我们不建议这么做，主要原因是墙体属性显示与其实际表现对不上，对结构梁无效，对链接文件无效，且如果一个墙体构件同时既附着又连接，会增加几何运算复杂度。

💡 提示：附着操作建议在方案阶段或初设前期使用，等建筑结构标高关系明确后，转为直接设定墙体顶、底部高度。

Revit 在编辑楼板轮廓后，只要有墙体位于楼板范围内，都会弹出图 5-11 所示的提示[①]，按上面的建议，这里应选择"否"。

图 5-11　附着楼板的提示

（6）编辑立面轮廓

墙体可任意编辑立面轮廓，一般在两个地方用得最多：一是有地下室的首层楼梯上下梯段分属不同防火分区，需用墙体进行分隔，该墙体为异形的轮廓；二是上面提到的如果结构梁板通过链接方式协同，填充墙遇垂直梁需通过编辑轮廓来实现剪切效果（图 5-12）。

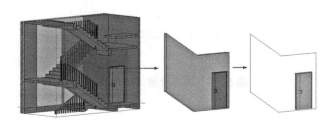

图 5-12　墙体立面轮廓编辑

---

① 　这里的中文翻译有问题，"Floor"在此指楼板，而不是楼层标高。

（7）墙体与房间关系

墙体属性中有一个**房间边界**参数，常规的墙体包括结构墙均应勾选，唯有一些隔断类的墙体，如卫生间的隔断，则不应该勾选，以免形成不必要的小房间，如图 5-13 所示。

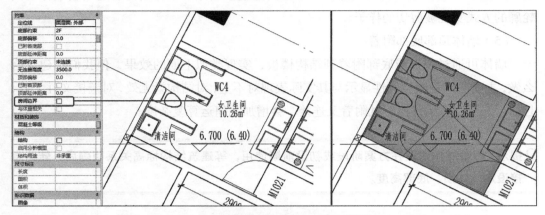

图 5-13 隔断类房间不应勾选房间边界

💡 提示：Revit 的叠层墙（上下叠层）需通过 Tab 键分别选择上层、下层墙体来设置是否房间边界。

（8）墙柱关系

Revit 没有类似天正"墙遇柱自动打断"的功能，因此建筑墙不应穿越结构柱，否则就容易出现如图 5-14 所示的情况。对于链接的结构柱，可以通过第 3.4.1 小节提到的方法，在结构文件中设定更高的剖切面，在建筑文件中应用此视图作为链接视图，以此避免这样的显示；对于当前文件的结构柱，则可以通过设定正确的连接关系，使结构柱剪切墙。但在施工图阶段，结构柱已基本稳定的前提下，建议还是将墙体的定位线设到柱边，避免穿越结构柱。

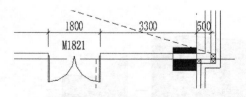

图 5-14 未经处理的墙柱关系

5.2.3 幕墙

Revit 幕墙属于墙体的大类，但其本身自成体系，因此单独介绍。幕墙构件是两级嵌套的层级，如图 5-15 所示，一个幕墙构件里面首先有一个**幕墙网格**，然后根据网格布置**幕墙竖梃**、**幕墙嵌板**。从图中可看出，竖梃和嵌板都可以切换各种样式，网格也可以在一定规则下灵活修改，因此可以制作出各种各样的幕墙样式，也衍生出利用幕墙工具制作**转角凸窗**或门连窗、**玻璃栏板**等其他构件的一些做法。

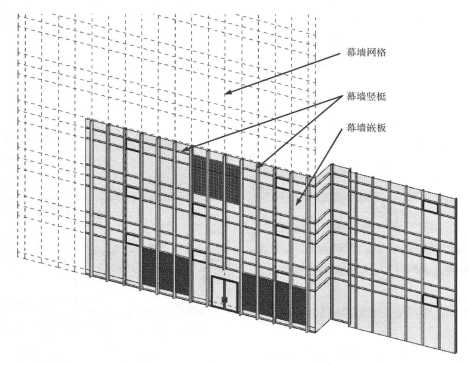

图 5-15　幕墙组成

幕墙在正向设计的过程中，难点是保证幕墙造型符合设计意图，同时平面、立面均满足图面表达要求。幕墙建模的过程有如下要点：

（1）幕墙的嵌板与转角处理

幕墙的嵌板非常灵活，可以使用系统族**玻璃嵌板**、**实体嵌板**、**空嵌板**，也可以使用自己制作的**可载入嵌板族**，还可以直接使用**各种墙类型**作为嵌板。默认是玻璃嵌板，可以设置厚度和材质。

对于横平竖直分格的常规玻璃幕墙，玻璃嵌板的问题是在转角处无法自动连接，如果设计是隐框或者竖隐框转角，则转角部位较难处理，如图 5-16 左图所示。

为解决这个问题，可以采用墙体来做嵌板。如图 5-17 所示，先设置一个墙体类型，命名为"嵌板 67（中空 Low-E 玻璃 25mm 厚）"，材质为单层玻璃 67mm 厚。然后应用到幕墙的嵌板设置中，效果如图 5-16 中图所示。

可看到转角处连接干净漂亮。厚度 67mm 是图面上的幕墙总厚度 200mm（其实是横向竖梃的宽度）的三分之一，因此图面上四线表达匀称，但其显示厚度并非设计厚度，而且其玻璃双线的平面定位是不对的，因此这种做法虽然兼顾了转角处理与图面表达，并且在命名上还给予了专门提示，但仍不够严谨。

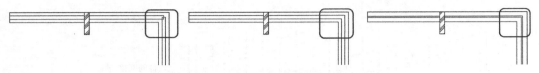

图 5-16　不同嵌板的幕墙转角处理

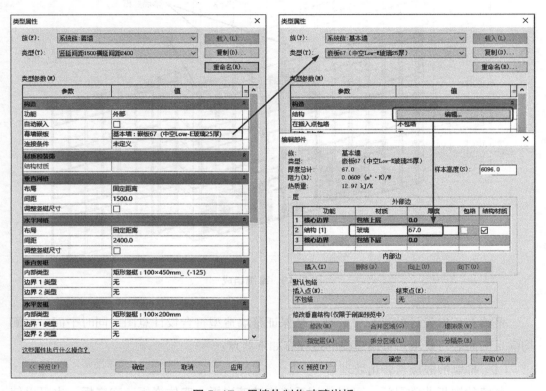

图 5-17　用墙体制作玻璃嵌板

更严谨的表达则是按实际玻璃厚度设置墙体类别作为嵌板，如图 5-18 所示。该墙体甚至按中空玻璃的样式设置了两道玻璃。然而其平面表达也变成多根线，打印出来会很粗且叠在一起，因此还需要再进行视图的设置。

如图 5-18 所示，将幕墙嵌板设为粗略，然后通过视图过滤器将属于"幕墙"的墙体设为细线（图 5-19），最终效果如图 5-16 右图所示。

💡 提示：对于比较薄的单层玻璃，按真实尺寸设置的嵌板平面表达可能会变成粘在一起的粗线，除了用非真实厚度的嵌板表达别无良法。

本节为了截图显示清晰，均采用了非真实厚度的嵌板表达。

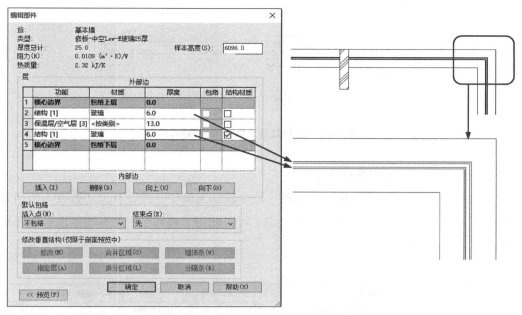

图 5-18　用真实尺寸的墙体制作玻璃嵌板

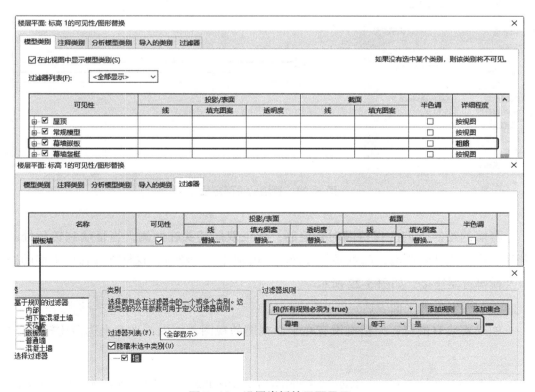

图 5-19　设置嵌板的平面显示

注意，上述转角的处理是指隐框的转角。如果转角处有竖梃，则应使用系统族玻璃嵌板，不应使用墙体作为嵌板，否则就会出现如图 5-20 右图所示的情形。

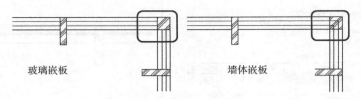

图 5-20　转角处有竖梃时的嵌板对比

（2）幕墙的平面定位及布置方式

Revit 创建幕墙时，平面的『**定位线**』命令默认为墙中心线，且无法修改。但通常幕墙的参照线均为外边线[①]，为了便于绘制，可以使用『**偏移**』键使幕墙能准确的在平面定位，如图 5-21 所示。

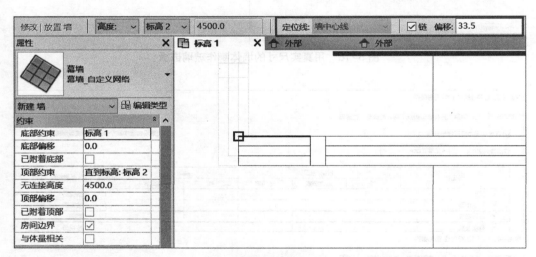

图 5-21　幕墙的平面定位

幕墙的绘制方向应保持顺时针绘制，**保证双向箭头在外侧**，当幕墙到转角处断开后，需要重新绘制时，起点必须选择幕墙的端点开始绘制，这样才能保证幕墙的嵌板及横梃首尾连接，如图 5-22 所示。

（3）横梃[②]的平面表达

如果幕墙有横梃，但横梃没有在平面视图的视图范围内，平面表达会比较奇怪。

---

① 外边线主要控制总体尺寸。当结构边线已确定的情况下，也有按内边线定位幕墙的场景，但极少按中线定位。
② Revit 的横梃、竖梃均统称为竖梃，当我们说横梃时，表达的是横向的竖梃。

可通过平面区域功能局部调整视图范围，如图 5-23 所示，将局部的剖切面设到横梃上方，即可显示横梃投影线。

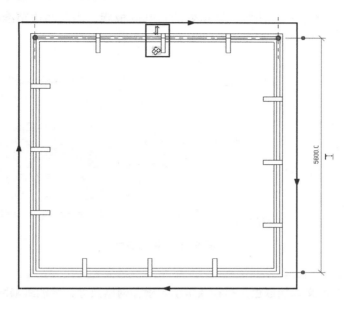

图 5-22　幕墙的绘制方向

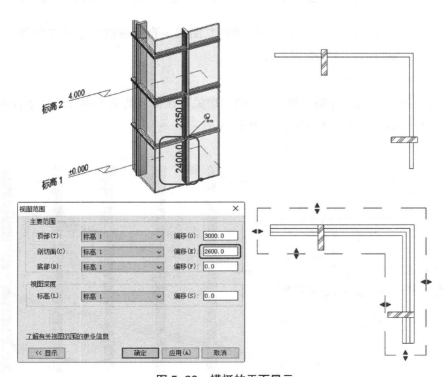

图 5-23　横梃的平面显示

（4）特殊幕墙嵌板

有些幕墙嵌板样式较为特殊，如图 5-24 左图所示，其中上悬窗可以从 Revit 自带的幕墙嵌板族加载，幕墙百叶则需要预先用**公制幕墙嵌板族样板**制作。完成后的幕墙模型如图 5-24 右图所示。注意，转角处的百叶嵌板族，需要两边精准的对位才有好的效果。

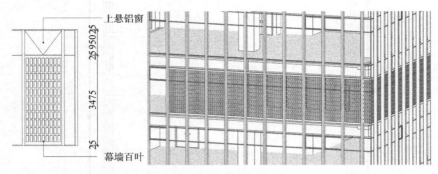

图 5-24　特殊嵌板

💡 提示：Revit 自定义幕墙嵌板只有在族里绑定横竖网格尺寸，才能跟随网格变化，因此只有矩形或通过矩形控制的形状才能自适应横平竖直的网格变化。

更复杂的嵌板与网格样式需采用**嵌板填充图案 + 自适应族**的方式来制作，本书不作展开，有兴趣的读者请参阅相关教程。

（5）横竖梃的交接

Revit 的横竖梃是互相剪切的，默认的剪切关系在幕墙的类型参数连接条件中设定，同时在每个交接处可以单独切换，如图 5-25 所示。

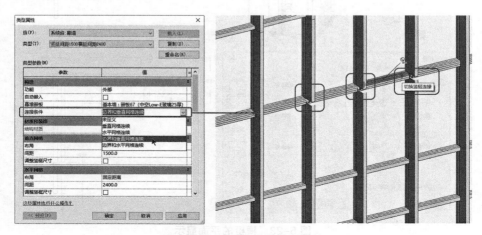

图 5-25　横竖梃连接关系切换

图中可看到，如果横梃竖梃的宽度不一致，当切换时会产生缺口，这是 Revit 的特性决定的，单靠 Revit 的竖梃无法解决。这个问题对于矩形的竖梃影响不大，对于非矩形的竖梃轮廓就可能影响造型，如图 5-26 左图所示。

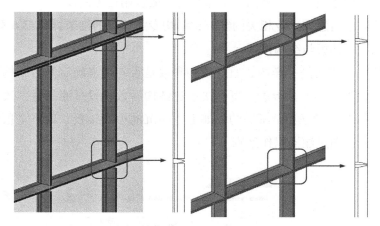

图 5-26 特殊轮廓竖梃造成的造型缺口处理

💡 **提示：要解决特殊造型的竖梃连接问题，基本上只有两个办法：竖梃单独用常规模型制作；或者直接把竖梃造型做进嵌板族里。**

图 5-27 示意了后者的做法。在嵌板族里，加入半个竖梃的形状，然后载入项目，在幕墙类型设置里将替换原嵌板，同时将横竖竖梃均设为"无"，效果如图 5-26 右图所示。这个方法在收口、转角等部位，可能需要制作很多种嵌板类型才能满足需求。

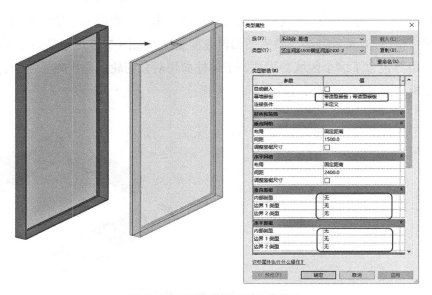

图 5-27 附带竖梃造型的嵌板族

5.2.4　楼板

与墙体类似，楼板也分为**建筑楼板**和**结构楼板**，前者包括建筑面层、室外覆土等，后者除常规的结构楼板外，平屋面、车库坡道一般也用楼板制作。

本小节主要总结建筑专业相关的细节，结构专业相关的细节详见第 6 章。

（1）区分建筑楼板与结构楼板

与墙体的区分方式是一样的，通过**结构**参数是否勾选来确定是否结构楼板。视图过滤器的设置则更简单，楼板类型可直接通过**结构**参数设置过滤条件，效果如图 5-28 所示。当然，示例中的分类是不够的，如卫生间沉池填充楼板、地下室顶板回填土楼板等均需单独设视图过滤器以作区别。

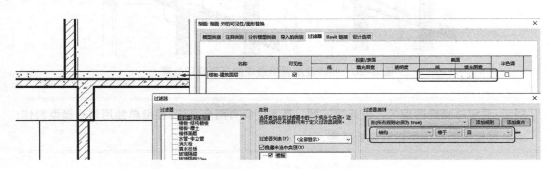

图 5-28　通过结构参数区分建筑楼板与结构楼板

（2）楼板边界

不管是建筑楼板还是结构楼板，大多会跟其他构件（结构梁、柱、墙等）进行连接，因此楼板的边界设定对运行速度影响极大。有很多用户喜欢把一个楼层里同高同厚的楼板做成一整块，这样往往会导致后期编辑速度变慢。如图 5-29 所示是一个反面例子，该楼板的边界包含了多个区域，再被若干梁柱剪切后几何轮廓变得相当复杂，导致后面凡是编辑与之关联的构件，速度都明显变慢。

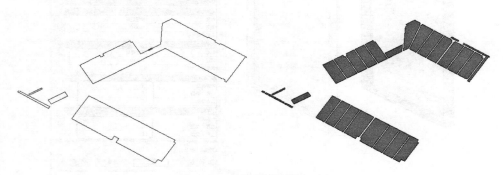

图 5-29　复杂楼板边界示例

建议楼板边界尽量控制大小范围，并且禁用多区域的边界。

（3）面层楼板与墙体、房间关系

在墙体建模的要点中我们提到，填充墙底部应平结构楼板顶面；建筑面层楼板应被填充墙剪切，这样剖面关系才是正确的，与施工的实际情况也相符，如图 5-30 所示。建筑面层楼板的边界可以涵盖多个房间，也可以每个房间单独一个楼板，但如果墙上有门，则开门处会有缝隙，仍需编辑边界处理。

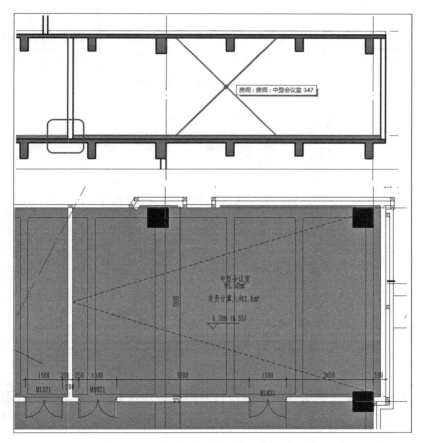

图 5-30　面层楼板与墙体、房间的关系

💡提示：这样的高度关系造成的唯一问题，是开门处会有两根线。因为门标高为楼层标高，比墙底部要高，因此出现两根可见线。我们通过修改门族的方式解决这个问题，详见第 5.2.5 小节。

（4）楼板找坡

对于坡度很小的排水坡，楼板可通过编辑子图元的方式形成坡度，如图 5-31 所示。注意，如果需要保持楼板底部水平，仅顶面找坡，需在楼板的结构层设置处，将其中某项设为可变，如图 5-32 所示。增加子图元后，楼板的表面出现变坡的脊线，可在 "VV" 设置里通过楼板的子类别**内部边缘**控制开关或线宽。

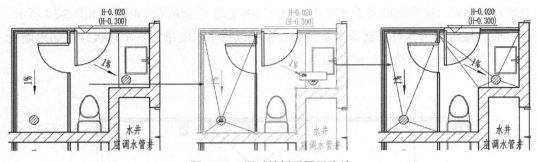

图 5-31　通过楼板子图元找坡

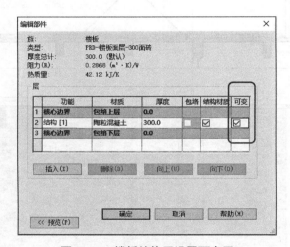

图 5-32　楼板结构层设置可变层

车库的坡道也往往采用楼板制作，其编辑的自由度比 Revit 自带的坡道类别高，对于转弯、变坡等控制更为灵活。如图 5-33 所示是一个转弯的车道，通过子图元对各个关键点进行高度控制。

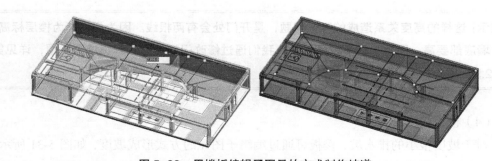

图 5-33　用楼板编辑子图元的方式制作坡道

（5）楼板洞口

楼板洞口一般有两种方式，一种是编辑楼板边界，将洞口留出；另一种是用『**建筑/结构→竖井**』命令开洞。后者可以设置**多层通高**的竖井洞口，同时穿越多个楼层的楼板、顶棚、屋顶构件，并且可设置符号线，对多个楼层同步开洞的竖井来说是推荐的做法，可确保上下楼层之间开洞一致，如图 5-34 所示。注意，其管井标注仍需另外标注文字，或者设定房间按房间标注。

竖井洞口对于链接文件不起作用，即无法剪切链接文件中的楼板。但可以看到链接文件自己的竖井洞口，也可以通过 Tab 键选择并查看其属性，如图 5-35 所示。**如果建筑与结构专业分开建模，则洞口也要分别设置，并查对两者是否一致。**

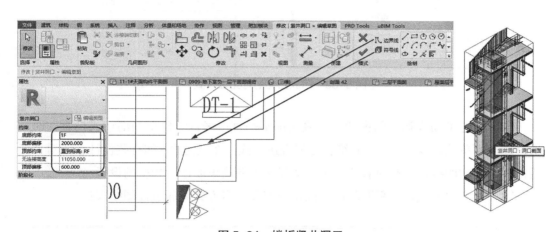

图 5-34　楼板竖井洞口

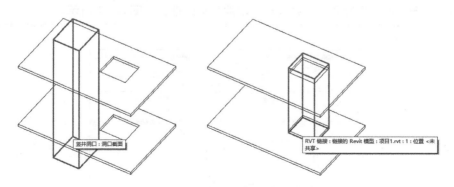

图 5-35　竖井洞口与链接文件的关系

5.2.5　门窗

门窗均为可载入族，其建模要点更依赖于族的制作。在企业样板制作时需将常用的门窗样式预先制作好，项目中可直接放置，当需要其他样式时再另外做族。

门窗族的制作过程本书不作详细介绍，仅列出与图面表达相关的几个注意点：

（1）做好各种实体的可见性设置。如门把手、贴面板等部件应设为**仅精细可见**，同时去掉平面、侧向立面（即"左/右视图"）的勾选，如图 5-36 所示。

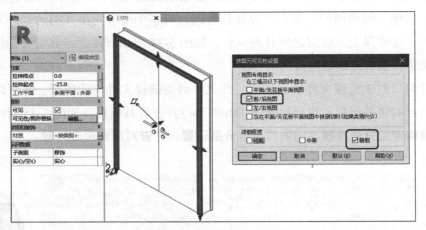

图 5-36　门族图元的可见性设置

（2）注意平面表达。门窗的二维表达都不是直接来自于模型的剖切或投影，而是通过族里面单独画线条表达，需符合习惯表达方式。尤其是窗，如有些设计企业对"三线窗"还是"四线窗"有执着的要求，那就必须在族里面进行相应的设置。

（3）注意立面表达。平开门窗、推拉门窗等开启方式需通过详图线表达。

💡提示：Revit 的平开门窗无法通过立面开启线的虚线实线区分内开外开，如果立剖面中看到的是内开门窗，只能通过『线处理』功能手动处理，如图 5-37 所示。

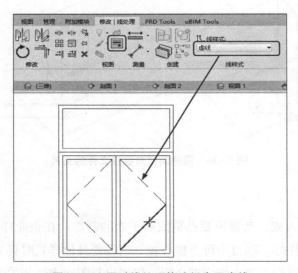

图 5-37　通过线处理修改门窗开启线

前面提到由于墙底设置于结构板面、墙体剪切建筑面层楼板时，门洞处出现两道可见线，下面介绍如何通过修改门族解决此问题。

💡 **提示**：其关键处在于扩大门洞的洞口剪切，使其下沿可以偏移至墙底部，这样墙体在门的下方也为空，墙体剪切面层楼板时此处就不会进行剪切，使得面层楼板在门洞处保留完整，也就不会有可见线。这同样是与施工实际是相符合的。

效果如图 5-38 所示，左边是没有处理过的门，右边是处理过的门。下面是处理步骤：

（1）打开需处理的门族，进入前视图，在楼层下方新建参照平面，添加与"参照标高"的尺寸标注并添加参数，命名为"面层厚度"，如图 5-39 所示。

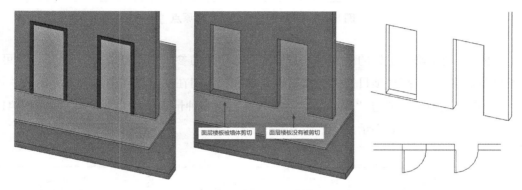

图 5-38　门洞可见线的处理

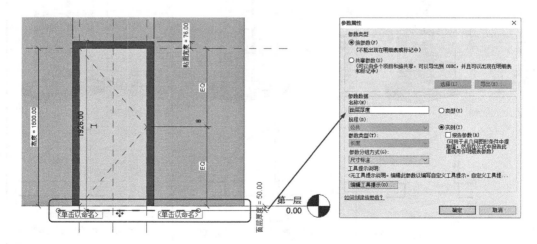

图 5-39　添加参照平面与定位参数

（2）编辑"洞口剪切"轮廓，将下边线与上一步骤绘制的参照平面锁定。再选择与"参照标高"重叠的参照平面，在"属性"选项板中勾选"定义原点"，如图5-40所示。

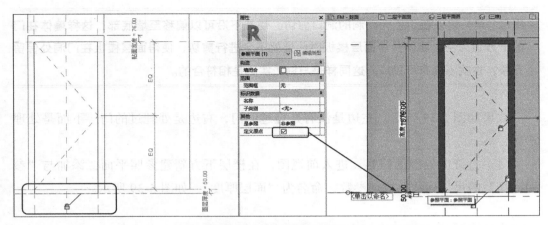

图 5-40　修改洞口剪切并定义原点

注意，由于修改了族的最低点，需将楼层标高处的参照平面定义为"原点"，才可保证门族的参照标高与项目文件的楼层标高重合，即门在项目文件中不会向上抬升。

保存载入即可，通过"面层厚度"参数可控制多种情形下门口线的显示，图5-41为几种情形的设置与效果示意。

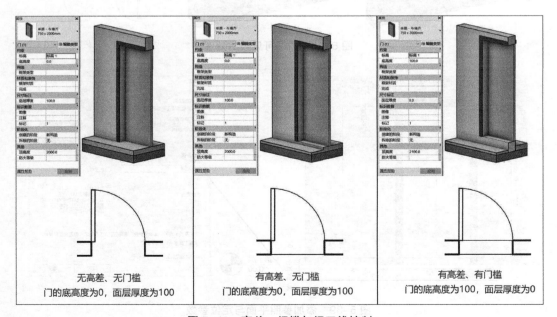

图 5-41　高差、门槛与门口线控制

5.2.6　房间

房间是基于围合的图元（墙、结构柱、楼板、屋顶和顶棚）对建筑模型中的空间进行划分的图元，这些图元定义为房间边界图元。Revit 在计算房间周长、面积和体积时会参考这些房间边界图元，并且与其实时关联。

房间的建模要点总结如下：

（1）房间边界

可以启用 / 禁用边界图元的**房间边界**参数，如果关闭，房间计算将忽略该图元。在墙体部分我们介绍过，如卫生间隔墙等构件应设为非房间边界。

当房间边界图元无法围闭，或者同一个空间需划分为多个房间时，可以使用『**建筑→房间分隔**』命令人为划分房间，如图 5-42 所示的中庭周边走廊，在设置房间的时候，需手动沿着中庭画一圈房间分隔线，否则，就没办法把中庭的洞口留出来。

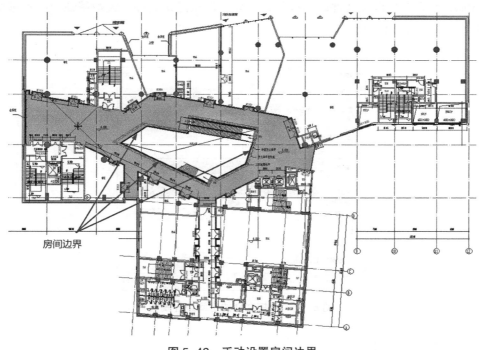

图 5-42　手动设置房间边界

房间分隔线可以通过视图可见性设置开关显示，但位置隐藏较深，如图 5-43 所示，在『**模型类别→线**』子类下面，而非**房间**类别下面。

注意，Revit 在计算房间的时候，墙体或房间分隔线的端部不一定要求精确相连，允许有一定容差。如图 5-44 所示，目标区域的墙端部有空隙，在一定范围内 Revit 会忽略空隙，识别边界；当超过 404.8mm 时 Revit 就不会忽略了。

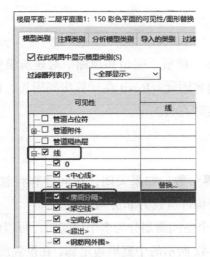
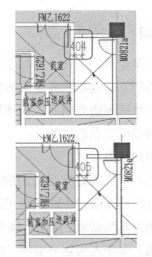

图 5-43　视图可见性设置中的房间分隔　　图 5-44　房间边界空隙的容差

Revit 允许查找链接文件的构件作为边界，但在链接文件的**类型属性**中应勾选**房间边界**参数，如图 5-45 所示。

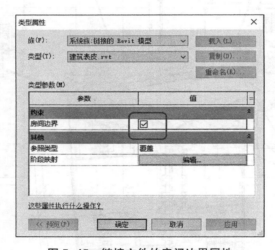

图 5-45　链接文件的房间边界属性

（2）房间高度范围

Revit 房间的默认高度是 2438.4mm（8 英尺），需要手动修改（可同层房间批量设置），**原则上应按楼层设置**。特殊房间（如**管井**）应按实际贯穿楼层的高度来设置，如图 5-46 所示。

这个例子还有一个值得注意的地方，因房间名称较长，超出房间宽度，因此希望换行显示。Revit 的标记族默认可以空格换行，因此把房间名称中间加一个空格，标出来就是换行显示（图 5-47）。

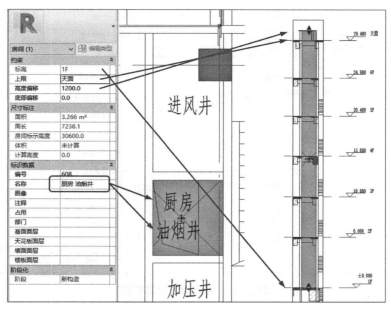

图 5-46　贯穿多层的房间

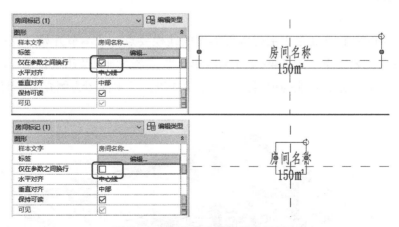

图 5-47　房间名空格换行的设置

💡提示：①标记族里面不要勾选"□仅在参数之间换行"，否则无此效果。②标记族中标签文字的长度不要设太长，否则也不会换行，以两个字符为宜。如果没有空格，即使房间名超出两个字符也不会换行。

（3）房间面积计算规则

Revit 的房间面积计算可按墙体面层或墙中计算，一般是计算至墙体面层，这样得出来的是房间净面积。该设置在『建筑→**房间和面积**→**面积和体积计算**』命令中，如图 5-48 所示。

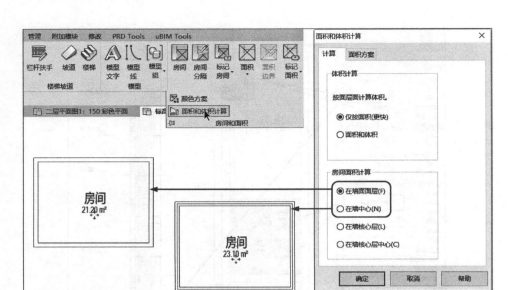

图 5-48　房间面积计算规则

5.3　平面图

第 5.2 节介绍了建筑专业主要构件类型的建模要点，从本节开始，以一个简单的幼儿园项目为主要案例（图 5-49），介绍 Revit 平、立、剖面及建施各图别的出图方法和要点，其中也会穿插其他的项目案例。本节先以二层平面图为例介绍平面图的制作。

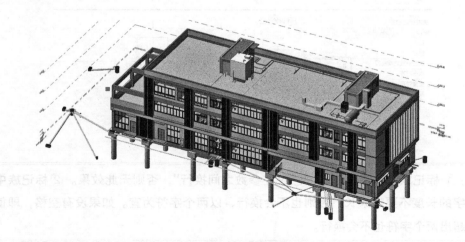

图 5-49　幼儿园案例整体

需说明的是：

（1）为方便讲述，我们假设模型已经基本建好，再进行出图，但在实际项目设计中，**建模与出图并非截然分开，而是同步进行的过程**，在第 12 章"设计过程管理与成果交付"中我们也会强调，**随时成图**是 BIM 正向设计的一个基本原则。

（2）通用的步骤和基本设置，我们在第 3 章"Revit 制图原理与通用步骤"中已作介绍，有些重复的操作本章不再赘述。

（3）很多视图属性的设置应预设在样板文件中，为了讲述技术要点，本章及后续**各章节均不采用直接应用视图样板的方式**，而是手动进行设置。

5.3.1　创建平面并设置属性

在 Revit 设计过程中，通常将**建模视图**与**出图视图**分开，使用建模视图来创建和调整模型，并且会根据需要随时调整视图属性（如比例、视图范围、模型显示等）以方便建模，但出图视图的视图属性是基本稳定的，同时所有出图需要的注释性图元均在出图视图中绘制。

操作步骤：

（1）按第 3 章图 3-10 所示，新建二层平面视图，如图 5-50 所示，其视图类型采用建施平面的类型，如果没有该类型就创建一个，以方便分类并预设视图样板（图 5-51）。

（2）将视图重命名为"建筑出图 _2F",如果视图样板中有**视图分类属性**的设置，按公司标准设置，如珠江设计的建施平面需将"视图分类 - 专业"设为"JZ 建筑"；"视图分类 - 用途"设为"02 出图"，这样在视图浏览器中该视图就会归类至合适的目录下。

（3）从图 5-51 的平面图局部可看到默认生成的平面图图面很乱（本例还链接了机电文件进来），很多类别需要关闭显示，很多构件的显示样式都需要调整。首先进行通用设置：

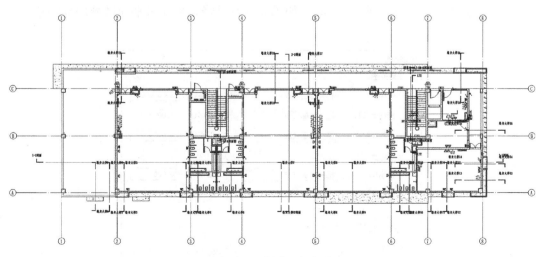

图 5-50　新建平面视图

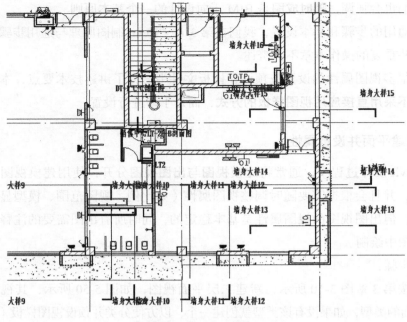

图 5-51　新建平面视图局部

①比例：1：100（由专业负责人确定）。

②规程：建筑。

③详细程度：中等。

④方向：项目北（如果平面非横平竖直，需打开视图裁剪边界并旋转，详见第 3.5.3 小节）。

（4）设定视图范围。如图 5-52 所示，按常规设置，剖切面为楼层以上 1200mm，底部看至楼层标高，顶部则 2300mm。如果局部有升降，再通过平面区域局部调整。

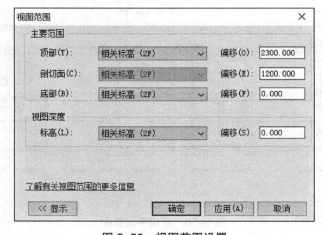

图 5-52　视图范围设置

①顶部：对于层高较高的楼层平面，且较高处有构件需要投影在平面视图中（如高窗、幕墙嵌板窗等），则可综合考虑这些族的内部设置以及视图中其他图元的影响，适当调整"顶部"高度。

②底部：建筑首层视图，有时需要表达室外场地，其高程比室内 ±0.00 略低，因此可根据实际情况适当降低视图的"底部"或设置"视图深度"的标高偏移。

（5）视图裁剪：对于此平面，建筑物旁没有多余的图元影响，也不需要拆分出图，可不启用"视图裁剪"；但开启"视图裁剪"，可批量调整基准图元（在此即为轴网）的长度范围，详见第 5.2.1 小节里的提示。

5.3.2　控制图元显示

（1）隐藏无关的族类别

通过视图**可见性/图形替换**设置，在模型选项卡参考图 5-53 设置。此处为常规设置，可根据具体项目需求调整。

可见性	可见性	可见性
☐ MEP 预制管道	☑ 机械设备	☐ 结构加强板
☐ HVAC 区	☑ 柱	☐ 结构区域钢筋
☐ MEP 预制保护层	☑ 栏杆扶手	☐ 结构基础
☐ MEP 预制支架	☐ 植物	☑ 结构柱
☐ MEP 预制管网	☑ 楼板	☑ 结构桁架
☑ 专用设备	☑ 楼梯	☑ 结构框架
☑ 体量	☑ 橱柜	☐ 结构梁系统
☑ 停车场	☑ 火警设备	☐ 结构路径钢筋
☐ 光栅图像	☐ 灯具	☐ 结构连接
☑ 卫浴装置	☐ 照明设备	☐ 结构钢筋
☐ 喷头	☐ 环境	☐ 结构钢筋接头
☐ 地形	☐ 电气装置	☐ 结构钢筋网
☑ 场地	☐ 电气设备	☐ 结构钢筋网区域
☑ 坡道	☐ 电缆桥架	☑ 详图项目
☑ 墙	☐ 电缆桥架配件	☐ 软管
☑ 天花板	☐ 电话设备	☑ 软风管
☐ 安全设备	☐ 空间	☐ 通讯设备
☑ 家具	☑ 窗	☑ 道路
☑ 家具系统	☑ 竖井洞口	☑ 门
☐ 导线	☐ 管件	☑ 面积
☑ 屋顶	☑ 管道	☐ 风管
☑ 常规模型	☐ 管道占位符	☐ 风管内衬
☑ 幕墙嵌板	☐ 管道附件	☐ 风管占位符
☑ 幕墙竖梃	☐ 管道隔热层	☐ 风管管件
☑ 幕墙系统	☑ 线	☐ 风管附件
☑ 房间	☐ 线管	
☐ 护理呼叫设备	☐ 线管配件	
☐ 数据设备	☑ 组成部分	

图 5-53　模型类别开关

注意，大部分类别里面还有子类，如**线**的子类中，**< 房间边界 >** 应关闭。

注释类图元的开关不再详细列出，因大部分构件的标记无论开关，只要没有在该视图标注就不会在此显示。但有三类注释类图元需注意：

1）剖面：我们的习惯是首层打开剖面符号，其余楼层一般关闭，墙身的剖面符号则显示在其最下方楼层平面。因此视图样板的建施平面可分为有剖面、无剖面两种，其余设置都一样，仅剖面开关不同。本例为二层，需将剖面关闭。

2）平面区域：在建模视图需打开，以便识别哪些区域调整过视图范围。但在出图视图需关闭。

另一个等价的操作是选择需要隐藏类别的实例（可选择多种类别），在其上单击鼠标右键『**在视图中隐藏→类别**』命令，或点击图标『**隐藏→隐藏类别**』，如图 5-54 所示。即相当于在可见性设置中关闭该类别。

图 5-54　在视图中隐藏类别

隐藏无关类别后，视图效果如图 5-55 所示。

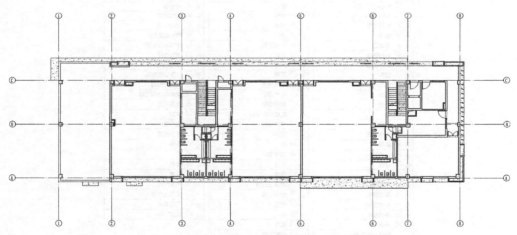

图 5-55　隐藏无关类别后的平面效果

（2）基准图元

对轴网范围的设置，可结合"裁剪区域"批量调整，效果如图 5-56 所示。

（3）墙柱

如前所述，墙包括建筑墙和结构墙，**按结构属性区分**，平面也需要不同的显示。完成上述视图属性的设置后，墙、柱的默认图形显示如图 5-57 左图所示，其问题如下：

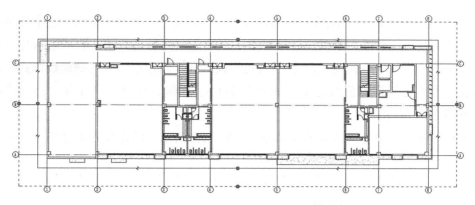

图 5-56　结合裁剪区域调整轴网范围

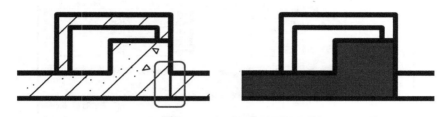

图 5-57　墙柱显示设置

1）墙截面填充图案显示为材质的截面图案。

2）结构柱与建筑墙相接的公共边的线宽不符合标准。

因此，需要使用多种手段控制图形显示，使其最终完成效果如图 5-57 右图所示。

首先按第 5.2.2 小节的图 5-5 设置**视图过滤器**，对建筑填充墙、结构墙、面层墙等进行区分，然后在视图中添加这些视图过滤器，并分别设置其线宽、填充图案。注意，结构柱不需要通过视图过滤器分类，因此直接在模型类别中进行设置，如图 5-58 所示。

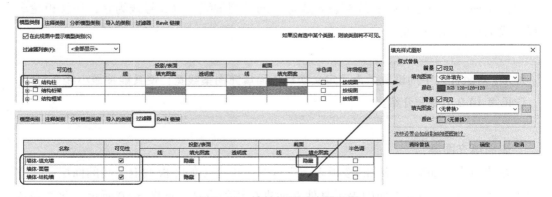

图 5-58　墙柱视图过滤器设置

图 5-57 左图所圈出的位置是结构柱与填充墙交接处，显示为细线，这个部位有两种办法解决：一是通过『**修改→连接→取消连接几何图形**』命令，取消结构柱与填充墙的连接（墙端平齐柱边）；二是视图可见性设置处，勾选右下方的**截面线样式**，并设置**结构**层线宽为墙体截面线宽（本例为 7 号线），如图 5-59 所示（主体层截面线的含义详见第 3.6.1 小节）。

这样设置后，该部位的显示效果如图 5-57 右图所示，已符合表达习惯。

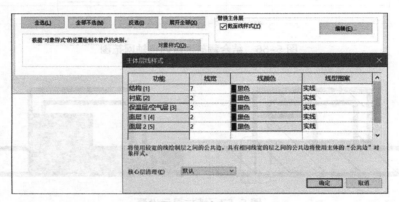

图 5-59　替换主体层截面线样式

（4）楼板

在平面中，楼板的"存在感"一般是比较低的，它的边界一般有墙柱等剖切线覆盖。但也不能直接将楼板关闭，因为经常有局部挑板需要显示楼板边线，如空调机搁板、凸窗窗台板等。此外，如果平面有高差，或需要特殊标记，可通过楼板的表面填充图案来表达。

投影线宽：

在第 2.2.2 小节对象样式设置中，我们把楼板的投影线宽设置成了极细的 1 号线，在出图平面中须将楼板投影线宽设置成标准的模型细线，以 3 号线为宜，使楼板轮廓线的线宽符合出图标准。

💡提示：对象样式中的设置是为了定义楼板表面填充图案线宽，使其能按最小线宽打印。详见第 14.9 节专题介绍。

表面填充图案：

在建筑中，如需对特殊的楼板表面进行图案填充（如降板型卫生间的面层、架空地板等），可以在提资平面中提示其他专业进行相关设计，如图 5-60 所示。此类表达在结构专业中更为多见，可参看第 6 章相关内容。

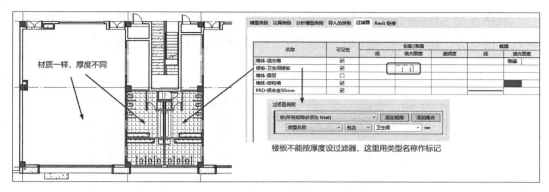

图 5-60　通过视图过滤器设置楼板填充

（5）楼梯与栏杆扶手

楼梯与栏杆扶手由于需同时显示向上梯段和向下梯段[①]，因此设置比较复杂，为了清晰示意，我们以首层平面的楼梯来作说明。

如图 5-61 所示，Revit 默认在平面中以**实线**显示楼梯在视图范围的剖切面以下部分，同时以**虚线**显示剖切面以上部分。国内制图习惯一般不表达后者，仅在特殊造型楼梯中表达投影轮廓，因此需调整视图可见性设置里的楼梯、栏杆扶手子类别开关设置。

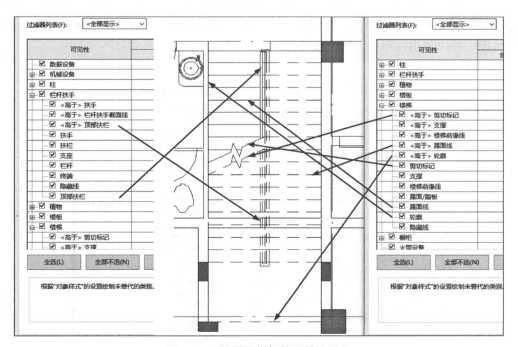

图 5-61　楼梯及栏杆扶手默认显示

---

① 楼梯默认完整显示向下梯段，不受视图范围的底部高度限制。

从图 5-61 中可看到楼梯及栏杆扶手均有"＜高于＞"开头的子类别，这就是剖切面以上的部分。将其全部关闭后，效果如图 5-62 所示，符合表达习惯。

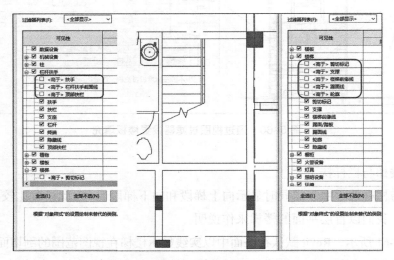

图 5-62　楼梯及栏杆扶手调整显示设置

回到二层平面看楼梯的显示，发现**剪切标记**是单线。按习惯需表达为双线，因此需将＜高于＞剪切标记打开，同时将线型设置为**实线**（默认为虚线），如图 5-63 所示。剪切标记的位置由视图的剖切高度确定。

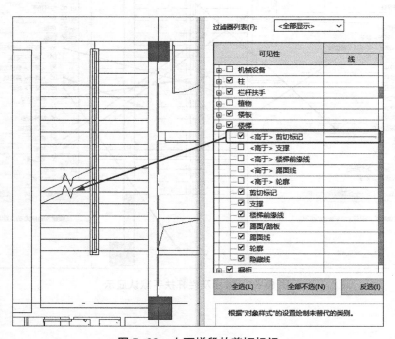

图 5-63　上下梯段的剪切标记

提示：注意＜高于＞剪切标记并非属于向下跑的楼梯，而是属于向上跑的楼梯。Revit 无法控制向下跑的楼梯显示深度，只能通过其他构件自然遮挡，或用遮罩将其盖住。

剪切标记的显示还有一个前提，即楼梯的类型属性中，**剪切标记类型**应选择**双锯齿线**，其设置为**双线**，如图 5-64 所示。同时也可以在此调整剪切标记的大小。

图 5-64　剪切标记的设置

上下箭头：

楼梯的上下指示箭头在 Revit 中属于专门的注释类型，通过『注释→楼梯路径』命令放置，如图 5-65 左图所示，其最大的问题是箭头端部无法控制，因此往往不能满足表达需求。建议通过自己制作详图构件族来标记，需准备常用的一字形、L 形、U 形等几种箭头（图 5-65 右图）。

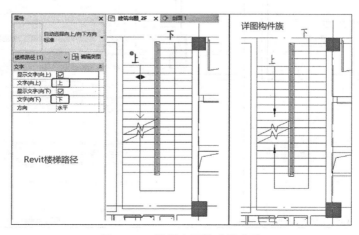

图 5-65　楼梯上下箭头的表达

> 💡提示：注意，不能使用"公制常规注释 .rft"样板制作，而应使用"公制详图项目 .rft"样板制作。前者当视图比例改变时长短会跟着变化。

（6）Revit 链接文件

其他模型链接进当前模型后，它在各个视图中默认**按主体**显示。这对建模、协调以及碰撞检测的过程来说，并无太大影响，但在出图阶段，我们需要对其进行额外的设置，使其符合图面表达要求。

结构模型：

在设计初期，建筑模型一般无法达到与结构模型"零碰撞"的要求，比如建筑墙体会和结构柱或结构墙体出现重叠。如果建筑与结构在同一文件中建模，可通过『**修改→连接**』命令处理，但如果建筑与结构分开建模，则需另外处理。

当然可以在这些地方对墙体进行修整使其贴合结构，但设计的调整往往是反复的，我们与其花费大量时间处理这些细节，不如暂时通过设置对其进行遮盖，**待各专业设计稳定后再进行构件本身的修剪处理。**

这里需要对结构模型提出提资要求：

1）创建提资视图。要求其"视图名称"清晰有序。

2）设置合适的视图范围。

3）图元可见性的设置。

接收到提资模型之后，在"管理链接"窗口下更新相关模型。在建筑相关的平面视图中，设置其"按链接"显示并选择相应的"链接视图"。如图 5-66 所示，当链接

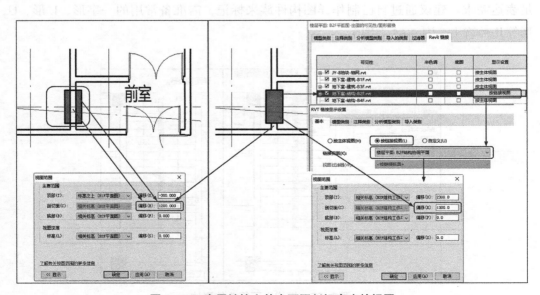

图 5-66 应用链接文件中不同剖切高度的视图

的结构按默认"按主体视图"显示时,填充墙与结构墙均为 1200mm 剖切,如果不修剪,则有交叉显示(左图)。当在结构文件中设置特定的协同视图,并将剖切面高度设为略高的 1300mm,然后在建筑专业中更新链接并设置为按该视图显示,这样 1300mm 剖切的结构柱填充就把建筑填充墙的剖切线盖住了(右图)。

机电模型:

同样是通过链接视图的设置进行配合,因涉及更多的构件控制,我们在第 5.5 节"与机电专业 BIM 模型配合"专门讲述,在此暂不展开。

5.3.3　添加注释

基于模型添加尺寸、文字标注、标高、符号、图集索引等注释性图元,均为常规简单操作,这里不作展开,完成效果如图 5-67 所示。

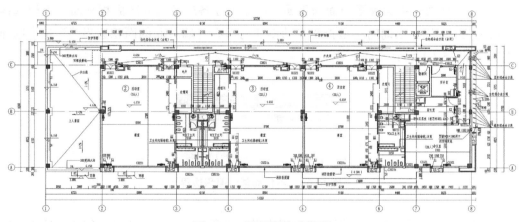

图 5-67　平面图完成效果

5.4　防火分区平面

防火分区平面图主要表示防火分隔位置、防火分区面积、防火门、防火卷帘的位置和等级,同时应标出安全疏散口所处的位置,并标出疏散方向,清楚地反映出防火分区安全疏散和疏散距离的情况[①]。

在 Revit 中,一般使用**面积平面**[②]绘制防火分区图,使用"面积"指代"防火分区"。由于幼儿园防火分区简单,本节采用一个大型办公楼层平面示例。

(1)创建面积平面类型

一般建筑专业 Revit 样板已预设"防火分区"的面积平面类型。如果没有,需先通

---

① 摘自《民用建筑工程建筑初步设计深度图样》。
② "面积平面"原文为"Area Plan",其实跟面积关系不大,翻译为"分区平面"或"区域平面"应更好理解。

过『**建筑→房间与面积下拉箭头→面积和体积计算**』命令新建此类型，如图 5-68 所示。

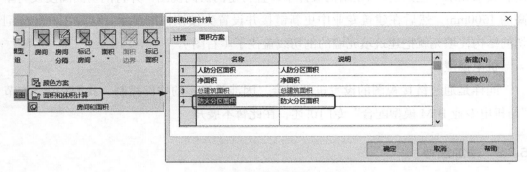

图 5-68　创建防火分区面积类型

（2）创建面积平面

通过『**视图→平面视图→面积平面**』命令创建各层防火分区面积平面，类型选择"防火分区面积"。当询问"是否要自动创建与所有外墙关联的面积边界线"时，选择"否"，如图 5-69 所示。

图 5-69　不自动创建面积边界

如果选择"是"，则自动创建的面积边界会以所有外墙为基线进行创建，这不一定是我们所需的防火分区边界线，且其存在不可控的因素，如会自动跳转对齐墙中或墙边，因此一般不选择自动创建。

（3）调整视图属性

1）比例：按图纸布局所需进行设置，一般为 1 : 200 ~ 1 : 300。

2）规程：建筑。

3）详细程度：中等。

4）视图范围：基本与建筑主平面相同。

5）显示模型：半色调。

6）调整图元显示：将无关图元类型关闭。

（4）绘制面积边界并放置面积

根据防火分区的设计，在视图中以墙体等图元为底图描绘面积边界，绘制命令为『**建筑→面积边界**』。建议：使用"线"方式绘制。使用"拾取"时，存在不可控的因素，如会自动跳转对齐墙中或墙边，且无法拾取链接模型中的墙体，因此一般不采用。

公共边不用重复绘制。完成后再用『**建筑→面积**』命令在每一个围合的区域里点击放置面积，同时标记，如图 5-70 所示。

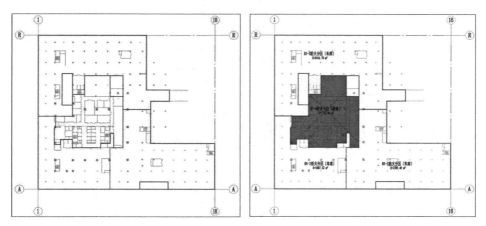

图 5-70　分区绘制面积边界

（5）绘制安全出口

使用"填充区域"绘制楼梯区域，使用"符号"标注疏散方向，用"文字"标注疏散宽度（图 5-71）。

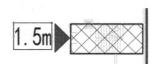

图 5-71　绘制并标注安全出口

（6）添加疏散路径与距离

在 Revit 软件中用详图线绘制，使用『测量』工具沿折线点击，注意勾选"口链"，可在选项栏中查看总长度，然后用文字标注（图 5-72）。

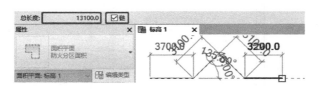

图 5-72　折线测距

若疏散路径复杂（含弧线等非折线），无法准确测量其长度，可使用 AutoCAD 绘制疏散路径并标注距离（图 5-73），再导入 Revit，不赘述。

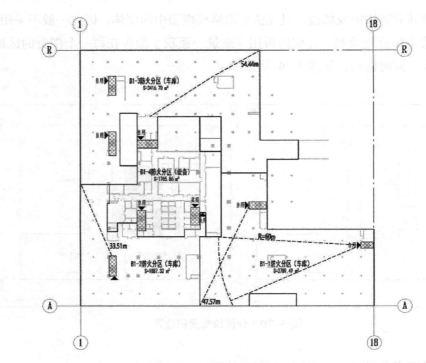

图 5-73　绘制疏散路径与距离

（7）设置防火分区填充图案

放置面积及其标记后，可通过"颜色方案"指定各防火分区填充图案。在视图的属性栏点击『颜色方案』命令，如图 5-74 设置。完成后效果如图 5-75 所示。

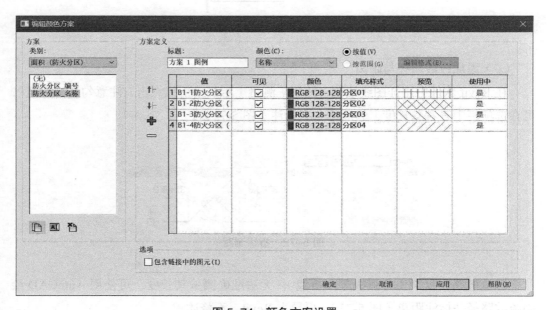

图 5-74　颜色方案设置

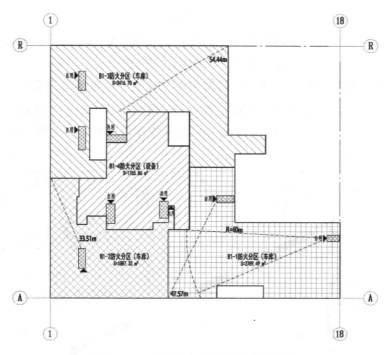

图 5-75 通过颜色方案区分防火分区

5.5 与机电专业 BIM 模型配合

这部分主要介绍在机电模型有了初步深度以后，建筑专业如何引用机电模型，复核土建预留条件、设备对是否对建筑使用有不利影响等。此步骤相当于传统二维设计中的"套设备图"，在建筑图中反映出与建筑相关的设备内容。

在土建模型中使用『插入→链接 Revit』命令，并选择**自动 - 原点到原点**将机电模型链接进来，相关要点如下：

（1）消火栓、地漏、卫浴洁具

此类构件需要建筑设计师在土建模型先放置，由给水排水设计师在机电模型中链接土建模型后使用**复制 / 监视**功能复制一个副本到机电模型，以便与机电管线链接为系统。在模型配合过程中给水排水设计师一般不直接修改这类构件，而是要将修改要求告知建筑专业，由建筑设计师修改。

提示：在土建模型中再链接机电模型时，就会出现同一个位置有两个重叠的构件，一般不影响设计，但如果导出 Navisworks 等软件时,重叠构件既影响算量也影响视觉效果（会有闪面），因此需在视图中设置这些类别在链接视图中关闭。

（2）立管、机房设备、屋面设备、水箱等

此类构件由设备专业在机电模型中创建，但需要在建筑平面图纸中表达。建筑专业可通过视图可见性设置，将所需构件在建筑出图视图中显示出来。

机电专业如果有制作专门的立管提资视图，建筑专业直接引用即可。这里介绍是在机电专业没有制作此视图时，建筑专业自行设置的方法。以一个屋面平面图的局部区域（图 5-76）为例，通过以下步骤实现**机电立管**在建施平面图中的显示。

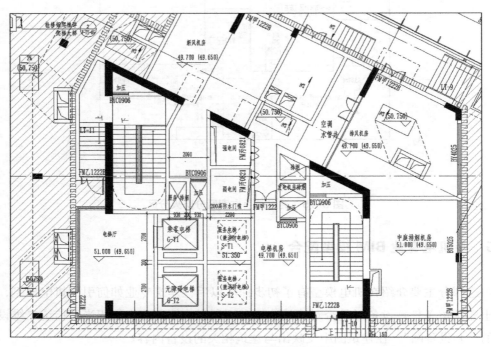

图 5-76　屋面平面局部建施平面

将机电模型链接进土建模型以后，进入建筑出图平面视图，首先参考第 3.6.3 小节的操作，关闭**注释类图元**（主要是**轴网**）。此时平面视图已经将机电模型的构件显示出来了，如图 5-77 所示。

此时的视图多出了安全指示灯、风管阀门等不需要在建施平面图表示的构件，我们在视图可见性设置中关闭链接文件的相应模型类别即可。在**模型类别面板的过滤器列表**下拉只勾选**机械、电气、管道选项**，接着在下面的模型类别只保留**卫浴装置、安全设备、常规模型、房间、机械设备、管道、线、详图项目**，确定后结果如图 5-78 所示。

此时只保留所示显示的设备管道，但同时显示了立管和横管，在建筑图中是不需要表示横管的，因此需通过视图过滤器将立管与横管区分开来。

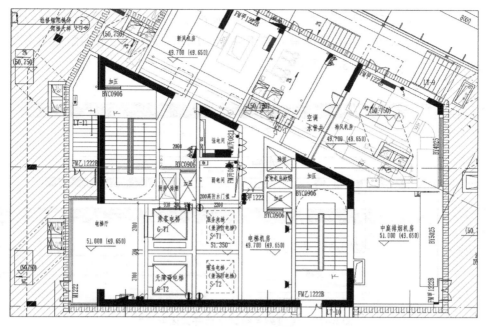

图 5-77　引入机电模型

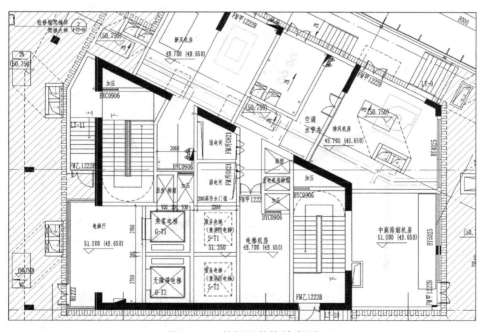

图 5-78　关闭无关构件类别

💡 提示：不通过插件，仅靠 Revit 的过滤器设置似乎无法实现立管与横管的区分。本例是通过机电管线中的"立管编号"参数来判断是否立管，仅当机电专业给立管添加了编号参数后才自动显示在建施平面中。读者也可根据实际工程灵活设置区分条件。

选择『视图→过滤器』命令，新建过滤器命名为"管道 - 非立管"，类别勾选"管道"，过滤器规则设置为"立管编号 – 等于 – （空）"，确定后将过滤器添加到视图，并取消可见性的勾选，如图 5-79 所示。

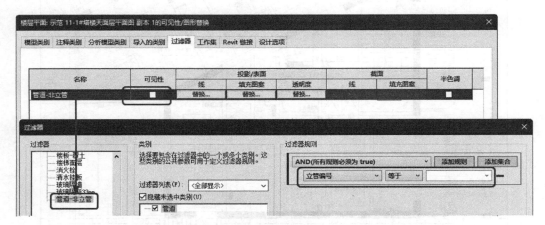

图 5-79　通过编号参数筛选并关闭非立管

最终效果如图 5-80 所示，此时建施平面中仅保留管井中的立管，显示为彩色线，如需显示为黑色，可在图 5-79 中将截面的线颜色替换为黑色。

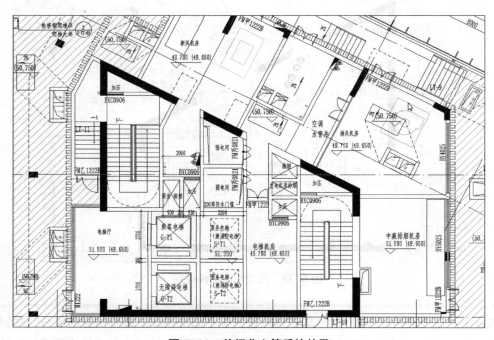

图 5-80　关闭非立管后的效果

5.6　立面图

5.6.1　创建立面视图并设置属性

（1）创建立面视图

一般项目样板文件中已预设四个方向的立面，只需适当移动位置至建筑物四周以外，即可直接使用，也可以新建立面。当建筑物不是横平竖直时，可通过旋转、对齐命令进行立面的对齐，如图 5-81 所示。注意，对齐时要通过 Tab 键选择**圆圈符号的中线**进行对齐。

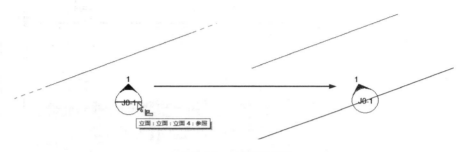

图 5-81　立面的对齐

如果是通过『**视图→立面**』命令新建立面，则可以通过勾选"□附着到轴网"直接对齐轴线。

图 5-81 中的圆圈及三角符号默认是"-"，**仅当该立面视图放进图纸之后，才显示图纸编号和详图编号**。圆圈周边还可以增加另外三个立面，这是室内四立面的表达方式，建施一般不需要立面符号。

在第 3.2 节 Revit 制图原理中我们提到，**立面实际上是特殊的剖面，两者的设置是几乎完全一样的**，因此我们更多使用剖面工具来制作立面，仅在命名及分类上作区别。本节以剖面工具为主来讲述，但各项设置对 Revit 的立面工具也适用。

（2）视图范围

立（剖）面的视图深度由**远剪裁和远剪裁偏移**两个参数确定。**远剪裁**参数选项如图 5-82 所示，如果设为**不剪裁**，则表示视线深度为无限远，此时**远剪裁偏移**参数无效；设为另外两个选项时，**远剪裁偏移**参数确定了视图的深度。该参数也可以通过拉动平面视图中剖面符号的远端双三角符号来确定，如图 5-83 所示。

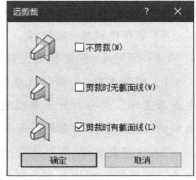

图 5-82　立（剖）面远剪裁参数

视图的裁剪范围则跟其他视图的操作类似，可参考第 3.5.4 小节**视图裁剪范围**的内容操作。立（剖）面的特殊之处在于其两侧的范围，也可以通过拉动平面视图中剖面符号的两侧双三角符号确定，如图 5-83 所示。

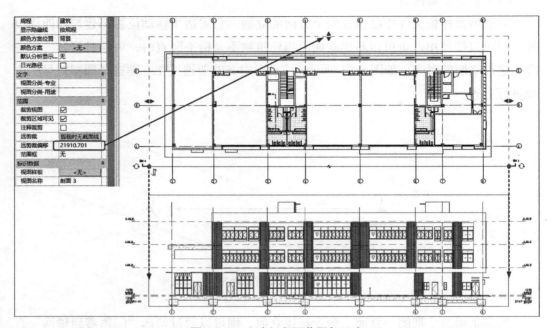

图 5-83 立（剖）面范围与深度

（3）设置视图属性

立（剖）面的常规视图属性（图 5-84）可参考以下设置：

1）视图比例：由专业负责人根据项目具体情况确定，如 1∶100、1∶150。

2）显示模型：标准。

3）详细程度：中等。

4）视觉样式：隐藏线。

5）规程：建筑。

6）显示隐藏线：按规程。

（4）可见性 / 图形替换设置

1）模型类别：一般情况在立面图中会打开全部土建模型，机电模型按实际情况决定是否显示。部分构件如果设置了不宜在立面显示的材质表面填充，如外露结构梁柱墙板的混凝土表面填充等，需在此关闭。

2）注释类别：通常勾选项：图框、尺寸标注、常规注释、拼接线、文字注释、材质标记、标高、范围框、视图标题、详图索引、详图项目标记、轴网、高程点。其他项可根据实际项目需要勾选。

3）Revit 链接：所有链接文件均设为自定义，然后将注释类别设为不显示。目的是将链接文件的楼层标高、轴网关掉，以免与主文件的重叠在一起。操作方式详见第3.6.3 小节的图 3-37 所示。

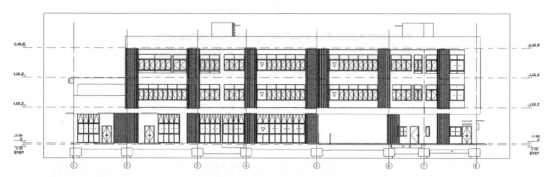

图 5-84　立（剖）面视图属性设置效果

以上设置除链接文件的设置外，其余均应保存为视图样板，预设在公司 Revit 样板文件中。

5.6.2　图面整理及标注

（1）调整楼层标高符号位置

楼层标高符号拖动方式与平面视图中拖动轴号的方法相似，可切换为 2D 或 3D 状态。在同为 3D 或 2D 的状态下，可拖动关联的标高符号到适合的位置；也可以取消勾选进行隐藏，如图 5-85 所示。标头样式的设定详见第 5.2.1 小节。

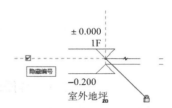

图 5-85　隐藏楼层标高标头

（2）隐藏中部轴线

部分设计企业的制图标准需要在施工图立面图中隐藏中部轴线，只保留两端和转折处（如立面有转折）轴线。在视图中框选轴线，右键点击『**在视图中隐藏→图元**』命令即可，与『**修改→隐藏→隐藏图元**』命令等价。

（3）地坪处理

立面图下方地坪，直接用『**注释→其余→填充区域**』命令画一道长条的黑色填充即可。其下方如果还能看到其他构件，如地下室墙体、结构基础等，需用遮罩盖住。遮罩命令位于『**注释→其余→遮罩区域**』，注意边界线选择 < 不可见线 >，如图 5-86 所示。

（4）建筑外轮廓

传统立面表达需要沿着外立面轮廓画移到粗线，这在 Revit 或其他 BIM 软件中都是无法直接实现的，**最简单的办法还是用详图线直接描一遍**。

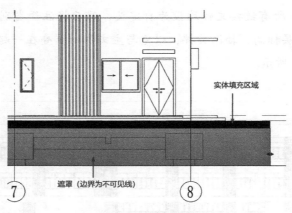

图 5-86　地坪处理

首先，创建线样式，通过『**管理→其他设置→线样式**』命令，点击新建子类别，命名为"建筑外轮廓线"，然后设置线宽为粗线（本例为 8 号线，0.7mm），如图 5-87 所示。

图 5-87　新建建筑外轮廓线样式

然后，用『**注释→详图线**』命令沿着建筑外轮廓绘制详图线，线样式选择"建筑外轮廓线"，如图 5-88 所示。

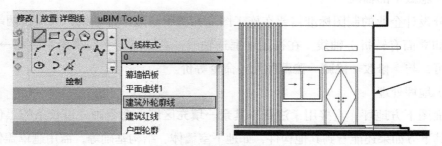

图 5-88　描绘建筑外轮廓线

（5）尺寸与标高标注

添加立面尺寸标注及标高标注，标高通过『**注释→高程点**』命令标注，如图 5-89 所示。

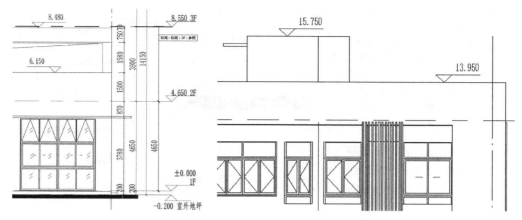

图 5-89　添加尺寸及标高标注

（6）立面材质标注

Revit 的材质标注非常方便，通过『**注释→材质标记**』命令，点选任意构件，即可将材质标记出来，标记位置可自由控制。标记的引线箭头样式需预先设置好，如图 5-90 所示。注意，这里直接标注材质名称，因此材质名称需规范。

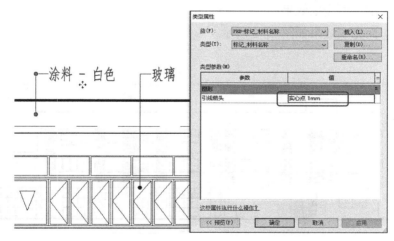

图 5-90　添加材质标注

有些设计企业的制图标准是不标注材质，仅通过材质图例来说明。Revit 没有直接的办法生成材质图例，一般直接用**填充区域 + 文字**制作材质图例。

注意，该图例需放置在不同图纸中，因此需用**图例视图**制作。点击『**视图→图例→图例**』命令，新建图例视图并命名为"立面材料图例"，然后分别建立各材质对应的**填充区域类型**，设置对应的**填充样式**（与材质本身的设定一致），然后绘制图例，加上文字说明即可，如图 5-91 所示。

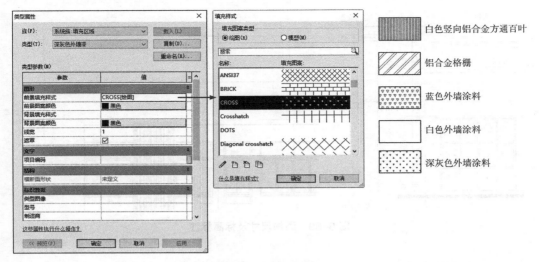

图 5-91　材质图例

（7）特殊门窗标注

立面上有些特殊的门窗需要专门标注出来，如消防救援窗、排烟固定窗等，直接用文字或常规注释族标注即可。

（8）立（剖）面完成效果

立（剖）面完成效果如图 5-92 所示。

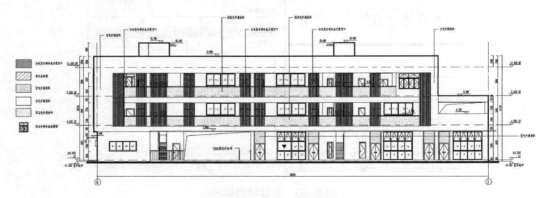

图 5-92　立（剖）面完成效果

5.6.3　立面深度提示

深度提示是 Revit 一个很有意思、但隐藏很深且很难用的功能，对于复杂体量的建筑造型来说，适当使用可有效提升立面图的**层次感**与**立体感**。事实上，很多建筑师在用 CAD 绘图时也有意在立面图上通过"远距离淡显"的方式来达到这个效果。Revit 的这个功能在一定程度上可以实现此需求。

为了说明该功能的两个参数如何起作用，我们用图 5-93 所示的案例来演示。图 5-93

中的立面图实际为剖面图，深度涵盖整个建筑物。

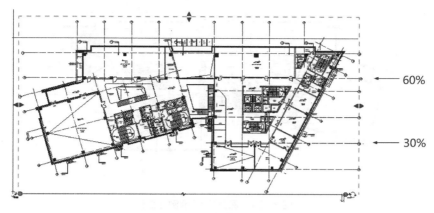

图 5-93　深度提示示例（1）

进入剖面，点击视图下方小图标『**视觉样式→图形显示选项**』，如图 5-94 左图所示。默认"□**显示深度**"为关。勾选该选项，然后设置"近"为 30%，"远"为 60%，**淡出限制**设为 30%，观察剖面视图变化，如图 5-94 右图所示。

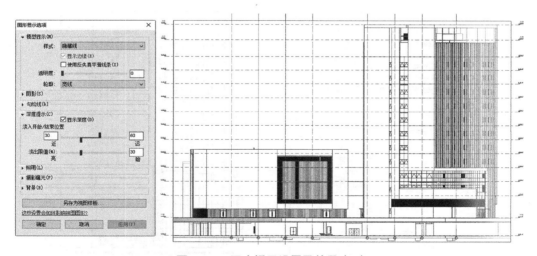

图 5-94　深度提示设置及效果（1）

这里的**近、远**两个数值指的是**剖面深度的百分数**，在图 5-93 中已大致标示出其对应位置。观察右侧的斜向侧面，其幕墙竖向线条，从 0% ~ 30% 处为全黑，从 30% ~ 60% 逐渐变淡，60% ~ 100% 维持最淡状态。而最淡的状态则是由**淡出限值**确定的，本例为 30%。

当然真正的建施立面不会有这么戏剧化的表现，下面看另一个方向的立（剖）面，按建施的表达习惯来设置（图 5-95）。

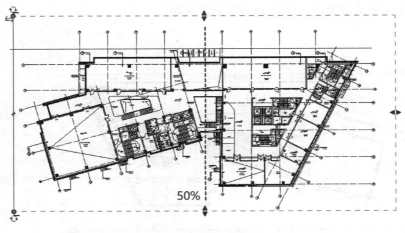

图 5-95　深度提示示例（2）

　　该立（剖）面的深度正好在大约 50% 的位置，有一个体块的前后变化，因此将近远两个值设为一样，均为 50%，这样就没有了"退晕"的效果，直接前后分成两个层次，效果如图 5-96 所示，符合建施的表达需求。

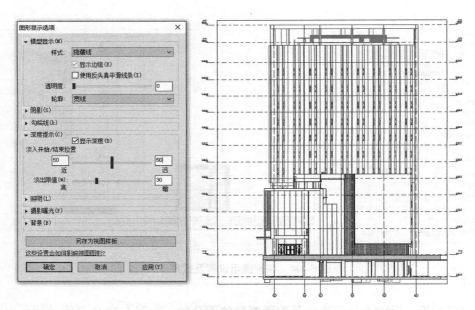

图 5-96　深度提示设置及效果（2）

5.6.4　展开立面

　　对于一些建筑外立面有夹角，需要绘制转折立面时，Revit 无法直接生成展开立面图，一般通过多个剖面拼合的方式制作，以幼儿园的①~⑧轴和Ⓐ~Ⓒ轴展开立面为例，先沿①~⑧轴拉一道剖面，再沿Ⓐ~Ⓒ轴拉一道剖面，注意，通过右键点击『捕

捉替换』命令强制捕捉⑧轴、Ⓐ轴作为终点或起点（图 5-97）。

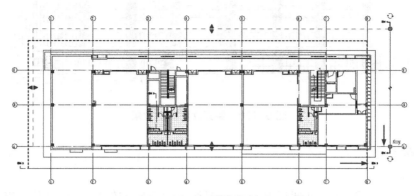

图 5-97　新建两个剖面作为立面

然后新建图纸视图，将创建的两个剖面拖到图纸视图，如图 5-98 所示。

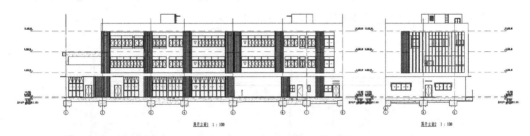

图 5-98　将两个剖面放进图纸

再分别隐藏转折处一侧的楼层标高编号和中间的轴号（如图 5-99 所示，详细操作详后文），将两个剖面拼合起来即可，其余图面处理不再赘述，拼合效果如图 5-100 所示，出图时应隐去裁剪范围框。

图 5-99　隐藏一侧的楼层标高符号

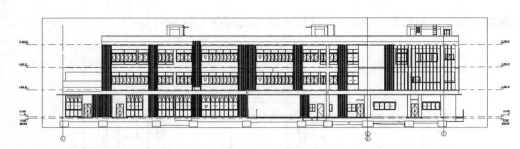

图 5-100　展开立面拼合效果

5.7　剖面图

第 5.6 节立面图已经讲到很多与剖面图相通的设置与做法，本节不再赘述，仅讲述剖面图特有的技术要点。

（1）创建剖面视图

下面以某幼儿园为例，进入楼层平面，通过『**视图→剖面**』命令，选择合适剖面类型创建剖面，剖切位置及操作结果如图 5-101 所示。

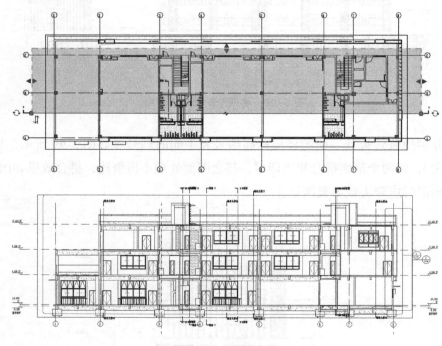

图 5-101　创建剖面

（2）剖面通用设置

参见第 5.6 节立面设置，唯当比例粗略度超过下列值时隐藏需设置为 500 或更大，以保证在平面视图上能看到剖面符号。

（3）可见性 / 图形替换设置

在第 5.6 节立面设置的基础上，增加部分特殊模型的显示处理。为方便说明，取一个局部来作示例，如图 5-102 所示是其初始状态。

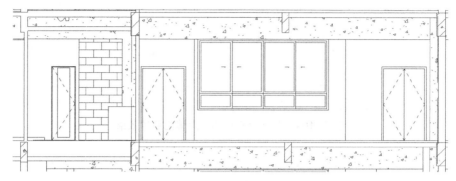

图 5-102　剖面初始状态

1）土建构件投影填充

在剖面图中，土建构件如梁、柱、墙在没被剖切到的时候，一般不需要显示表面的材质填充。图 5-103 示意了将梁（即结构框架）的填充图案设为不可见。

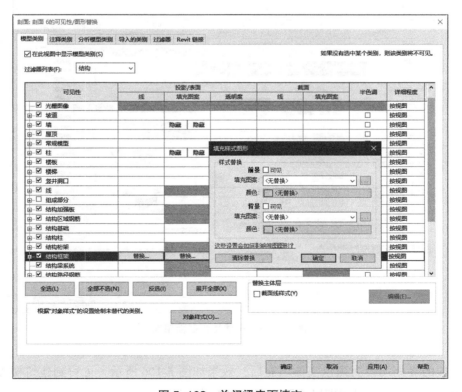

图 5-103　关闭梁表面填充

以相同方法关闭墙和柱、结构柱、楼板的表面填充图形，确定后结果如图 5-104 所示。

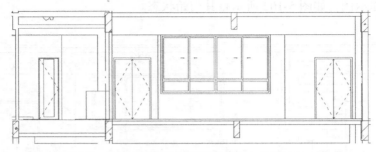

图 5-104　关闭墙板柱的表面填充后的效果

2）钢筋混凝土构件截面

建施的剖面中钢筋混凝土梁和楼板一般为实心填充。与上述操作类似，将结构框架、楼板的截面填充图案设置为**黑色实体填充**，如图 5-105 所示。

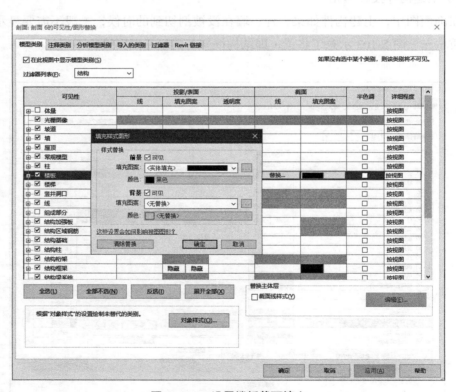

图 5-105　设置楼板截面填充

梁板的界面均设为黑色实体填充后，效果如图 5-106 所示。可看到建筑楼板面层也被填黑了，下面通过**视图过滤器**将面层楼板单独设置。

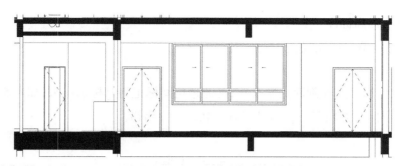

图 5-106　设置楼板截面填充后的效果

在第 5.2.4 小节中我们已介绍过建立建筑面层楼板的过滤器,通过在剖面视图**"VV"**设置的**过滤器**页面中添加该过滤器,然后将其截面的前景、背景均设为不可见,如图 5-107 所示。

单击"确定"按钮后结果如图 5-108 所示,可看到已经取消建筑面层楼板的剖面填充。图中卫生间沉池楼板也同样被取消填充,需另行添加过滤器进行设置,这里不赘述。

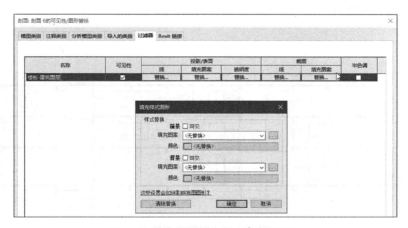

图 5-107　设置楼板面层填充不可见

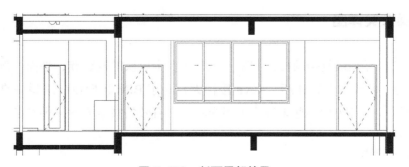

图 5-108　剖面局部效果

（4）尺寸标高标注

参见第 5.6 节立面设置。

（5）房间标注

Revit 软件的房间在剖面上也存在，可通过房间标记将其标示出来，如图 5-109 所示，比用文字对位标注方便多了，而且实时关联，不会出错。

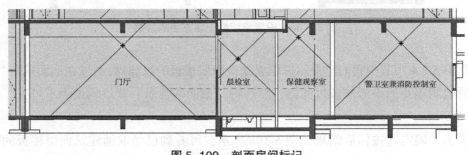

图 5-109　剖面房间标记

（6）剖面完成效果

剖面完成效果如图 5-110 所示。

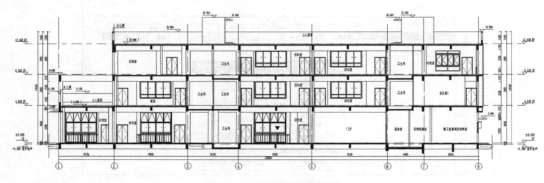

图 5-110　剖面完成效果

5.8　楼梯及其详图

Revit 的楼梯是最复杂的构件类型，包含了多个层次的嵌套族，平面、剖面表达也很复杂，因此本节作专题介绍。Revit 楼梯大样对于 BIM 正向设计来说一直是个难以逾越的"坑"，本节提出一些未臻完美但尚算行之有效的技术方案，供参考。

5.8.1　楼梯的组成

Revit 的楼梯是系统族，包括现**场浇筑楼梯、预浇筑楼梯、组合楼梯**三类，一般使用第一类**现场浇筑楼梯**。楼梯构件一般由两部分组成 [①]：**梯段**和**平台**，如图 5-111 所示是一个典型的两跑楼梯，由两个梯段和一个平台组成。按 Tab 键可切换选择整体楼梯构件或是单独选择梯段 / 平台构件。

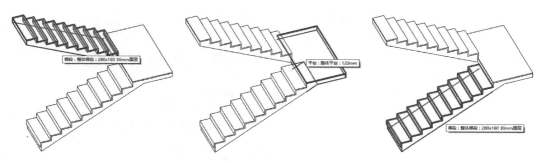

图 5-111　典型楼梯的组成

梯段与平台各自均可选择已加载的多种类型，通过不同的组合形成各种楼梯的类型，如图 5-112 所示。

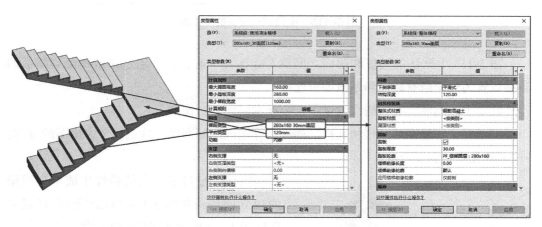

图 5-112　楼梯的嵌套族对应关系

5.8.2　楼梯表达的难点与解决方案

Revit 的楼梯表达主要有两方面的难点。

（1）楼梯面层的建模与表达

Revit 梯段的属性中可以设置**踏板**和**踢面**。但按其默认样式设置面层后，会发现楼梯的平面定位是按踢面的面层表面定位，而不是按踏步的踢面定位。平面视图无论是否打开楼梯的踢面 / 踏板，显示都一样，如图 5-113 所示。如果按习惯的表达（平剖

---

① 楼梯建模时，默认是连扶手栏杆一起生成。虽然跟楼梯有依附和参照的关系，但扶手栏杆是另一个独立构件。

面应以混凝土踏步踢面线对齐），这样的平面、剖面是对不上的，也会引起结构专业及施工单位的误解，因此不能使用这种方法制作面层。

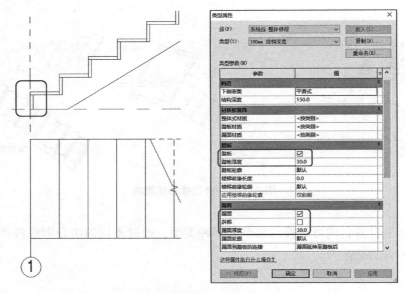

图 5-113　楼梯默认面层的平剖面

图 5-113 中默认的踏板和踢面之间没有连接在一起，这个通过参数**踢面到踏板的连接**设置为**连接所有踢面和踏板**即可连接。

针对上述问题，我们研究尝试了三个技术路线，对比如下：

一是完全不做面层，楼梯大样剖面通过详图线绘制面层。这是仅考虑出图的方案，3D 可视化表达会受影响。

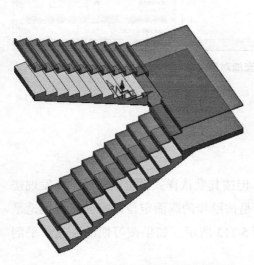

图 5-114　通过插件生成常规模型面层

二是通过自主开发的插件生成常规模型的独立面层，如图 5-114 所示（图中特意分离展示）。这种方式可以解决问题，但如果楼梯需要编辑，就得重新生成。

三是通过特殊的踏板轮廓解决 Revit 自带面层的问题。我们认为这是比较好的方案，仅通过族的制作就能实现，不需要插件。其关键点在于：不要踢面，通过踏板的轮廓把踏板和踢面一起制作，这样即可解决平、剖面定位对不上的问题。如图 5-115 所示，图中右面是一个楼梯踏板轮廓族，注意其中定位，需考虑多个步级层叠时的尺寸预留。载入后，按步级尺寸设定宽度、高度，然后按图设置踏板轮廓为该族。这个踏板轮廓是通过**类型参数**控制尺寸，当踏步尺寸改变时，需添加新的类型以适应踏步尺寸。

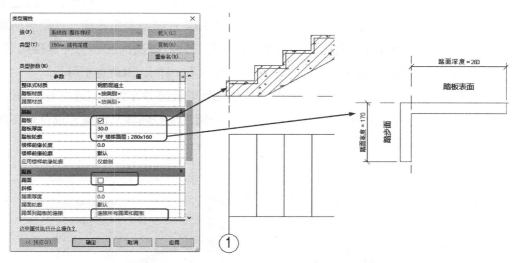

图 5-115　通过特殊轮廓实现踏板与踢面一体化

注意，要先勾选踢面，踢面到踏板的连接参数才能改为连接所有踢面和踏板，然后再取消踢面的勾选。效果几乎是完美的，但还有一点瑕疵——最上面一级接平台处没有踢面板。我们权且用『**视图→剖切面轮廓**』命令手动处理一下，如图 5-116 所示，3D 视图就忽略这一级的踢面板了。

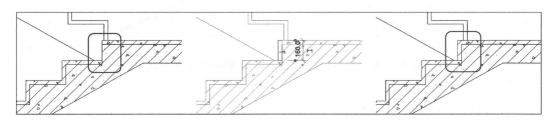

图 5-116　接平台处缺踢面的处理

（2）楼梯与结构梁的连接

楼梯大样面临的最大问题是楼梯跟任何构件都无法连接，导致在楼梯与结构构件相交的部位剖面无法融合在一起，其中最常遇到的是梯梁，如图 5-117 所示，这种剖面表达是无法接受的，通过『**视图→剖切面轮廓**』命令也很难处理完美，目前通用做法是用一个单独的

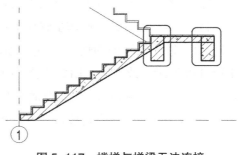

图 5-117　楼梯与梯梁无法连接

填充区域把整个剖切面盖住，这严重制约了楼梯大样的绘制效率。

该问题我们考虑过以下替代方案：一是梯段与平台分开建模，平台用楼板建，这样就没有连接的问题，但会带来一系列的问题：增加一部分的建模工作量，修改起来效率低，栏杆无法连续等，因此不可行。二是考虑用常规模型制作楼梯。这是更颠覆性的思路，常规模型族可以做出灵活的参数化楼梯，同时解决面层和构件连接问题，但无法做到符合习惯的平面表达（在上下楼层的显示不一样），因此也不可行。

最终我们放弃了寻找其他思路，仍然采用**填充区域覆盖**的方法，但通过编写插件，实现了快速将相连的结构构件剖切面连成一体，**一键生成整体填充区域**，也算是提高了效率，效果如图 5-118 所示。

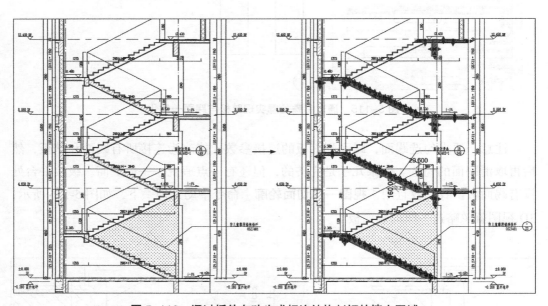

图 5-118　通过插件自动生成相连结构剖切的填充区域

5.8.3　楼梯平面详图

在第 3.4.3 小节我们提到，楼梯平面大样可以用**详图索引视图**制作，也可以采用复制平面视图，再修改裁剪区域的方式制作。为了快速生成各楼层同一边界的楼梯平面，我们采用第一种方式。操作步骤如下：

（1）以二层平面为例，使用『视图→详图索引』命令创建二层楼梯平面详图，如图 5-119 所示，改名为"LT2 二层平面大样图"。

（2）打开注释裁剪，设定合适范围，应用样板中预设的"楼梯平面大样"视图样板。如果没有该样板，可自行按常规 1∶50 比例的平面图样式设置。

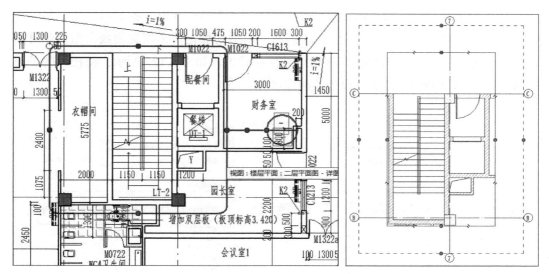

图 5-119　创建楼梯平面详图

（3）标注尺寸与标高、房间名等注释类图元。其中尺寸标注比较特殊，楼梯踏步
需要用**踏面宽 × 踏步数 = 梯段尺寸**的方式进行标注。选择梯段尺寸标注，点击标注数
字进行编辑，如图 5-120 所示，在前缀框输入"踏步宽 × 数量 ="，本例为"260×14="，
单击"确定"按钮即可。

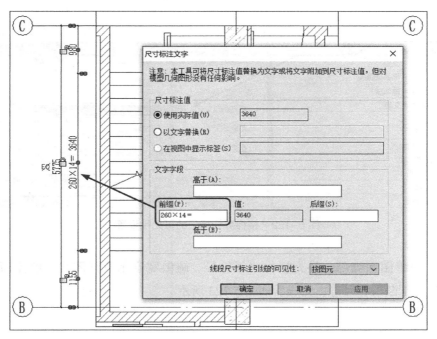

图 5-120　梯段尺寸标注

（4）设定楼梯剖断线。该设置隐藏得比较深，默认是单线，我们习惯用双线，首先需设置楼梯本身的参数，如图 5-121 所示，将剪切标记设为**双锯齿线**类型。此时第二根线显示为虚线，还需要配合视图可见性的设置，如图 5-122 所示，将楼梯的子类别 **< 高于 > 剪切标记**的投影线设为**实线**即可。

图 5-121　楼梯剪切标记设置

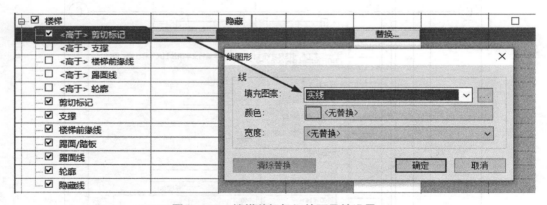

图 5-122　楼梯剪切标记的可见性设置

（5）完善图面细部，补充楼梯路径符号、疏散宽度示意详图线、墙体面层详图线①、边界剖断线符号等，完成后如图 5-123 所示。

---

① 内墙墙体面层最好也建实体模型，但因工作量较大，对设计效果及专业协同作用不大，因此经常不建模，只在大样图中用详图线示意面层，跟 CAD 的做法一样。

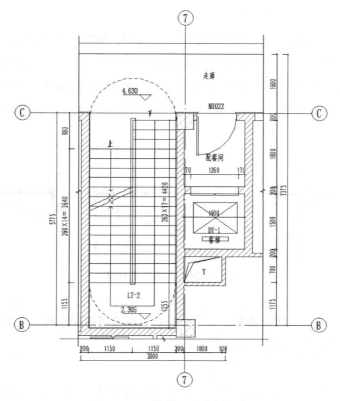

图 5-123 楼梯平面大样示意

（6）选择视图裁剪区域边界，按 Ctrl+C 键复制到剪贴板，再执行『**修改→粘贴→在选定的标高对齐**』命令，选择需要出大样的各个楼层，确定后自动生成各层的详图平面。注意，修改视图名称，按同样步骤操作，不再赘述。

（7）注意各层平面应隐藏楼梯大样的索引框。

5.8.4 楼梯剖面详图

楼梯剖面详图一般在楼梯大样的首层平面中使用『**视图→剖面**』命令创建，其细部处理颇复杂，总结如下：

（1）剖面符号在相关视图里的开关

此剖面符号在普通平、立、剖面中不显示，因此可将其当比例粗略度超过下列值**时隐藏**，参数值为"1：50"。在楼梯大样的其余平面也不显示，只能逐个视图手动隐藏。

💡 提示：可分别设置"首层楼梯大样"和"非首层楼梯大样"的视图样板分别应用，但必要性不大。另外有种做法是楼梯大样的视图样板均不显示剖面，首层放置一个"假剖面符号"，实际是一个常规注释族，跟剖面没有关联，亦不建议采用。

（2）构件连接处的细部处理

前面提到，楼梯构件与结构构件之间无法通过『**连接**』命令连接，因此相交处需手动处理。图 5-124 示意了使用**填充区域覆盖**的方式作图面的局部修饰，需注意边界线的**线样式**设定，有些设为 **< 不可见线 >**，有些设为**结构截面线**，后者需预先设置好，线宽与结构剖切线宽一致。图 5-124 中特意设了颜色以作区别，实际应用时仍是黑色。

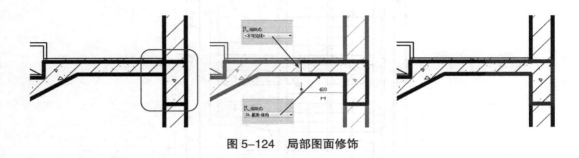

图 5-124　局部图面修饰

💡 提示：通过『**视图→剖切面轮廓**』命令一般也可以实现类似效果，但灵活性稍弱，实际使用填充区域（包括遮罩）更多一些。

对于多层的楼梯，这些需要修饰的部位可能非常多，珠江设计通过插件进行批量生成合并的剖切填充进行覆盖，减少了手动编辑的过程，见前文图 5-118。

（3）楼梯大样中栏杆的表达

对于楼梯大样中的栏杆，传统的施工图常常采用比较粗放的表达，用一根线示意，加一个索引号，引注至详图或标准图集，BIM 施工图本应更精细化表达，直接在楼梯大样中展示栏杆样式，但有两个原因阻碍了这个表达：一是鉴于 Revit 栏杆设置的局限性，栏杆模型**大多未能完全反映真实的安装样式**，如转弯处的连接、竖向栏杆的精确定位等；二是部分比较保守的审图方更愿意看到传统的表达样式。

因此，我们建议常规项目仍按传统的**详图线 + 索引号**表达方式，**仅当采用特殊的栏杆样式并且模型已严格按设计样式建模的时候**，才在此表达具体栏杆样式。

其余的裁剪区域、视图样式等与楼梯平面大样类似，同样需补充面层详图线、房间标注、尺寸标注等，尺寸标注在梯段标注时需添加"踏步宽 × 数量 ="作为前缀，不再赘述。从原始剖切视图至整理完成，效果如图 5-125 所示。

（4）剪刀梯的表达

剪刀梯一般需要增加中部休息平台的平面视图。将表达楼梯第一跑的详图平面进行复制，然后修改其名称和视图范围即可。在剪刀梯剖面中，楼梯隔墙将遮挡后方梯段，因此对楼梯隔墙和梯段的显示控制是关键（图 5-126）。

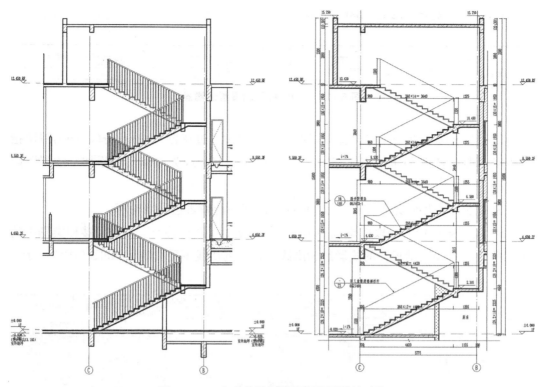

图 5-125 完成效果与原始剖切视图的对比

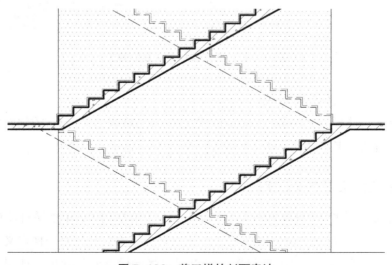

图 5-126 剪刀梯的剖面表达

1）控制楼梯隔墙显示。设置合适的**视图过滤器**选择楼梯隔墙，并替换其表面填充图案和透明度，如图 5-127 所示。

图 5-127　对楼梯隔墙设置过滤器

在此要求楼梯隔墙需包含特殊属性，方可通过"过滤器"进行选择。如为隔墙指定特定"类型名称"（即使用特定的墙类型创建隔墙）或为墙体实例添加"注释"内容等。

为墙体设置表面填充图案，可方便在剖面图中清晰表达隔墙轮廓。

2）设置被遮挡的梯段以虚线显示。在"可见性 / 图形替换"中设置楼梯类别中的"楼梯"和"踢面 / 踏板"的**投影线**为**虚线**形式（剖切线不受影响），如图 5-128 所示。

图 5-128　在对楼梯投影线的替换

（5）高层楼梯剖面的标准层缩略表达

高层建筑的楼梯大样一般会对相同的楼层进行缩略表达，Revit 的剖面也支持这一种做法，详情请参考第 5.10.3 小节标准层缩略大样，这里暂不展开。

5.8.5　楼梯类型设置与设计规范

本节前面主要考虑楼梯的图面表达问题，本小节探讨 Revit 楼梯对**设计合规性**的响应。Revit 楼梯族包含丰富的属性定义，其中有一些参数既是对楼梯定义，也是对楼梯设计的限定。巧妙应用其参数设置，可以限定楼梯模型使其满足设计规范，当所创建模型超出限制条件时，软件将自动提醒用户。

例如，在《民用建筑设计统一标准》GB 50352 中限定了楼梯踏步的宽度和高度，如图 5-129 所示。

楼梯类别		最小宽度（m）	最大高度（m）
住宅楼梯	住宅公共楼梯	0.260	0.175
	住宅套内楼梯	0.220	0.200
宿舍楼梯	小学宿舍楼梯	0.260	0.150
	其他宿舍楼梯	0.270	0.165
老年人建筑楼梯	住宅建筑楼梯	0.300	0.150
	公共建筑楼梯	0.320	0.130
托儿所、幼儿园楼梯		0.260	0.130
小学校楼梯		0.260	0.150
人员密集且竖向交通繁忙的建筑和大、中学校楼梯		0.280	0.165
其他建筑楼梯		0.260	0.175
超高层建筑核心筒内楼梯		0.250	0.180
检修及内部服务楼梯		0.220	0.200

图 5-129　"标准"中的楼梯踏步尺寸规定

　　我们以"其他建筑楼梯"为例进行说明。《民用建筑设计统一标准》中限定"其他建筑楼梯"的踏步最小高度为 260mm，最大高度为 175mm。在 Revit 软件文件中，我们可以创建"现场浇筑楼梯"的族类型，命名为"其他建筑楼梯"，并在"计算规则"参数组中，设置对应参数，如图 5-130 所示。

图 5-130　梯段的尺寸限制设置

　　当使用该楼梯类型创建或修改楼梯模型时，用户若设置"所需踢面数"使得"楼梯踢面高度"超过预设范围，软件将弹出窗口提醒用户，如图 5-131 所示。设计师此时需判断所选楼梯类型是否有误，或其设计是否满足规范。

　　同样的规范错误提示可应用于"最小梯段宽度"参数，在此不赘述。

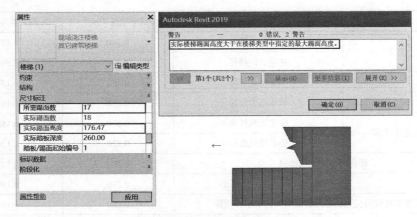

图 5-131　Revit 楼梯超限提示

依据《民用建筑设计统一标准》，我们可以在 Revit 项目文件或项目样板中预先定义楼梯类型，以便设计师按需调用，省去查阅规范的过程，同时避免疏忽错漏。对楼梯预设类型如图 5-132 所示。

图 5-132　文件中预设楼梯类型

5.9　电梯及其标记

在设计图纸中，对电梯的关注主要在土建方面的设计，如井道和门洞的位置和大小；轿厢一般仅在平面图中示意大小，具体设计工作由电梯厂家负责。

电梯族看似简单，但要制作一个完善的电梯族并不容易，本节主要介绍电梯族及标记族的制作方法。

5.9.1　电梯族

电梯族主要分为**电梯门、轿厢**和**配重块** 3 部分，是一种基于墙的专用设备。其要点在于电梯门可见性及其洞口剪切，对轿厢和配重块仅作二维图形示意。

选择"基于墙的公制设备 .rft"族样板新建族，设置族类别为"专用设备"，然后加载预先制作的嵌套族，如图 5-133 所示，电梯族参数如图 5-134 所示。

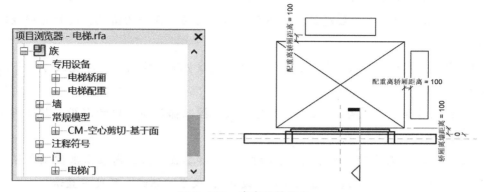

图 5-133　嵌套族的组合

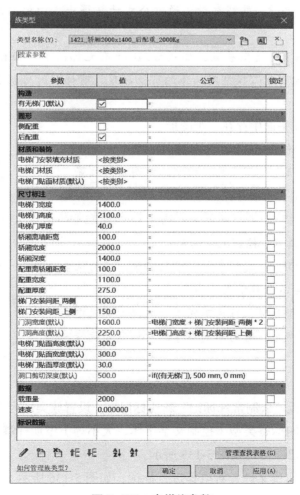

图 5-134　电梯族参数

其嵌套族与参数的关联关系如下：

（1）电梯门：含梯门门扇、梯门安装填充体、贴面

1）有无梯门：实例参数（可见性），控制是否显示梯门，同时控制空心模型是否对墙体进行剪切。对于高层建筑，电梯存在局部楼层不开门的情况，因此电梯族需要区分有无梯门。

2）电梯门宽度/高度/厚度：类型参数，宽度/厚度控制梯门净宽尺寸，与洞口尺寸不同。

3）梯门安装间距/两侧/上侧：类型参数，控制梯门与洞口的间距，即梯门安装填充物的尺寸。

4）电梯门贴面宽度/高度/厚度/材质：实例参数，根据内装需求控制电梯门贴面的尺寸和材质。贴面通过"图元可见性设置"，仅在"精细"程度下显示。

（2）空心模型：对墙体进行剪切，生成电梯门洞口

1）洞口宽度/高度：类型参数，通过公式计算得出，由梯门尺寸与梯门安装间距叠加。

2）洞口剪切深度：类型参数，公式为：if（（有无梯门），500 mm，0 mm）。配合"有无梯门"参数控制空心模型对墙体的剪切深度，有梯门时剪切 500mm，无梯门时为 0mm。

（3）轿厢：仅在平面中存在二维图形

1）轿厢宽度/深度：类型参数，控制轿厢尺寸大小。

2）轿厢离墙距离：类型参数，控制二维图形的位置。

（4）配重：仅在平面中存在二维图形

1）侧配重/后配重：类型参数（可见性），控制配重的位置。

2）配重宽度/厚度：控制配重的尺寸大小。

3）配重离轿厢距离：类型参数，控制二维图形的位置。

（5）其他：设置电梯其他常用属性

1）载重量：类型参数，可为不同型号电梯设置载重量。

2）速度：类型参数，可为不同型号的电梯设置运行速度。

5.9.2 电梯标记

（1）使用族样板"公制常规标记"新建标记族，设置族类别为"专用设备标记"。

（2）选择合适的**标签**类型（控制文字字体、大小等）添加标签，并选择参数字段**类型注释、类型标记**即可，如图 5-135 所示。

（3）保存载入项目文件，对电梯进行标记，如图 5-136 所示。如电梯未设置类型注释及类型标记，字段变成"?"号。可直接点击"?"号标记输入参数值。

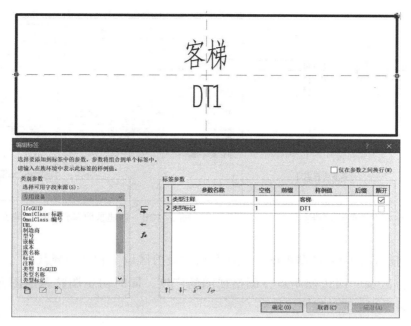

图 5-135　电梯标记族的标签字段

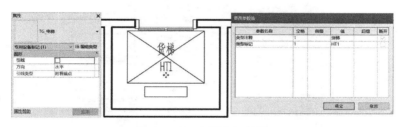

图 5-136　电梯标记效果

（4）有些项目的电梯名称可能很长，如"货梯兼消防电梯"，标记太长放不下时，可在中间插入空格，即可自动换行。

5.10　墙身详图

5.10.1　创建墙身详图并设置属性

在首层平面视图中，点击『**视图→剖面**』命令，选择合适的视图类型（按第 3.4.2 小节剖面视图中所说的**小剖面**），在合适的位置拉出墙身剖面，如图 5-137 所示。

注意，项目中经常有很多做法一致或类似的墙身部位，不需要全部都直接生成，只需在创建剖面时勾选"☐**参照其他视图**"，选择要参照的已有视图即可，这样就只是放置了一个剖切号，并没有真正创建剖面视图。同时，视图编号索引至设定的视图，剖切号下方出现"参"字，这是剖面类型设置中的由**参照标签**参数决定的，如图 5-138 所示。

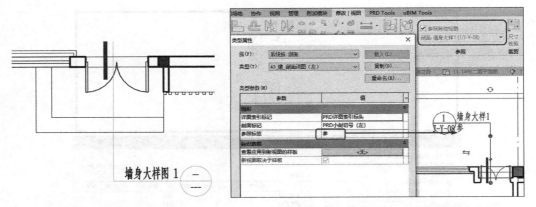

图 5-137　创建墙身剖面	图 5-138　创建参照其他视图的墙身剖面

转至创建后的剖面详图视图，默认开启"裁剪区域"和"注释裁剪"，此时通过拖动"裁剪区域"四边控制点，调整视图的广度，同时初步调整基准图元的范围。然后参考图 5-139 调整视图属性。

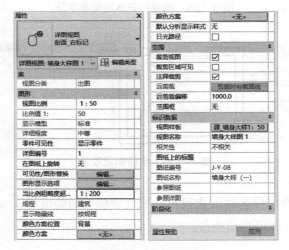

图 5-139　墙身剖面视图设置

其中墙身详图的比例由专业负责人确定，本例设为 1 : 50。其余构件的视图可见性参照第 5.7 节剖面图的设置，**唯构件的剖切填充不应替换为实体填充，而应按其材质显示，或替换为详图应有的样式**。

5.10.2　补充二维详图及标注内容

（1）加折断线

创建并使用详图项目族"折断遮罩＿直线 1 边"绘制折断线（含一侧遮罩）（图 5-140）。

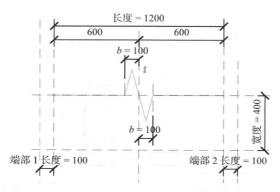

图 5-140 详图项目族：折断遮罩

（2）夯实土壤

使用『注释→构件→重复详图构件』工具绘制夯实土壤（图 5-141）。

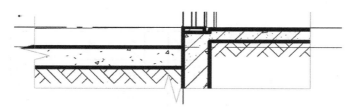

图 5-141 夯实土壤详图构件

（3）面层线

使用"详图线"工具，选择合适的线样式绘制面层线。指定特定的线样式以便在导出 dwg 文件时区分图层。关于新增"线样式"详见第 2.2.3 小节线样式。

绘制时，可在选项栏中设置"偏移"距离，当捕捉结构边线绘制时，线将自动按设置距离进行偏移，如图 5-142 所示。

图 5-142 绘制面层线

（4）坡度箭头

使用样板预先加载的详图项目族"箭头"选项绘制坡度（图 5-143）。

（5）添加注释

使用常规注释族"引出标注"项进行标注（图 5-144）。

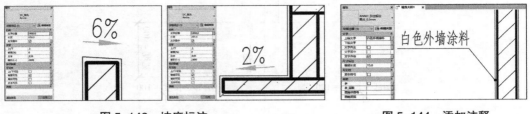

图 5-143　坡度标注　　　　　　　　　　　图 5-144　添加注释

（6）尺寸标注、文字、索引号

添加尺寸标注、文字标注、图集索引号等注释类图元，完成后如图 5-145 所示。图集索引号为常规注释族。

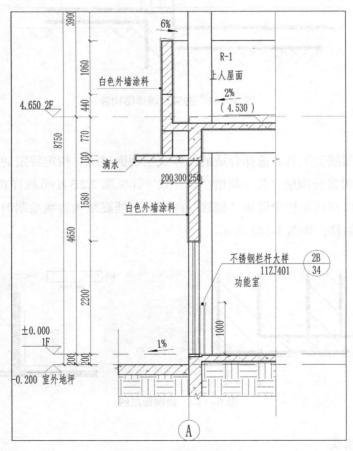

图 5-145　添加尺寸标注

完成后将各墙身大样放进布图，最终效果如图 5-146 所示。

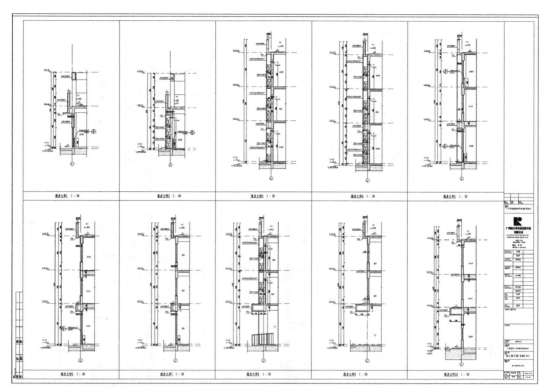

图 5-146　图纸布局

5.10.3　标准层缩略大样

墙身大样由于比例较大，对于高层建筑来说图纸放不下，同时重复的楼层也没有必要，因此常规做法是对相同的楼层进行缩略。Revit 的剖面也支持这种做法，如图 5-147 所示，操作步骤如下：

（1）把剖面的裁剪区域打开，鼠标靠近侧面 1/4 高度处，可看到有双斜线的**水平视图截断**标记。

（2）鼠标点击该标记，整个剖面截断为上下两截，可分别调节范围。每一截中央有双箭头符号，可上下拉动定位。

（3）将上面一截往下拉至合适位置，然后添加截断线、完善视图，效果如图 5-147 右图所示。

（4）如需取消,将其中一截的截断处控制点拉至另一截即可,两截重新融合为整体。

（5）每一截还可以继续重复此过程，形成多处缩略。

（6）截断处的尺寸标注比较尴尬，直接标出来是真实尺寸，并非缩略后的尺寸，所以图中留空处理。

💡 提示：如果一定要标，只能用作一个"假尺寸标注"的常规注释族，人为将其标注成想
要的样子。

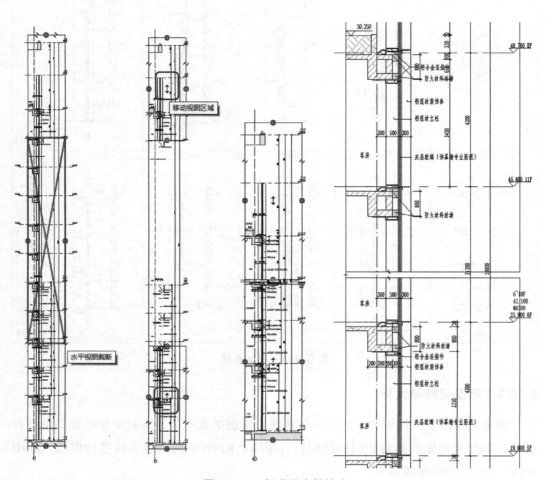

图 5-147　标准层大样缩略

5.10.4　墙身配合轴测图

　　BIM 正向设计的图面表达不妨增添一些 BIM 技术的特点。在墙身大样图中，截取
对应部位的局部轴测图，跟墙身大样并排放置，对读图、理解设计意图很有帮助，也
无需额外增加太多工作量。如果模型比较精细，不需要其他处理，只需设定一个视图
样板，直接应用即可，如图 5-148 所示。

　　具体操作可以使用 Revit 软件的**三维定向到视图**功能，先做好墙身剖面，然后新
建一个三维视图，在 ViewCube 图标上右键『**定向到视图→剖面**』命令，选择对应的
剖面图，再适当调整即可，如图 5-149 所示。

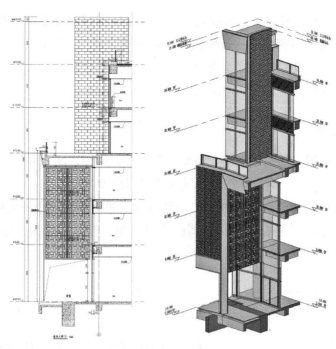

图 5-148　轴测图配合墙身大样

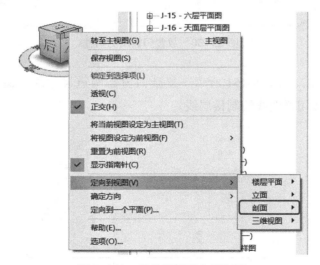

图 5-149　三维视图定向到剖面

5.11　门窗大样及门窗表

正向设计的门窗大样绘制思路和流程与传统二维设计相似，需要我们在新建的**图例视图**逐个制作门窗立面并进行注释和标注，在图纸视图中与门窗明细表、门窗说明组合排版成为一份完整的门窗大样图。但与传统 CAD 设计不同之处在于，传统 CAD

的门窗立面与平面相对独立，如果在设计师已经绘制完门窗大样以后出现门窗的修改，则需要在平、立面和门窗大样进行修改，而在正向设计中，门窗立面图样是基于创建族的时候的立面显示设置，直接生成门窗的立面，并与相对于的门窗族和类型相关联，在我们修改门窗族的同时相应的门窗大样也会自动修改。

5.11.1 门窗大样

（1）选择『**视图→图例→图例**』命令，新建图例视图，输入名称"门窗大样"，比例选择"1∶50"，点击"确定"按钮，进入新建门窗大样视图。

（2）放置具体的构件有两种方式，一是通过『**注释→构件→图例构件**』命令，选择所需族类型放置，二是在项目浏览器的族目录里，选择族类型，拖到图例视图中。注意选择**立面**视图，如图 5-150 所示。

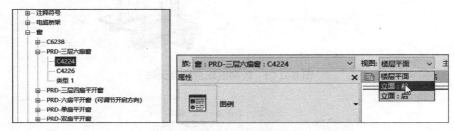

图 5-150 放置门窗图例构件

（3）标注尺寸，如图 5-151 所示。复杂门窗需两道尺寸线，窗一般还需标注窗台高度，此时直接用详图线绘制楼层线。

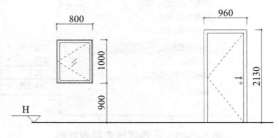

图 5-151 标注尺寸及窗台高

（4）其余必要的文字引注等不赘述，最后需手动在每个大样下面加上文字图名，如公司标准有特殊格式，再按要求排版。

5.11.2 门窗明细表

Revit 中的门窗明细表可直接提取项目中放置的门窗类型、数量、洞口尺寸等信息，

但不能按楼层将各层的门窗数分别列出来。

门与窗需分开列表统计，以窗表为例，具体操作如下：

（1）选择『**视图→明细表→明细表/数量**』命令，选择"窗"类别，添加"类型标记""宽度""高度""合计""说明"字段并排序，如图 5-152 所示。

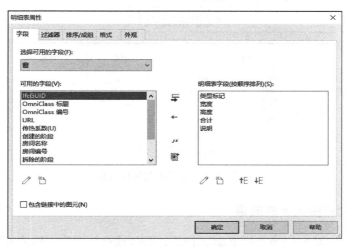

图 5-152　窗明细表字段

（2）设置表格属性，排序按**类型标记升序**排列，注意不要勾选"□**逐项列举每个实例**"。如果有特殊的门窗不需要出现在列表中，如窗洞口、电梯门等，在**过滤器**页面设置过滤器进行过滤（图 5-153）。

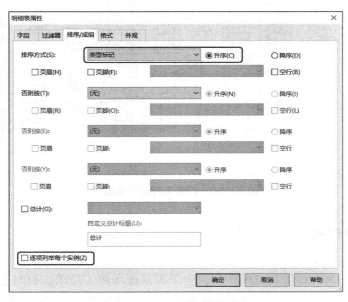

图 5-153　窗明细表设置

（3）完成后出现列表，选择**宽度、高度**两列，点击"**成组**"按钮，然后在出现的空格中输入洞口尺寸，如图 5-154 所示。表格标题、列标题均可自己修改。可直接在表格中的备注栏输入各个门窗的说明。

门明细表-示范		窗明细表1	×	

＜窗明细表1＞

A	B	C	D	E
	洞口尺寸			
窗编号	宽度	高度	数量	备注
BY0710	700	1000	1	
C0513	500	1300	1	
C1013	1000	1300	5	
C1021	1050	2130	1	
C1026	1050	2630	1	
C1213	1200	1300	2	
C1513	1500	1300	1	
C1521	1450	2130	1	
C1526	1450	2630	1	

图 5-154　窗明细表完成效果

5.11.3　门窗大样图纸完成效果

将上述步骤创建好门窗大样立面、门窗明细表，通过详图视图输入必要的门窗说明，然后放进图纸视图排版，完成门窗大样图的绘制，完成效果如图 5-155 所示。

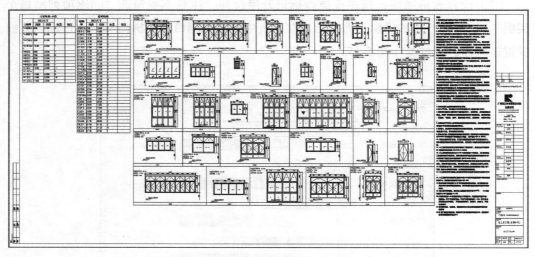

图 5-155　门窗大样图完成效果

5.12　立面排砖图

在完成了正向设计建筑立面图后，为了满足现场施工需求，有时还会要求制作一份**外立面贴砖图**。外立面贴砖图为建筑外立面图的深化图，除了表达不同材质的分区，还要体现饰面砖的排列组成方式、砖缝的对齐方式。

在 BIM 模型中出立面排砖图相对 CAD 来说有以下优势：

（1）Revit 制作的贴砖图在输出二维成果的同时，还有三维模型作为参照，有助于设计师决策外立面的整体效果，如图 5-156 所示。

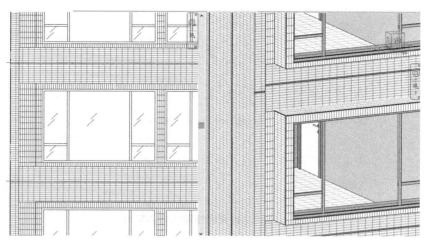

图 5-156　Revit 立面图与三维模型

（2）饰面砖面积的工程量提取也更为准确，完成建模和出图后即可提取相对应的工程量。工程量可用于现场物料准备、业主预结算参考，如图 5-157 所示。

排砖9-1#栋1-1—1-13轴立面图	墙明细表 ✕

＜墙明细表＞

A	B
族与类型	面积
基本墙: PRD_50×150面砖_灰色_横向	2143 m²
基本墙: PRD_50×150面砖_灰色_竖向	2047 m²
基本墙: PRD_50×150面砖_黄色_横向	4434 m²
基本墙: PRD_50×150面砖_黄色_竖向	36 m²
总计: 2240	8660 m²

图 5-157　Revit 统计饰面砖工程量

（3）三维模型配合二维图纸，现场施工交底更加直观。能反映出立面图看不到的位置，如飘窗顶部、立面凹槽等。

Revit 制作贴砖图的关键步骤：

（1）外立面模型的划分

外立面贴砖是用 Revit 墙构件拼接而成，在建模的过程中首先要对外立面做好规划，不同的贴面有不同的排砖起点。外立面贴砖原则上按楼层进行划分，设计师对各部位的排砖方式需有事先的规划和设计。

（2）饰面墙类型的区分

不同颜色样式、不同贴砖方向的瓷砖，用不同类型名称的墙构件区分，如图 5-158 所示。

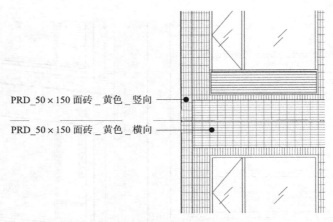

图 5-158　饰面墙按贴砖方向区分

（3）饰面墙的属性设置

贴砖的分格通过『**材质浏览器→表面填充图案→前景**』命令功能实现，如图 5-159 所示。

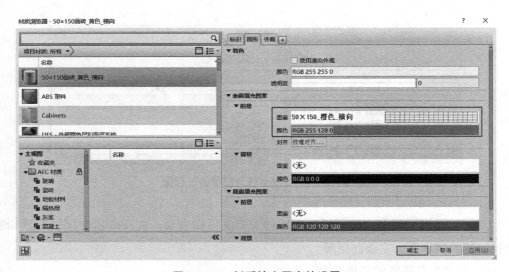

图 5-159　材质填充图案的设置

在填充图案类型中，创建特定尺寸的贴砖图案，要额外注意的是，选择填充图案的类型为"模型"（图 5-160），只有模型类别的填充图案才能在立面上做砖的对缝操作。

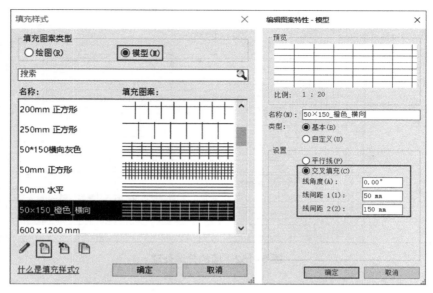

图 5-160　新建模型填充图案

（4）饰面墙的布置方式

通常我们布置墙构件，只能在平面图上绘制，这样的效率较低，尤其对于零散的局部，非常繁琐。珠江优比通过开发插件来提高效率，可以在 3D 视图直接点选面生成饰面墙，如图 5-161 所示，且工作界面在三维视图，更符合 BIM 设计的工作方式，对设计师决策外立面的整体效果起到了很好的帮助。

图 5-161　墙饰面层插件工具

（5）墙的分缝

为了整体立面造型的美观，饰面楼层分隔位置需要作出特殊的分缝处理，可以使用『建筑→洞口→墙』命令来进行分缝处理，如图 5-162 所示。

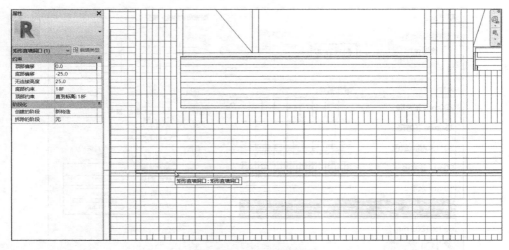

图 5-162　墙的分缝处理

（6）饰面砖的对缝

在完成饰面墙的创建后，需要对局部区域作对缝处理，通常的做法是选择『**修改→修改→对齐**』命令，按 Tab 键选择两处需要对齐的砖线，完成砖缝的对齐处理，如图 5-163 所示。选择分格线后也可以用移动命令进行编辑。

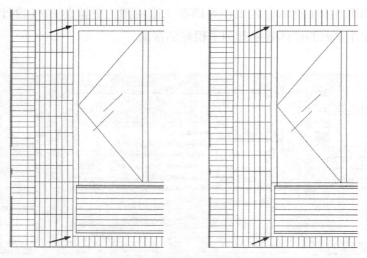

图 5-163　饰面层的砖缝效果对比

（7）排砖图成果交付

完成成果后，有多种方式交付成果。

1）**直接交付 Revit 模型**。如图 5-164 所示，能用便捷查看图纸及三维模型，对不满意的地方可以及时修改，但模型体量大，对设备要求较高，不便于交流。

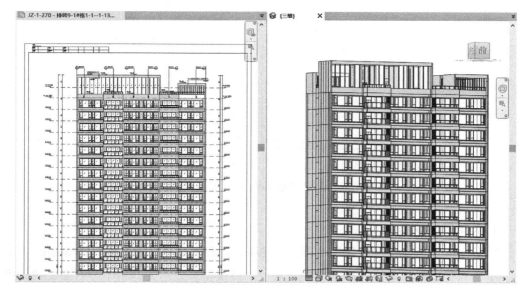

图 5-164　Revit 图纸和模型视口

2）**通过 Revit 打印 PDF**，如图 5-165 所示。

优点：Revit 直接打印生成的 PDF 文件，对线型、颜色均能准确控制，能真实反映贴砖模型的设计方案。

缺点：不能二次编辑。

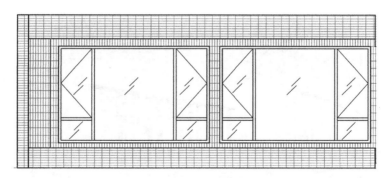

图 5-165　PDF 效果展示

3）**导出 dwg 文件交付**。

Revit 软件自带的导出 dwg 文件功能，但无法区分填充的颜色。为了解决该问题，**优比 ReCAD**（第 14.7 节专题介绍）针对填充颜色的导出进行优化，使得导出 dwg 文件的填充具有不同的颜色，如图 5-166 所示。

优点：可二次编辑。

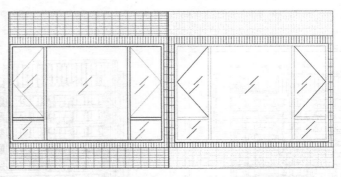

图 5-166　Revit 导出 dwg 与 ReCAD 导出对比

4）导出到 Navisworks。

Navisworks 是模型轻量化的利器，但 Revit 表面填充图案导出到 Navisworks 中无法显示，只能以色块的模式展示模型。对于贴砖模型，显示分缝是十分有必要的，因此颇为遗憾。

为此，珠江优比开发了一个 Revit 的插件，可批量将墙表面的填充图案生成模型线。模型线可以传递至 Navisworks 中显示，这样就解决了 Revit 贴砖模型导出到 Navisworks 无法显示砖缝的问题，如图 5-167 所示。

优点：Navisworks 作为轻量化模型，对设备的要求更低，模型的使用门槛降低，有助于模型流传，指导现场施工。

图 5-167　带模型线的 Navisworks 模型

5.13　装修做法表

在建筑施工图中需要出"建筑装修构造做法表"图纸，提供所有类型的屋面、顶棚、内墙面、楼（地）面、踢脚（墙裙）等装修构造做法的选项。一般做法是列出各个区域或房间名称，在表格对应部位列中填写构造做法代码。

Revit 中的房间本身就是一个三维的"虚体"，并且内置了 4 个参数：基面面层、顶棚面层、墙面面层、楼板面层，如图 5-168 所示。注意，其中"基面面层"为翻译问题，其应该为"踢脚面层 / 墙裙面层"。

若我们将装修构造做法的信息内容赋予在房间的属性，即可使用明细表功能，将房间的构造做法统计列出形成表格。

实际操作中，一般不会在模型中放置房间时输入面层参数，通常是在设计定型之后，创建房间明细表，然后再在明细表中将预设的构造做法选项代码填入相应参数值空格中，反过来将信息赋予当前所选"房间"。

（1）创建"房间明细表"，进行房间统计。字段设置如图 5-169 所示。

图 5-168　房间内置装修
　　　　　做法参数

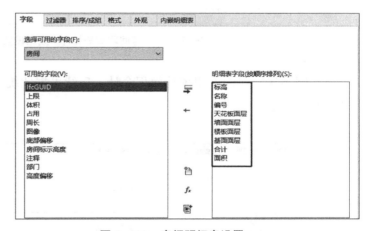

图 5-169　房间明细表设置

（2）在使用明细表对房间进行信息统计或赋值时，需根据实际情况，考虑"标高""编号"等参数，并结合"排列 / 成组"栏下的"逐项列举每个实例"选项，**使相同名称的房间也能逐项列举出来**，以便分别对不同标高（如某些房间在地面和楼层，其楼地面做法不一致）、不同编号（如不同编号的卫生间）等的房间做法分别统计或赋值，如图 5-170 所示。注意，排列 / 成组的设置并非一成不变，须根据实际需要灵活变动。

部分特殊房间（如阳台等）不在此表中显示，可设置过滤器进行过滤。

排列 / 成组设置。

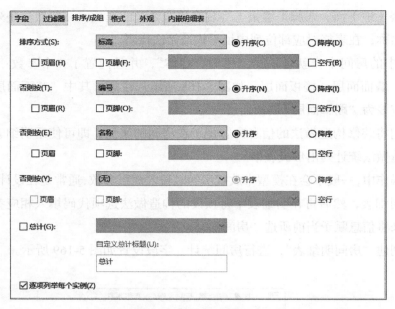

图 5-170　房间明细表排序 / 成组设置

（3）同类房间我们希望统计面积合计，后续可据此统计工程量。面积分行合计，如图 5-171 设置。

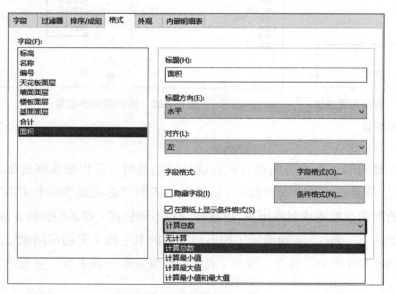

图 5-171　设置面积分行合计

（4）最终效果如图 5-172 所示。表中的编号为根据企业标准选用，出图时也需要配套一起提供。

A_幼儿园.rvt - 明细表: 房间内装修明细表

<房间内装修明细表>

A	B	C	D	E	F	G	H
标高	名称	顶棚	内墙面	楼（地）面	踢脚（墙裙）	合计	面积
1F	保健观察室	D-1A	N-2	L-3A		1	9.59 m²
1F	功能室	D-1A	N-2	L-3A	Q-3	1	75.54 m²
1F	卫生间	D-6	N-4	L-7		3	28.23 m²
1F	厨房	D-6	N-4	L-6		1	69.12 m²
1F	器材室	D-1A	N-2	L-3A		1	6.69 m²
1F	寝室	D-1A	N-2	L-3A	Q-3	1	55.36 m²
1F	房间	D-4	N-4	L-4	Q-3	1	9.00 m²
1F	晨检室	D-1A	N-2	L-3A		1	10.04 m²
1F	水井	D-4	N-10	L-10		1	1.21 m²
1F	活动室	D-1A	N-2	L-3A	Q-3	1	49.20 m²
1F	消毒间	D-1A	N-2	L-3A		1	3.11 m²
1F	电井	D-4	N-7	L-1C		1	3.36 m²
1F	衣帽间	D-1A	N-2	L-3A		1	8.58 m²
1F	警卫室兼消防控制室	D-5	N-10	L-10		1	27.10 m²
1F	门厅	D-1A	N-1C	L-1C		1	96.57 m²
1F	音体室	D-1A	N-2	L-3A	Q-3	1	124.32 m²
2F	会议室	D-1A	N-2	L-4		1	39.07 m²
2F	卫生间	D-6	N-4	L-7		3	36.71 m²
2F	园长室	D-1A	N-2	L-4		1	15.74 m²
2F	寝室	D-1A	N-2	L-4	Q-3	3	185.91 m²
2F	排烟	D-4	N-7	L-1C		1	0.70 m²
2F	水井	D-4	N-10	L-10		1	1.21 m²
2F	活动室	D-1A	N-2	L-4	Q-3	3	136.37 m²
2F	电井	D-4	N-7	L-1C		1	2.19 m²
2F	衣帽间	D-1A	N-2	L-4		3	26.74 m²
2F	财务室	D-1A	N-2	L-4		1	10.80 m²
2F	配餐间	D-1A	N-2	L-4		1	2.82 m²
3F	功能室	D-1A	N-2	L-4	Q-3	3	141.19 m²
3F	卫生间	D-6	N-4	L-7		4	38.86 m²
3F	寝室	D-1A	N-2	L-4	Q-3	2	117.02 m²
3F	教具制作室兼储藏室	D-1A	N-2	L-4		1	9.59 m²
3F	教师办公室	D-1A	N-2	L-4		1	25.06 m²
3F	水井	D-4	N-10	L-10		1	1.21 m²
3F	活动室	D-1A	N-2	L-4	Q-3	2	93.30 m²
3F	电井	D-4	N-7	L-1C		1	2.76 m²
3F	衣帽间	D-1A	N-2	L-4		2	18.71 m²
3F	配餐间	D-1A	N-2	L-4		1	2.82 m²

图 5–172　房间内装修明细表

第6章 结构专业 BIM 正向设计

结构专业的 BIM 正向设计与其他专业有一个明显的区别，即 BIM 模型与其本专业的计算分析模型是分离的（目前行业内的普遍状态），BIM 模型虽然与结构施工图理论上一致，但施工图并不来源于 BIM 模型。因此，BIM 模型对结构专业本身的贡献似乎不大，更多的是"为项目整体专业协调作贡献"。

但从设计配合及提升设计质量的角度看，结构专业的参与对 BIM 正向设计至关重要，同时对结构专业本身的设计质量也有明显的提升作用。实践表明，以往专业配合问题结构专业占比相当高，而加入 BIM 正向设计后，专业间的配合问题显著减少，大多可在设计阶段予以解决，因此后期的修改、变更、现场处理等事项也随之变少。鉴于结构 BIM 建模工作量相对而言并不算大，因此是效益大于投入的。

本章主要介绍结构专业的 BIM 正向设计流程与相关要点，包括建模的注意事项、PKPM 计算模型的导入、模板图的制作等，最后一节是更进一步的尝试，将钢筋信息录入结构构件，并手动按平法规则标注梁、柱图。

6.1 结构专业 BIM 正向设计流程

现阶段，结构专业 BIM 正向设计的流程大致如下：

（1）建筑专业方案确定后，将结构构件拆分为独立的结构模型，或归入结构的工作集，视策划阶段确定的协同模式而定。

（2）根据建筑方案图，结构专业应用 PKPM 或 YJK 等结构软件建立计算模型，进行结构体系的选型优化及计算分析。

（3）根据计算结果，调整结构 BIM 模型，提供给各个专业进行协同设计。

（4）初步设计阶段，根据其他专业的提资调整计算模型及 BIM 模型，需确保两者同步进行，以免遗漏。

（5）参与初步管线综合设计，与其他专业一起确保满足净高要求。

（6）施工图阶段，继续深化 BIM 模型，配合建筑墙身等部位细化结构构件。

（7）基于 BIM 模型形成结施模板图，并与结构梁、板、柱平法施工图进行比对，确保一致。

（8）拓展：将钢筋信息录入结构构件并按平法标注出图。

6.2　结构专业 Revit 建模要点

结构构件主要指结构墙、结构柱、梁（结构框架）、结构楼板，此外还有基础等。部分规则在第 5 章建筑专业构件的建模规则中已经讲过，不再赘述。本节主要介绍跟结构专业图面表达相关的一些规则。

6.2.1　结构构件建模规则

（1）在第 5.2.1 小节我们提到，楼层标高可以在**建筑标高**以外再设一套**结构标高**，这样结构构件就可以直接按结构标高设置，大部分无需再设偏移值。但目前广州市 BIM 施工图三维审核平台要求只设一套标高系统，因此本书案例均以建筑标高作为约束，再设偏移值。图 6-1 示意了结构柱的顶、底部标高设置。

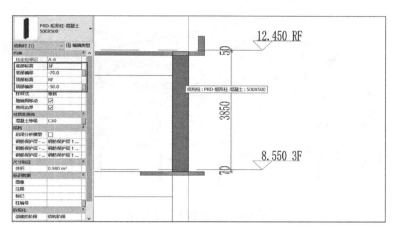

图 6-1　结构柱的标高设定

（2）楼板边界原则上仅允许包含一个区域，如图 6-2 所示，不建议一个楼板构件包含不同区域的做法（如图 6-3 所示）。单独自成一个区域的楼板，更有利于软件处理计算，在处理结构出图的连接关系中也便于操作，防止出现错乱。此原则在第 5 章讲述建筑楼板的建模规则里也有谈到。

（3）楼板开洞通过『**结构→洞口→竖井**』命令进行开洞，参见第 5.2.4 小节建筑楼板开洞内容，做法是一致的。

（4）结构构件属性设置：

所有结构混凝土构件（墙、柱、梁、板）应使用同一材质。结构材质均为钢筋混凝土，构件的混凝土等级编号用文字的形式记录在『**属性→材质和装饰→混凝土等级**』处（混凝土等级项目参数采用共享参数的方式添加）。混凝土等级编号的信息录入，为后期使用 Revit 明细表进行混凝土工程算量应用提供数据支持。

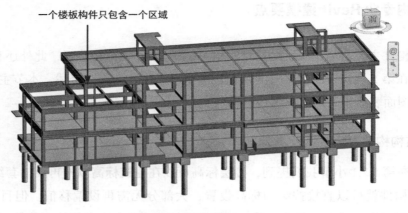

图 6-2　楼板创建正确示范

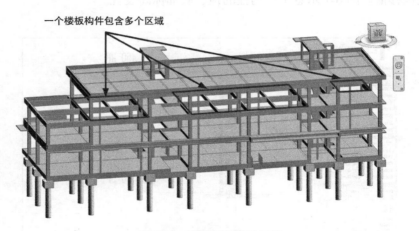

图 6-3　楼板创建错误示范

之所以强调结构混凝土构件应使用同一材质，是为了平面和剖面中，结构构件能通过连接融合在一起。如果不是同一材质，即使连接，仍然有交线存在，如图 6-4 所示。

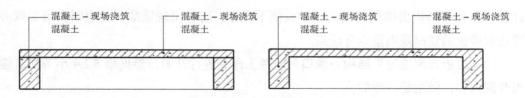

图 6-4　材质是否一致对图面的影响

墙、柱、梁、板设置如图 6-5 所示，要点如下：

1）开启房间边界。

2）混凝土等级信息录入。

3）结构材质选择。

4）勾选"结构"选项。

5）不勾选"启用分析模型"。

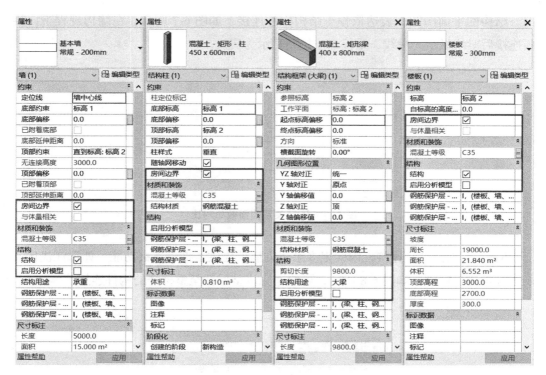

图 6-5 结构构件属性设置

6.2.2 结构构件连接

在 Revit 中，构件之间的**连接**实际上是**扣减**关系，连接的双方有一方保持不变，另一方被扣减，这个扣减关系可以切换。连接关系对于土建专业非常重要，涉及**图面表达**、**工程量统计**、**可视化表现**等，因此需要非常重视。

构件连接通过『**修改→连接**』命令进行，配套的还有**切换连接关系**、**取消连接**两个命令。连接前后的效果对比如图 6-6 所示。

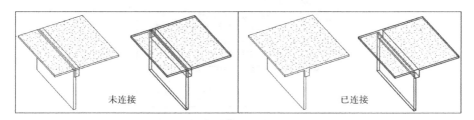

图 6-6 构件的连接前后效果对比

💡 提示：原则上土建构件的连接优先级与其受力体系、施工顺序基本是一致的：结构柱 / 结构墙 > 结构梁 > 结构板 > 填充墙 > 建筑面层楼板。

结构的平面图图面表达依赖于结构构件连接，如图 6-7 所示，在结构规程下，梁板连接后梁线显示为虚线，梁板未连接则显示为实线。

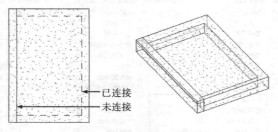

图 6-7　连接关系图面效果对比

Revit 不支持批量连接，因此很多第三方插件提供了批量连接功能。如珠江优比开发的批量连接插件，如图 6-8 所示，可快速完成整层其至整栋楼的构件连接。

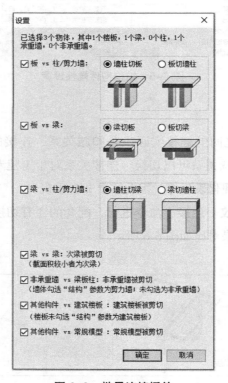

图 6-8　批量连接插件

6.3 从 PKPM 计算模型转换为 Revit 模型

PKPM 已开放了数据接口，可以把 PKPM 的模型输出到 Revit 中。在进行这项工作前需要准备如下软件：PKPM 软件、Revit2020、PKPM-Revit Setup（版本随着时间推移会有更新）。

PKPM-Revit Setup 为 Revit 载入 PKPM 模型数据的插件，完成 PKPM 软件安装后，可在 PKPM 软件安装路径找到该插件。具体路径如图 6-9 所示。

图 6-9　PKPM 导出 Revit 插件

6.3.1 PKPM 模型数据导出中间格式

（1）PKPM 软件启动界面有数据转换接口选项，里面提供了丰富的数据接口，其中也包含了 Revit 的数据转换接口。首先从**新建 / 打开**工程开始转换工作，如图 6-10 所示。

图 6-10　PKPM 数据转换结构界面

（2）软件弹出"选择工作目录"界面，按提示输入工程路径，如图 6-11 所示。

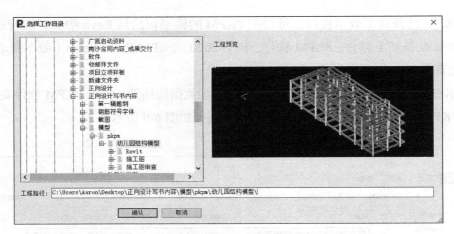

图 6-11　选择工作目录界面

（3）在选择工程路径后，PKPM 启动界面出现"幼儿园结构模型"略缩图，单击『幼儿园结构模型→模块选择→数据接口→ Revit』命令，执行上述命令，进入 JWS 文件选择界面，如图 6-12 所示。

图 6-12　PKPM 数据转换接口

（4）PKPM 弹出弹窗，选择需要转换的 JWS 文件。在 PKPM 模型存放路径找到文件格式为 JWS 的结构模型开始数据转换，如图 6-13 所示。

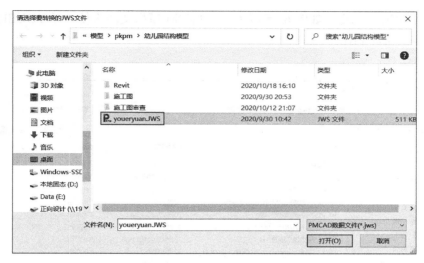

图 6-13 选择数据转换文件

（5）数据转换完成后，数据文件默认储存在 PKPM 模型路径，在文件夹内生成 YOUERYUAN_MDB.txt 数据格式文件，作为转换到 Revit 的中间格式文件，如图 6-14 所示。至此完成 PKPM 数据转换。

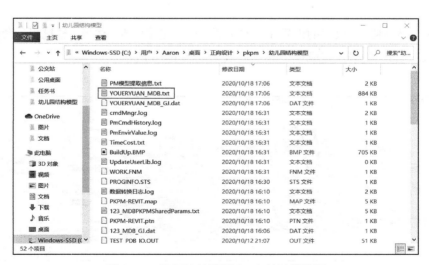

图 6-14 PKPM 转换到 Revit 的过程数据

6.3.2 Revit 载入 PKPM 模型数据

在载入 PKPM 数据模型时，需要先安装 PKPM-Revit Setup 到相应的 Revit 版本，本例使用 Revit2020 版本来做演示。

（1）在 Revit2020 中选择结构样板新建 Revit 文件。

（2）在 Revit 载入 PKPM 数据的具体操作如下：执行『**数据转换→PKPM 数据接**

口→**导入 PKPM**』命令，如图 6-15 所示，从 PKPM 模型文件路径选择 YOUERYUAN_ MDB.txt 导入 Revit 中。

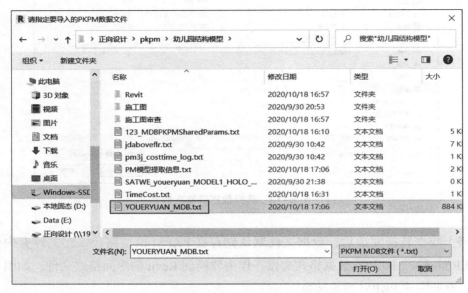

图 6-15　导入 PKPM 数据文件

（3）导入 PKPM 数据的设置中，勾选梁、柱、支撑、墙、楼板 / 悬挑板、命名轴线、开始导入 PKPM 数据。完成模型导入后效果如图 6-16 所示。

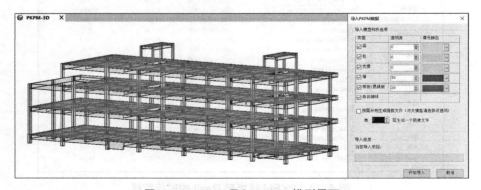

图 6-16　Revit 导入 PKPM 模型界面

（4）重新生成新的三维视图，着色模式下会形成闪面。出现该情况时，是软件默认打开了分析模型，将分析模型关闭即可 ①，如图 6-17 所示。

---

① 结构分析不在 Revit 中进行，因此 Revit 的结构构件分析功能国内基本用不上。

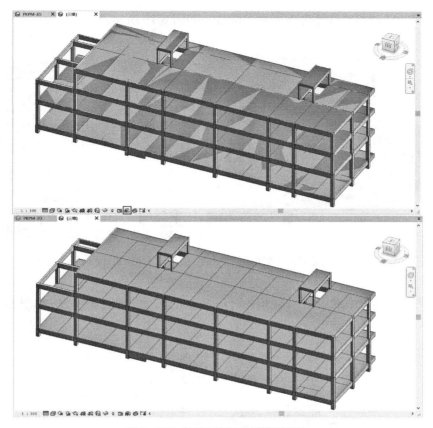

图 6–17　启用 / 关闭分析模型对比

6.3.3　PKPM 模型转换到 Revit 后的应用分析

　　PKPM 模型能在 Revit 中完成转换，是否能直接应用？是否能减少正向设计结构建模的时间呢？实际在模型的转换过程中，会发现 PKPM 模型与 CAD 结构图纸有一定的定位偏差。结构工程师在做结构分析的过程中对模型的精细度并没有像施工图物理模型要求那么高，因为本身结构分析模型就是对实际工程模型进行模拟简化分析，再进行计算；在绘图阶段也会经常做一些小的调整，如果工程师判断不影响结构受力，就不会进行计算模型的修改。而正向设计的结构模型对定位和尺寸的精度要求极高，以满足各个专业的协同配合及建筑出图工作。

　　经过 PKPM 转换的模型有如下问题：

　　（1）竖向结构柱会默认居中，平面的梁与柱交叉位置也会默认居中，如图 6-18 所示，这样的模型无法满足施工图配合要求。

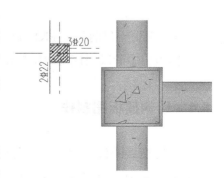

图 6–18　PKPM 转换的模型梁柱定位与结构图梁柱定位对比

（2）PKPM 建模往往不考虑局部升降板，如图 6-19 所示。

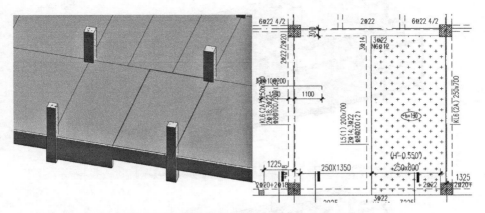

图 6-19　转换后的 PKPM 模型与 CAD 对比

（3）部分非受力构件 PKPM 建模的时候不会考虑，如雨棚、飘窗等，如图 6-20 所示。

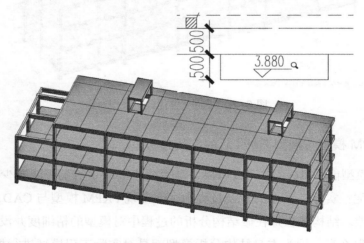

图 6-20　转换后的 PKPM 模型

综上所述，目前阶段 PKPM 转换的 Revit 模型还不能直接用于 BIM 协同正向设计，只能作为初始阶段快速生成结构模型的一种方式，转换后还需进行大量的后处理。

6.4　结构模板图制作

结构模板图仅表达结构构件的几何尺寸，不表达钢筋信息，因此，在 Revit 中基本上可以实现，但需要在 Revit 对视图平面进行特定的设置和操作，使得结构模型的平面图效果满足二维制图表达要求，具体的操作流程如下。

6.4.1 创建结构平面视图并设置属性

（1）创建结构平面视图

通过『视图→平面视图→结构平面』命令，创建新的结构平面视图，如图 6-21 所示。注意，确认该视图类型的方向是向下 [①]。

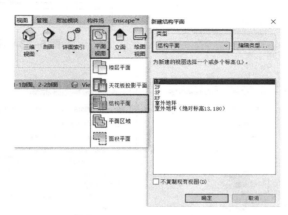

图 6-21 新建结构平面视图

（2）设置视图的范围

只显示需要结构出图部分，如图 6-22 所示，本次出图为结构首层平面图。如无局部抬高，可直接从楼层标高处往下看，只需看见本层所有结构梁板即可。

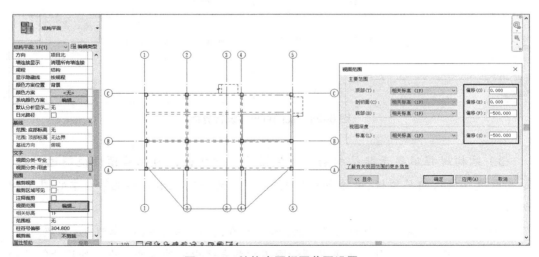

图 6-22 结构出图视图范围设置

---

① 结构平面允许向上或向下，在第 10.2.5 小节看梁底图设置中专题讲述如何制作向上的结构平面作为部分机电专业所需底图。

该视图范围的设置在剖面中表达出来，如图 6-23 所示。

（3）设置视图属性

1）设置规程为结构。

2）设置视图可见性，只显示需要的结构构件，如：墙、楼板、楼梯、竖井洞口、结构柱、结构框架等，如图 6-24 所示。

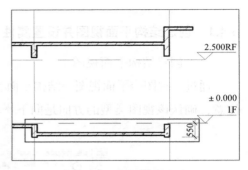

图 6-23　视图范围示意

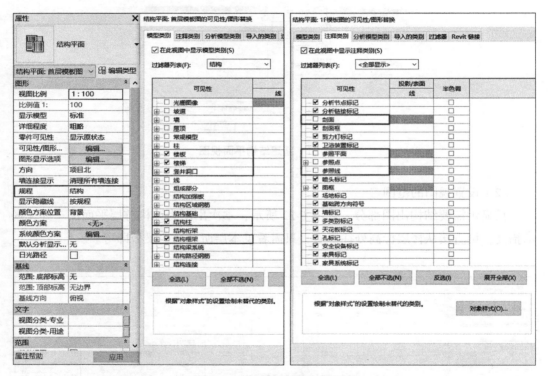

图 6-24　视图可见性设置界面

3）结构规程不显示非结构墙，但会显示非结构板，因此需预设视图过滤器，过滤出建筑楼板面层楼板，并添加该过滤器，设置为关闭显示。参见第 5 章的图 5-28 所示。

4）清理图面，关闭多余的注释类别，常见的有剖面、参照平面、参照点、参照线等。

5）隐藏不需要的构件，如首层结构图不需要表达出室外台阶、出室外找坡等结构构件，如图 6-25 所示。

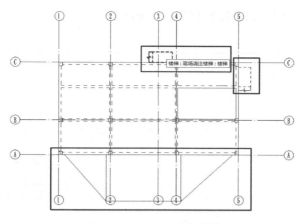

图 6-25　需要隐藏的构件

6.4.2　结构平面图的线型控制

结构平面图中的梁虚线，是受**模板**与**结构框架**的**隐藏线**子类别所控制。如果梁族参数"显示在隐藏视图中"按默认设为"被其他构件隐藏的边缘"则同时显示两者的隐藏线，否则仅显示楼板的隐藏线。如需修改线型、线宽或颜色，可在『**管理→对象样式**』命令中进行设置，如图 6-26 所示。

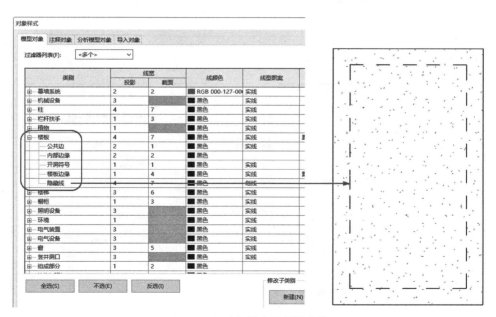

图 6-26　对象样式设置梁虚线

6.4.3　不同标高楼板的显示设置

一般通过不同填充样式来表达不同标高，需根据楼板的属性设置视图过滤器，以

图 6-27 所示的楼板为例，其高度偏移为 –370mm。

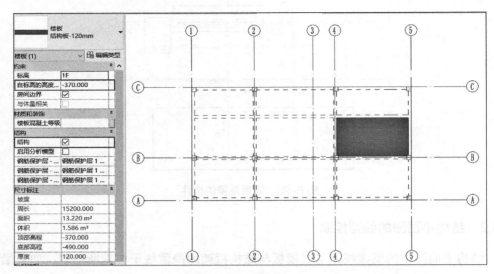

图 6-27 结构降板示意图

（1）在视图可见性设置中的过滤器页面，按图 6-28 所示顺序操作，新建一个名为"结构楼板（–370）"的视图过滤器。

图 6-28 新建结构降板过滤器

（2）设置"结构楼板（-370）"过滤器规则，使过滤器仅对楼板类别生效，过滤器规则中设置楼板的**自标高的高度偏移**等于-370mm，且楼板带有**结构**属性，如图6-29所示。

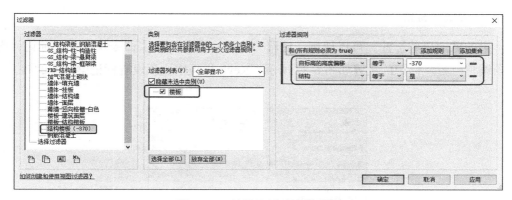

图6-29　结构降板过滤器设置

（3）将该过滤器添加至当前视图，然后如图6-30设置其表面填充图案，完成效果如图6-31所示。

名称	可见性	投影/表面		
		线	填充图案	透明度
结构楼板 (-370)	☑		▨	

图6-30　投影/表面填充图案设置

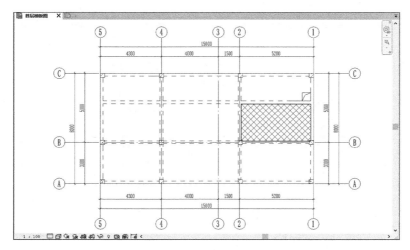

图6-31　升降板填充效果

201

（4）需注意当板标高修改时，过滤器对其失效，需要按新的标高添加过滤器。

（5）各种填充代表的标高图例，没有办法自动生成，需手动绘制，参考第 5.6.2 小节的立面材质图例做法。

6.4.4　梁截面标注

梁的截面尺寸标注，可以使用『注释→标记→全部标记』命令快速批量标记，再适当调整位置。标记的设置如图 6-32 所示，Revit 样板中应预设有标记梁截面的族。

图 6-32　结构框架标记设置

完成后的效果如图 6-33 所示，生成的梁截面尺寸图可以与结构施工图进行对比，检查模型的梁截面尺寸是否正确。

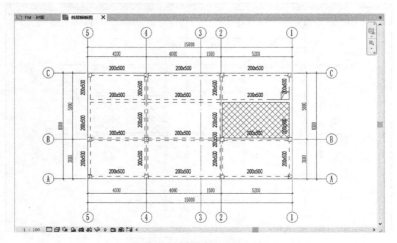

图 6-33　批量标注结构梁尺寸

6.5 钢筋信息录入与平法表达

本节介绍在 Revit 中录入钢筋信息并进行平法表达的方法。纯手动操作工作量非常大，因此仅作为技术方法的展示，并不建议作为实际项目的常规环节。如第 1 章所提到的，结构专业软件厂商已在进行相关研发，广厦结构已取得一定突破，实现结构计算、Revit 模型、平法表达的整合，我们期待未来能通过软件的功能来实现本节所介绍的功能。

（1）前期准备工作

本节所介绍的钢筋信息来自于结构 CAD 图，因此需先将其适当整理，再链接到 Revit 软件中，并设为线框模式（线框模式下 CAD 底图不会被遮挡），如图 6-34 所示。

💡 提示：Revit 使用的字体是 Windows 字体，原生字体中并没有合适显示钢筋标号的字体，需先按第 2.2.6 小节介绍的内容，先安装一款名为"Revit"的字体，再结合 14.5 节介绍的操作，才能表达钢筋标号。

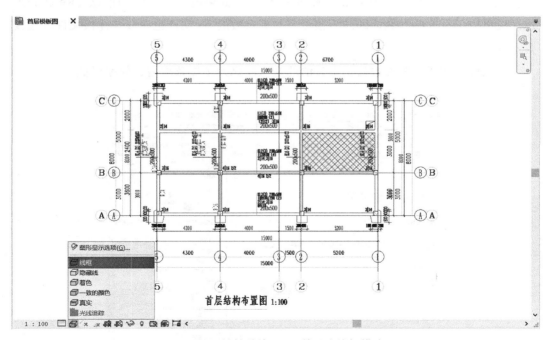

图 6-34　链接结施 CAD 并设为线框模式

（2）梁的分跨处理

在给梁进行出图标记前，先把梁按集中标注的跨数分跨打断。使用『**修改→拆分图元**』命令对每一跨梁进行拆分，如图 6-35 所示。

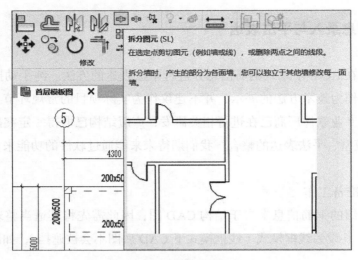

图 6-35　结构梁的分跨拆分

（3）钢筋参数的录入

通过『**管理→共享参数**』命令，设定一系列的钢筋相关参数，再通过『**管理→项目参数**』命令将其赋予梁构件，如图 6-36 所示。如果需要录入钢筋信息，Revit 的土建样板里应预设这些参数。即使不预设，共享参数的 txt 文件也应该与样板文件一起放置，以便统一设置。

梁构件添加了这些参数后，参数值的录入需靠人工逐条填写，效率极低。

图 6-36　梁共享参数的录入

为提高参数的录入效率，珠江优比开发了 CAD 底图平法识别插件，把钢筋信息快速录入结构梁内，如图 6-37 所示。

图 6-37 优比平法识别工具

选择要记录梁平法数据的梁，框选 CAD 底图集中标注，即可自动识别集中标注的钢筋信息，如图 6-38 所示，效率大幅提高。

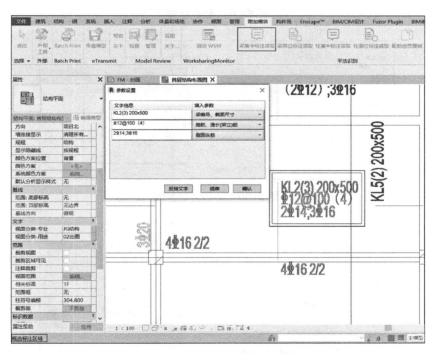

图 6-38 平法识别插件录入钢筋信息

（4）梁标记族调整

梁标记族需要在标签内添加标签参数，且应与结构梁录入的共享参数一致。通过『属性→标签编辑→新建』命令来添加共享参数，如图 6-39 所示。

在"参数属性"中选择跟结构梁录入一致的参数添加，如图 6-40 所示。

由于钢筋符号字体的特殊性，结构框架梁标记的字体需要选择特殊的 Revit 字体，才能显示钢筋符号，如图 6-41 所示。

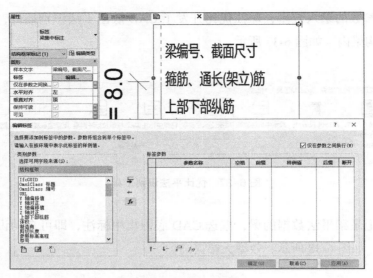

图 6-39 新建标签

图 6-40 添加共享参数

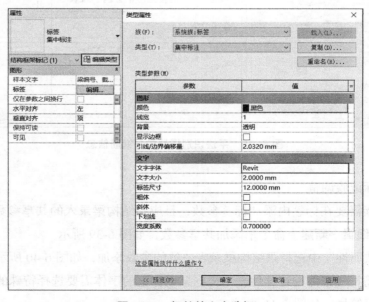

图 6-41 标签的文字选择

梁的标注族需同时制作多种不同类型的族，以满足不同场景的使用需求，如图 6-42 所示。

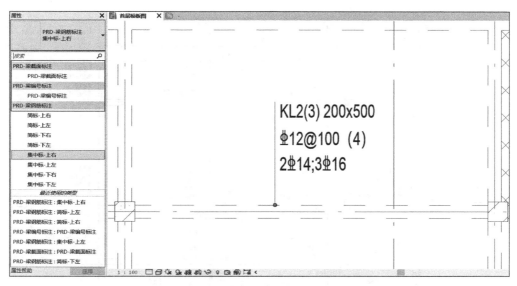

图 6-42　多种梁标记的选择

　　将钢筋信息参数赋予梁后，再使用集中标注、原位标注在 Revit 平面图标记梁钢筋信息，完成结构梁布置图，如图 6-43 所示。

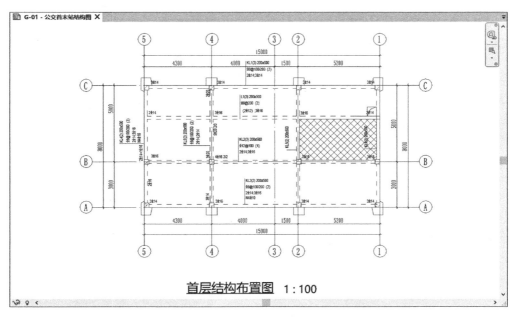

图 6-43　Revit 结构梁平面图效果

结构柱的信息录入跟结构梁信息录入的操作流程一致，具体操作方式参考结构梁钢筋信息录入。完成效果如图 6-44 所示。

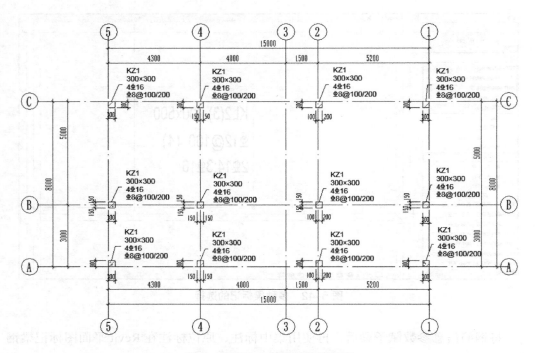

图 6-44　Revit 竖向结构图效果

第 7 章 给水排水专业 BIM 正向设计

机电专业的 BIM 设计应用，以往在三维管线综合方面已经颇为成熟，因此在建模方面无需着墨太多。接下来的三章，分别为水、暖、电三大机电专业的 BIM 正向设计要点介绍，重点在于专业设置、图面表达和与其他专业的配合。

在第 2.1 企业样板定制要点一节中我们分析建议水、暖、电三个专业集成在一个 Revit 文件里通过工作集进行设计，因此有很多通用的设置与做法，为节省篇幅，本书尽量不重复讲述，建议机电专业的设计师读者将三个章节作为一个整体来看，而不是仅看自己专业对应的章节。

机电专业通过链接土建模型并引用其构件与视图作为底图，操作比较复杂，注意事项较多，我们将其放到第 10.2 节中作专题讲述。

在机电三个专业的系统计算与系统图表达方面，目前 Revit 软件尚未具备代替各专业传统设计软件的能力。鸿业 BIMSpace 等部分基于 Revit 的二次开发软件集成了一定的专业计算功能，但需配合模型的一系列设置，本书不作展开，读者可参考其软件介绍及教程。

各专业的系统原理图由于经过了抽象，并非完全与模型一一对应，因此目前仍需在 CAD 软件中绘制。

7.1 给水排水专业 BIM 正向设计流程

给水排水专业 BIM 正向设计流程如下：

（1）项目开始时，机电专业按总体策划中的项目拆分组织（详第 4.7.1 小节）新建 Revit 项目，链接土建模型并通过复制/建施功能将楼层标高、轴网等复制到机电 Revit 文件（详第 10.2 节）。

（2）建立各楼层、各机电专业及其子专业的平面视图，分别应用视图样板。

（3）根据建筑的初始模型进行各项计算，将泵房面积及位置、管井位置、立管位置等要求，通过在 Revit 中新建**提资视图**提至建筑专业并跟进落实。

（4）待建筑平面图稳定后，便可以进行本专业的设备布置、管线路由、末端等设计工作。在初步设计阶段，仅建立主管模型，参与初步管线综合协调，确定主管路由。

（5）在施工图阶段，完善支管及末端布置，参与施工图阶段的管线综合协调。

（6）在设计过程中，与土建专业、设备其他专业的协同，均可通过**提资视图**提资其他专业、链接其他专业的提资视图接受提资的方式进行，具体操作详见第 10.3 互提资料一节。

（7）在出图阶段，在各专业的出图视图对管线、设备信息、说明等进行标注，形成图纸，最终通过 PDF 及导出 CAD 方式进行出图。

7.2　专业设置

7.2.1　MEP 设置

Revit 机电专业的基础设置位于『**管理→MEP 设置→机械设置**』，其中有多项设置对图面表达有根本性的影响，需在样板文件中预设好。

（1）管线交叉打断表示

在平面中，管线交叉时，安装高度较低的管线需要打断表达，如图 7-1 所示。该项设置由图 7-2 圈出的选项决定。首先勾选**绘制 MEP 隐藏线**，然后设置**单线**的间隙宽度为 0.5mm。

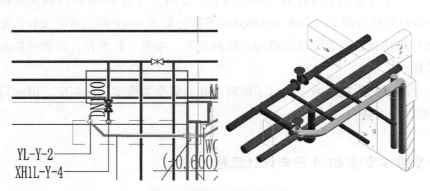

图 7-1　管线交叉打断表达

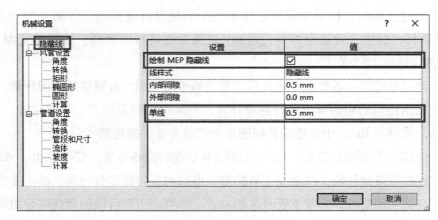

图 7-2　MEP 隐藏线设置

（2）立管符号尺寸设置

在单线平面视图中，管道的立管由管道的"升 / 降"符号表达，均为统一尺寸，无法表达立管实际尺寸，通过『**管理→ MEP 设置→机械设置→管道设置**』命令，设置**管道升 / 降注释尺寸**的值来修改平面中管道立管的尺寸，如图 7-3 所示。

图 7-3　设置立管符号大小

💡 提示：**给水排水专业立管大小较统一，因此并不抗拒立管符号统一大小，并且无需与实物一致。但暖通空调专业的水立管的符号则要求表达实物管径，因此暖通空调的立管需另想办法，详下一章内容。**

7.2.2　管道类型与系统设置

Revit 机电样板中应预设常用的各种机电管线的类型及系统，图 7-4 所示是珠江设计的 Revit 机电样板预设的管道类型及系统，其中 H 开头的是暖通空调专业的管道系统，P 开头的是给水排水专业的管道系统。

管道系统与**管道类型**是两个相关联的概念，管道系统是物理与逻辑均相连的从设备、管线到末端的组合，按专业用途区分；管道类型则是决定管道与管件之间如何连接的设定，按材质与连接方式区分。

先看管道类型的设置，图 7-5 所示是两种材质的管道类型，其中 PVC-U 材质的各种管件均为一种；热镀锌钢管的类型则分为两段，*DN*50 以下的为丝接，*DN*65 以上的为卡箍，因此更为复杂。

管道系统的设置则由于给水排水图纸基本管线都是**单线表示**，因此设置时需考虑出图时所需的管线颜色、标注的样式等。

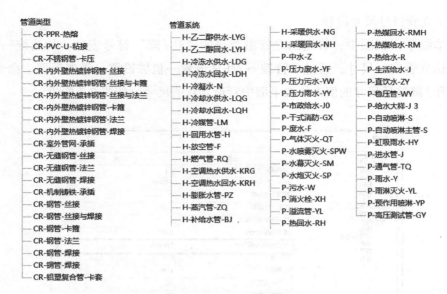

管道类型	管道系统		
CR-PPR-热熔	H-乙二醇供水-LYG	H-采暖供水-NG	P-热媒回水-RMH
CR-PVC-U-粘接	H-乙二醇回水-LYH	H-采暖回水-NH	P-热媒给水-RM
CR-不锈钢管-卡压	H-冷冻水供水-LDG	P-中水-Z	P-热给水-R
CR-内外壁热镀锌钢管-丝接	H-冷冻水回水-LDH	P-压力废水-YF	P-生活给水-J
CR-内外壁热镀锌钢管-丝接与卡箍	H-冷凝水-N	P-压力污水-YW	P-直饮水-ZY
CR-内外壁热镀锌钢管-丝接与法兰	H-冷却水供水-LQG	P-压力雨水-YY	P-稳压管-WY
CR-内外壁热镀锌钢管-卡箍	H-冷却水回水-LQH	P-市政给水-J0	P-给水大样-J 3
CR-内外壁热镀锌钢管-法兰	H-冷媒管-LM	P-干式消防-GX	P-自动喷淋-S
CR-内外壁热镀锌钢管-焊接	H-回用水管-H	P-废水-F	P-自动喷淋主管-S
CR-室外管网-承插	H-放空管-F	P-气体灭火-QT	P-虹吸雨水-HY
CR-无缝钢管-丝接	H-燃气管-RQ	P-水喷雾灭火-SPW	P-进水管-J
CR-无缝钢管-法兰	H-空调热水供水-KRG	P-水幕灭火-SM	P-通气管-TQ
CR-无缝钢管-焊接	H-空调热水回水-KRH	P-水炮灭火-SP	P-雨水-Y
CR-机制铸铁-承插	H-膨胀水管-PZ	P-污水-W	P-雨淋灭火-YL
CR-钢管-丝接	H-蒸汽管-ZQ	P-消火栓-XH	P-预作用喷淋-YP
CR-钢管-丝接与焊接	H-补给水管-BJ	P-溢流管-YL	P-高压测试管-GY
CR-钢管-卡箍		P-热回水-RH	
CR-钢管-法兰			
CR-钢管-焊接			
CR-铜管-焊接			
CR-铝塑复合管-卡套			

图 7-4 Revit 机电样板预设的管道类型与系统

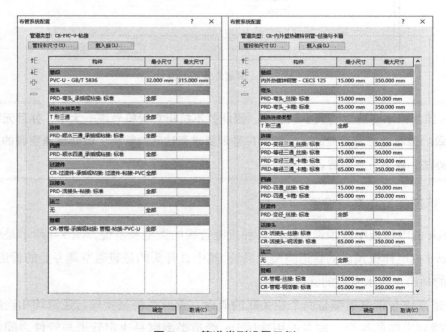

图 7-5 管道类型设置示例

在项目浏览器的族类别下，选择管道系统，或按系统分类复制新建系统，双击进入其**类型属性**界面，在**图形替换**一栏设置**线图形**的线型、颜色，再设置对应管道系统的**系统缩写**，便于后期出图标注管道，如图 7-6 所示。

可看到系统的图形替换处设置的颜色，与其材质的颜色是一致的，这样方便平面跟三维视图能对应上。

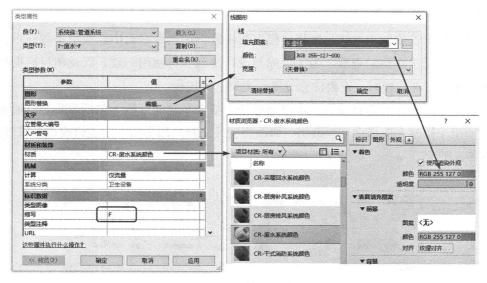

图 7-6　设置管道系统属性

7.3　给水排水建模要点

建模时，需要在"建模"视图类型中进行，本视图类型的规程建议改成**协调**，在协调规程中，土建链接文件中的结构墙柱填充可以正常显示，有助于我们在建模时避开结构专业，需要穿结构墙时也可以提前考虑预留套管，并提资结构专业。

本书不介绍建模基本操作，仅讲述影响协同设计及出图的要点。

（1）消火栓箱的镜像

布置末端设备及阀门时，需要考虑出图的图面表达，如消火栓箱，需要考虑左接、右接两种接法的图面表达，如图 7-7 左图所示。

由于消火栓箱在使用 Revit "镜像"功能时，箱体上的文字也会镜像，如图 7-7 右图所示。为避免出现这种情况，需分别创建两种接法的消火栓箱族。

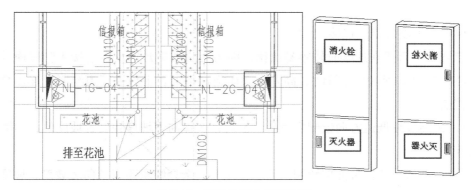

图 7-7　镜像的消火栓箱布置

（2）绘制管线

给水排水管线创建方法与常规建模方法一致，在出图平面中管线呈单线显示，对管线的材质无法直观的查看。为了保障与设计说明管材使用一致，以及项目后期材料表统计无误，在建模时一定要注意管道的类型选择正确。

若绘制时没注意管材设置，也可通过选中整个系统的管线（包括弯头、三通等配件），使用『修改｜选择多个→编辑→修改类型或重新应用类型』功能修改该系统管材，如图 7-8 所示。

图 7-8　修改类型或重新应用类型

（3）管道、设备连接

BIM 正向设计的基本要求，管道与管道、管道与末端、管道与设备间必须是连接关系。 在模型完成时，可以通过 Tab 键切换选择，检查当前系统的完整性，是否有漏连接的构件，不允许出现**对齐假接**的情况。

设备与管线连接时，可以选中设备，通过『**修改→连接到**』命令，快速将管线与设备连接，如图 7-9 所示。

图 7-9　设备连接到管道

（4）带坡度管道的连接

带坡度的管线在连接时较容易出错，因为无法准确知道支管连接主管三通处的标高，经常导致支管连接主管时，高差太大而连接不上。带坡度管道绘制、连接具体操作流程如下：

1）**由高位往低位方向绘制主管**。绘制时，选择**向下坡度**并设置坡度值，如图 7-10 所示。

2）**由主管处往高位方向绘制支管**。绘制时，选择**继承高程**及**向上坡度**，坡度值与绘制主管时一致，即可捕捉主管任意位置的标高，如图 7-11 所示。

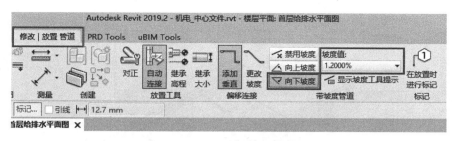

图 7-10　绘制坡度主管

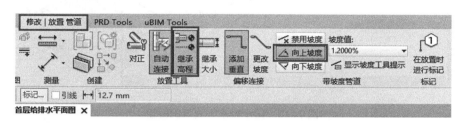

图 7-11　绘制坡度支管

3）若绘制时忘记设置坡度，可在整个系统的管线绘制完成并连接后（包括立管），选中整个系统的管道及管道配件，使用『**修改→坡度**』命令，在"坡度编辑器"中设置所需的"坡度值"，点击"完成"按钮，软件会根据立管的上游及下游，自动判断坡度的方向进行放坡，如图 7-12 所示。

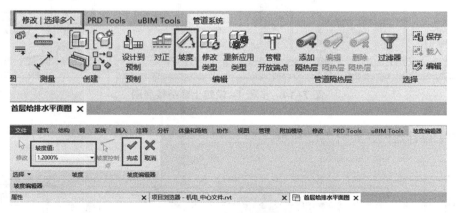

图 7-12　整个管道系统设置坡度

7.4　给水排水平面图制作

7.4.1　制作过程概览

图 7-13 所示是楼层给水排水平面图的制作过程，与第 3.3 节所述的通用步骤大体是一致的。

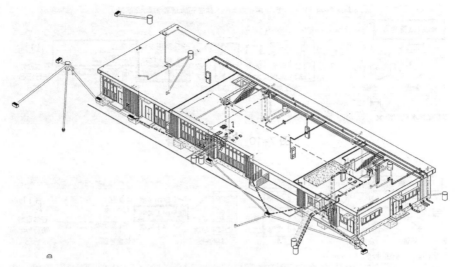

图 7-13　给水排水平面示例模型

（1）创建给水排水平面视图，设定土建链接底图，如图 7-14 所示。

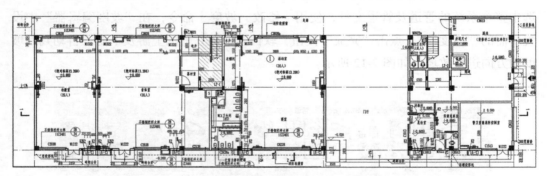

图 7-14　步骤 1– 设定土建链接底图

（2）设计建模，如图 7-15 所示。

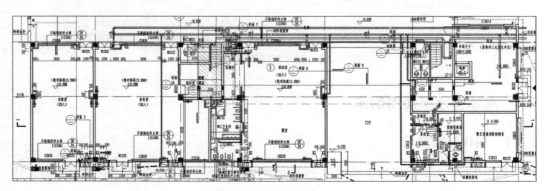

图 7-15　步骤 2– 设计建模

（3）创建给水排水平面视图，设定视图属性，如图 7-16 所示。

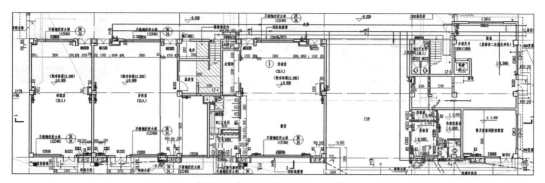

图 7-16　步骤 3– 设定视图属性

（4）标注成图，如图 7-17 所示。

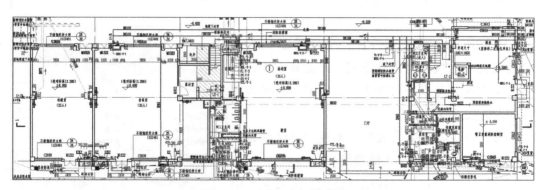

图 7-17　步骤 4– 标注成图

（5）布图（略）。

7.4.2　创建视图

机电专业新建 Revit 文件后，如何链接并引用土建模型，将集中在后文第 10.2 节讲述。按第 10.2.2 小节介绍复制 / 监视土建链接模型的标高后，通过『**视图→平面视图→楼层平面**』命令，创建对应标高的楼层平面，如图 7-18 所示。

由于建模与出图对平面视图的可见性的设置需求不同，建议根据需要，基于新建的楼层平面，复制出"建模""出图""校审""提资"等多种类型视图，并创建对应的视图样板，参见第 2.3.1 小节介绍。

建模视图是在建模过程中使用的视图，可较为灵活的设置其他构件的可见性。

出图视图是出图时使用的视图，对管线、设备信息、说明等注释可在本视图中进行标注，同时为了图面整洁，需要关闭其他与本专业无关的构件及临时使用的注释等。

平面视图的通用设置详见第 3.4.1 小节介绍，下面介绍给水排水专业的相关设置。

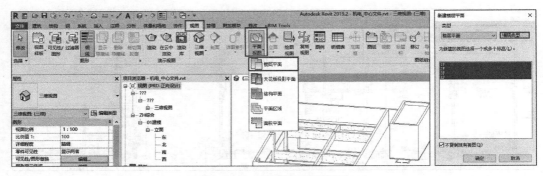

图 7-18　创建楼层平面视图

7.4.3　视图设置

给水排水平面视图的通用设置参照图 7-19 设置如下：

（1）出图时，需要在"出图"视图类型中进行，本视图类型的**规程**应设成**卫浴**，在此规程中，管线交叉重叠部分会有打断表示。同时，**显示隐藏线**应设为**按规程**。

（2）管线需要单线表达，本视图的**详细程度**设为**中等**、**视觉样式**设为**隐藏线**。

（3）特别需要注意视图的**比例**，需要在开始出图时确定好图纸的比例，避免后期图面的调整。

7.4.4　控制图元显示

机电专业一般为水、暖、电三个专业通过工作集协同设计，很多设计师将工作集作为控制子项的开关设置，这是应该杜绝的做法，因为**一旦脱离中心文件，就无法按工作集保持图元的开关状态**。在第 3.6.1 小节中也特别强调不能用工作集来控制图元开关，而应当用常规的视图可见性，尤其是视图过滤器来控制。

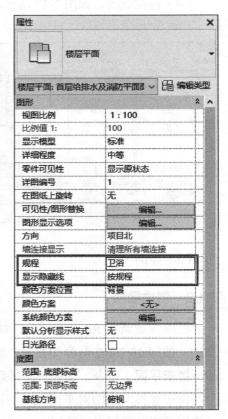

图 7-19　视图属性设置

图 7-20、图 7-21 示意了视图过滤器的作用。图 7-20 所示将所有类型的管道系统全部打开，其中也包括暖通专业的管道。图 7-21 所示则仅保留喷头、喷淋管道两个过滤器。当需要分专业出图时，均按这样的方式进行系统开关设置。

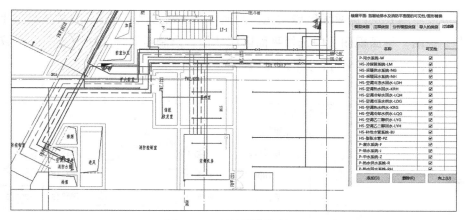

图 7-20　过滤器全部打开

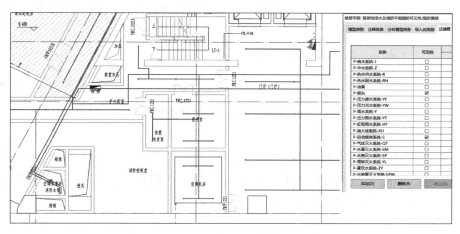

图 7-21　仅保留喷头、喷淋管线过滤器

💡提示：视图里的过滤器仅控制开关，并不控制颜色、线型等。后者是直接在管道系统里设定的，在各个视图均有效。

7.4.5　构件在视图范围以外的显示方法

出图平面的视图范围一般设置在当层标高与上一层标高之间，如图 7-22 所示。管道、喷头等构件虽然在剖切面之上，但只要不超过顶部标高，就会显示在视图中。

给水排水专业部分构件（如排水管道、地漏、雨水斗等）需要布置在视图范围以外时，在出图平面中将不可见，若将视图范围往外扩大，则可能出现其他层多余的

图 7-22　视图范围设置

构件。可以使用 Revit 的**平面区域**功能，调整局部区域的视图范围，具体操作如下：

在『**视图→平面视图**』中选择**平面区域**功能，绘制需要调整视图范围的区域，调整平面区域的视图范围即可，如图 7-23 所示。

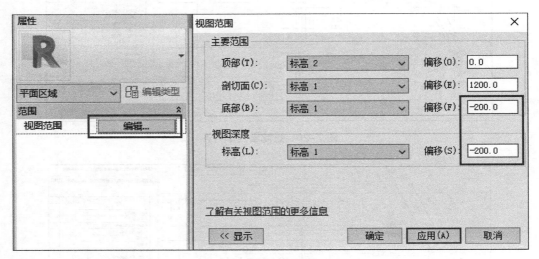

图 7-23　局部平面区域设置

平面区域边界线在平面中默认呈绿色虚线表达，打印、导出 CAD 时均可设置忽略此边界线，但影响图面视觉效果。若需要在平面中关闭平面区域，可在视图可见性设置的**注释类别**中关闭其可见性，如图 7-24 所示。

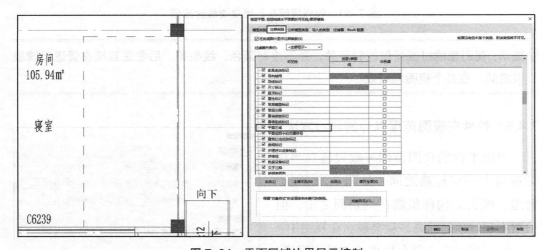

图 7-24　平面区域边界显示控制

7.4.6　出图带文字线型表示

由于部分设计院给水排水图纸习惯使用带文字的线型表达管线系统，而 Revit 本身不支持带字母的复杂线型，因此需要在对应的管线上使用"按类别标记"对管道的**系统缩写**进行标记，如图 7-25 所示。但当管线有移动、打断等编辑操作时，这些标记的很容易错位，需反复收拾图面。

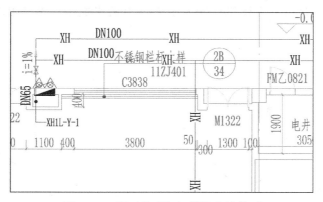

图 7-25　通过管道标记模拟字母线型

我们的做法是使用**优比 ReCAD 插件**导出 dwg 文件再出图。根据插件的说明，在『**管道系统→类型属性→说明**』命令中添加"**字母 – 字高 – 间距**"字段，如图 7-26 所示导出即可。效果跟图 7-25 是一致的。

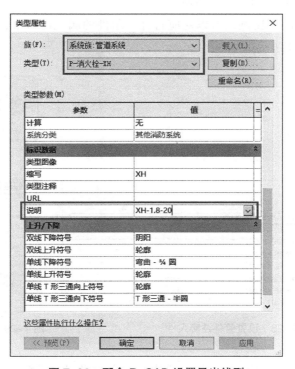

图 7-26　配合 ReCAD 设置导出线型

7.4.7 注释比例

注释比例尺寸是指定在单线视图中绘制的管件和附件的打印尺寸。无论图纸比例为多少，该尺寸始终保持不变。

使用注释比例尺寸，在图纸比例大于 1∶100 的平面中，容易出现图例表达有误，如图 7-27 所示。

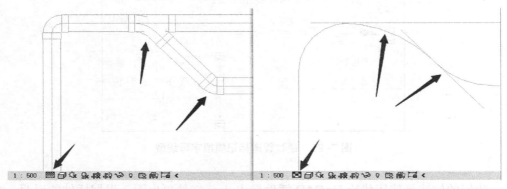

图 7-27 注释比例尺寸效果

可以通过『管理→MEP 设置→机械设置→管道设置』命令，修改管件注释尺寸来调整注释比例尺寸，如图 7-28 所示。

若局部不需要注释比例，可以对应管件、附件的属性窗口中，取消勾选"使用注释比例"，如图 7-29 所示。

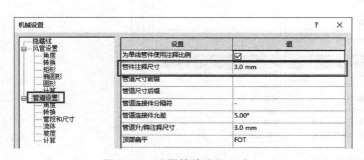

图 7-28 设置管件注释尺寸

图 7-29 取消管件的注释比例

若本项目不需要使用注释比例，建模开始之前可以在『管理→MEP 设置→机械设置→**管道设置**』命令中取消勾选**为单线管件使用注释比例**，建模时会默认不勾选"使用注释比例"。

7.4.8　管线遮盖设备设置方法

管线与其他构件交叉时，安装高度较低的构件会打断表示，设备的图例也会被打断，如图 7-30 中所示的消火栓。

为了避免此处设备图例被打断，需要修改此处管道的**透明度**。具体操作为选中对应管道，右键点击『**替换视图中的图形→按图元**』，如图 7-31 所示，将透明度设为 1 以上即可（1 是接近不透明，为避免对图面造成太大影响，建议设为 1）。点击"确定"后效果如图 7-32 所示。

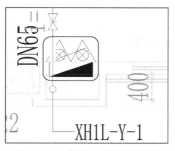

图 7-30　管线遮盖其他设备
构件

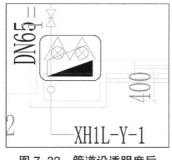

图 7-32　管道设透明度后
的效果

图 7-31　设置管道透明度

💡提示：Revit 的显示机制是，一旦有了透明度，不管是 1% 还是 50%，其卫浴规程与 MEP 设置共同起作用的单线间隙设置就失效了。这个特性我们会经常用到。

7.4.9　图面标注

（1）管线标注需预设多种管线标记族，如管径、标高、坡度等，根据需要选用。

（2）Revit 无法直接进行**多管标注**，一般通过分别标注，排列整齐，再用详图线手动绘制引线，如图 7-33 所示。手动多管标注效率低下，一般通过插件如鸿业 BIMSpace 等进行标注。

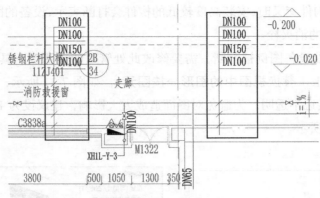

图 7-33　多管标注示例

（3）为了导出 dwg 文件时能控制标注图层，应在样板文件中通过『**管理→其他设置→线样式**』命令中新建引线的子类别，设置对应的线型、线宽、颜色等，如图 7-34 所示。

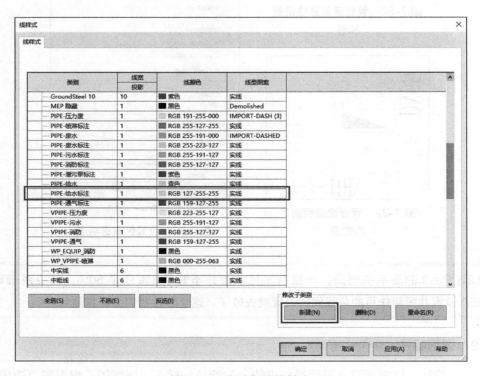

图 7-34　新建标注线样式

（4）**立管标注**，需要输入立管的立管编号，Revit 管道没有立管编号这一参数，需要在样板文件中预先添加共享参数，对应的标记族也需要添加此共享参数，如图 7-35 所示。

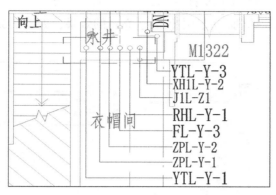

图 7-35 立管编号标注

（5）说明性质的标注由于没有主体，可以使用 Revit 的"文字"功能，进行文字说明。由于多专业工作集协同设计，**建议新建本专业使用的文字类型，避免与其他冲突**。若需要其他样式的文字说明，如线上文字等，可以新建常规注释族，如图 7-36 所示。

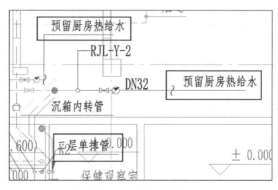

图 7-36 文字标注

7.4.10 立管提资视图

建筑平面中一般需要显示给水排水立管，在第 5.5 节与机电专业 BIM 模型配合中介绍了建筑专业自行设置来实现，**更好的做法是在机电模型中创建立管提资视图，在建筑平面中套用对应提资视图的方式来实现**。

创建立管提资视图，需要基于出图平面复制一个新的视图，在该视图中关闭其他无关的构件，只保留给水排水管道。立管提资视图仅需要表达给水排水的立管，若平面中管线较少，可以手动选择立管以外的管线并隐藏，若管线过多，可以新建过滤器来实现。

这里的思路跟第 5.5 节介绍的思路一样，利用给水排水立管均需要添加"立管编号"这个条件，创建如图 7-37 所示过滤器，将"立管编号"为"空"的所有管道过滤出来，再关闭其可见性，从而达到在视图中仅表达立管的效果，如图 7-38 所示。

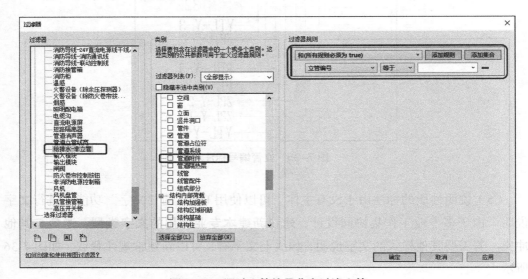

图 7-37　通过立管编号非空过滤立管

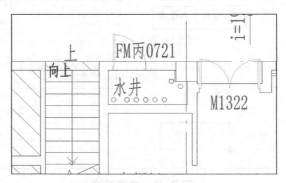

图 7-38　仅保留立管的平面

7.4.11　夹层管线布图方法

夹层平面一般习惯由当层平面使用引线引出，布置在同一张图纸中。在 Revit 中，不能像传统 CAD 设计一样在平面中引出，只能通过新建夹层平面视图，裁剪夹层视图区域，再将夹层视图布置在当层图纸内，在图纸中绘制引线，达到出图的效果，如图 7-39 所示。

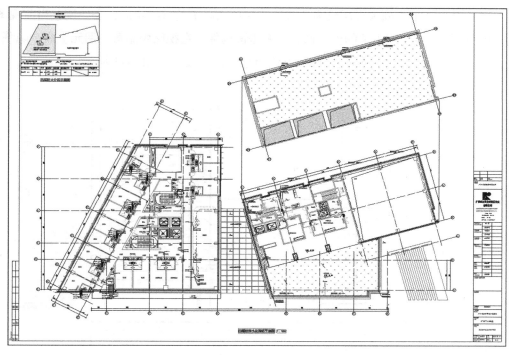

图 7-39　夹层管线图纸示例

7.5　给水排水大样图

7.5.1　厨房、卫生间大样

厨房、卫生间大样图与平面图设置基本相同，由于大样图只针对局部，可在已做完的出图视图中复制与该视图完全一致的新平面，开始大样图的制作。具体操作如下：

（1）基于已完成的当层出图平面图，通过在项目浏览器中右击视图『**复制视图→带细节复制**』，复制与该视图完全一致的平面视图。

（2）对新复制的视图进行重命名，根据厨房、卫生间的范围进行裁剪视图。操作方法参第 3.5.4 小节。如果平面走向不是横平竖直，可参照第 3.5.3 小节介绍的将视图方向转为横平竖直。

（3）厨房、卫生间大样图的建筑底图可以套用土建链接文件对应的厨卫大样图，方法与之前一致，在"链接视图"处选取对应的视图即可，如图 7-40 所示。

图 7-40　应用土建链接文件的大样底图

（4）厨房、卫生间大样图仅需要看到当层标高以下的管线走向，需要调整当前视图的视图范围，与卫生间无关的构件通过『**右击该构件→在视图中隐藏→图元**』命令隐藏。

（5）进行管线、说明标注，标注方法与平面图一致，如图 7-41 所示。

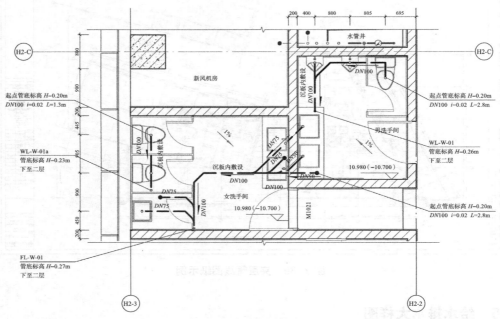

图 7-41　卫生间大样图示例

（6）Revit 虽然无法直接基于模型生成系统图，但对于局部大样，可以很方便地生成轴测图，配合平面图，可以更直观地表达，如图 7-42 所示。选择构件后生成 3D 视图，锁定方向，然后适当标注即可。

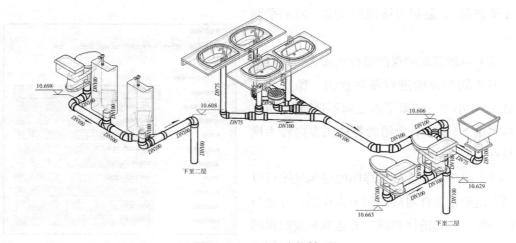

图 7-42　卫生间大样轴测图

提示：三维视图需锁定方向才能进行构件标记。

7.5.2　泵房大样

泵房大样前面几步处理方法与卫生间大样基本一致，泵房大样通常除了平面大样图之外，还需要创建对应的剖面图。在剖面视图中，由于土建链接文件没有对应的链接视图可供套用，需自行设置土建构件的表达，例如结构梁、板等，需要将土建链接模型的显示设置改成"自定义"，在模型类别中手动修改对应构件的表达，如图 7-43 所示，再进行剖面的管线、说明等标注即可，完成效果如图 7-44 所示。

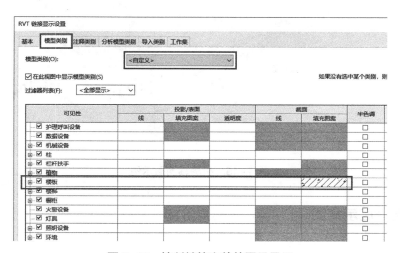

图 7-43　控制链接文件的图元显示

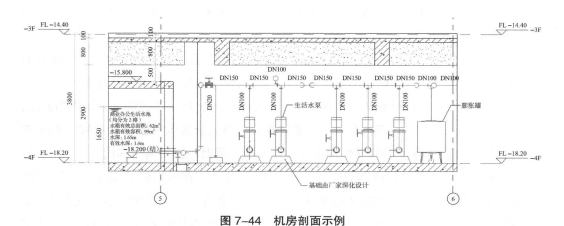

图 7-44　机房剖面示例

同样可制作机房的轴测图，锁定 3D 视图后添加标注，使设计表达更为直观，如图 7-45 所示。

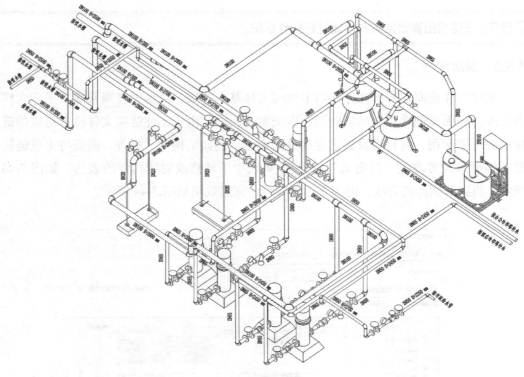

图 7-45　机房轴测图示例

7.6　防火分区示意图

防火分区示意图一般由建筑专业通过**面积平面**制作（详第 5.4 节），在机电模型中，可以同样新建一个面积平面视图，然后设置土建链接文件的防火分区图作为底图，再布置到机电专业的图纸上。

但这样对设计的意义不大，尤其对于多分区的大平面而言，机电专业更希望在自己的平面图中同时显示土建底图、防火分区图，以便在设计过程中随时查看。

目前没有办法可以做到在一个视图里同时显示同一链接文件的两个视图作为底图，因此我们在实际项目中一般的做法是：**建筑专业将防火分区示意图导出 CAD，机电专业再链接 CAD 到本专业项目文件中作为设计底图，同时也直接用于布图。**

在 Revit 中，一张平面视图只能放进一张图纸中，只有**图例视图**可以放到多个图纸。因此需将防火分区示意图在**图例视图**中创建，以便套进不同图纸中，具体操作为：通过『**视图→图例→图例**』命令创建图例视图，输入新建图例的名称、对应比例，再将防火分区示意图的 CAD 链接进来，如图 7-46 所示。

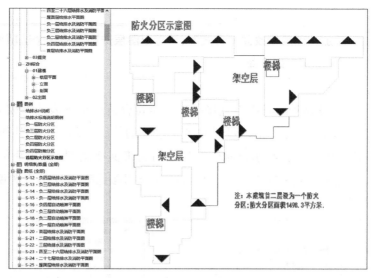

图 7-46　链接防火分区 CAD 底图

7.7　图纸导出

使用 Revit 自带导出 CAD，为了尽量贴合常规的出图样式，需要对导出后管线的图层、颜色等进行一系列的设置。给水排水图纸每个系统的管线需要设置单独的图层及颜色，在 Revit 导出设置中，可以通过如图 7-47 所示在"图层修改器"中添加管道相关的系统类型的方式，为每个管道系统设置单独的图层。

图 7-47　管道系统导出 dwg 图层设置

💡 提示：注意使用添加"图层修改器"方式时，"导出图层选项"的 3 个选项导出结果是不一样的，详见第 14.6 节专题介绍。

无论如何设置，Revit 始终难以直接导出完全符合传统出图表达习惯的 dwg 图纸，推荐使用**优比 ReCAD** 插件导出，可以对各个系统的管线、阀门、标注等按照设置单独的图层及颜色，可以设置给水排水管线导出后为带文字线型；导出后的字体也更加贴切传统的平面表达，如图 7-48 所示。更详细的介绍参见第 14.7 节专题说明。

图 7-48　优比 ReCAD 管道相关的导出选项

第8章　暖通空调专业 BIM 正向设计

暖通空调专业与给水排水专业的 BIM 正向设计流程比较相类，本章不再赘述。

暖通空调专业本身的管线也包含风管、管道两大系统，其中管道系统的建模与出图要点详见第 7 章，本章更侧重于风管系统的模型表达。

在专业设计方面，Revit 本身有房间与空间功能辅助进行冷热负荷的计算、风管水管压力的计算，但与国内的规范对接及使用习惯不太相符，一般建议通过国内厂商开发的插件工具进行计算，如鸿业 BIMSpace 等，详见其软件介绍，本书不作展开。

8.1　专业设置

8.1.1　MEP 设置

跟给水排水专业一样，暖通空调专业的基础设置同样位于『**管理→MEP 设置→机械设置**』中，不同之处在于风管的平面表达为双线，有些设置跟管道不一样。

（1）风管交叉或层叠表示

不同高度的风管交叉或层叠时，下方的风管应显示虚线，如图 8-1 所示。首先勾选**绘制 MEP 隐藏线**，然后设置合适的**线样式**，内部间隙设为 0.5mm，外部间隙设为 0（建议值）。

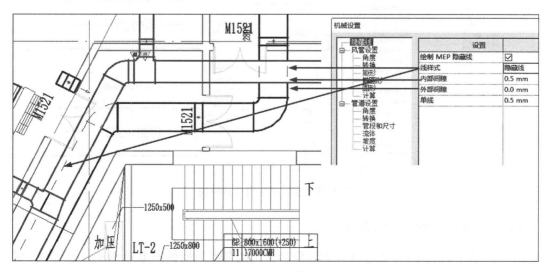

图 8-1　风管交叉层叠表达与设置

但该项设置并非完美，**Revit 的风管在隐藏线模式下无法显示中心线**，不符合国内的制图标准，因此，一般通过将风管设为部分透明来显示中心线，而一旦风管带一点透明度，上述设置就无效了，如图 8-2 所示。

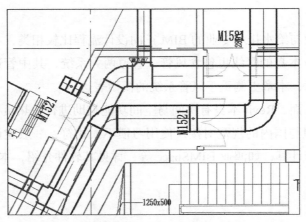

图 8-2　风管隐藏线与中心线无法兼顾

（2）风管尺寸分隔符

这是一个很细微的设置，它影响了风管尺寸标注时长宽之间的那个符号，如图 8-3 所示。Revit 自带样板是一个英文字符"×"，当用宋体等字体标注时观感不佳。建议这里设为中文的乘号"×"。

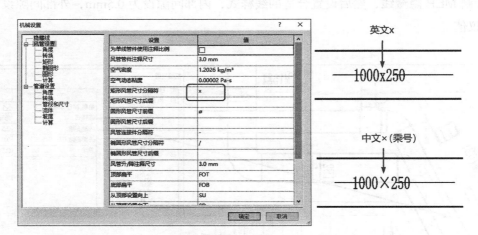

图 8-3　设置风管尺寸分隔符

8.1.2　风管类型与系统设置

与管道类似，Revit 机电样板中应预设常用的各种风管的类型及系统，如图 8-4 所示是珠江设计的 Revit 机电样板预设的风管类型及系统，其中风管类型主要为矩形风管。

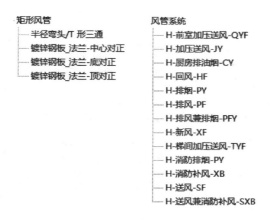

图 8-4　Revit 机电样板预设的风管类型与系统

风管没有材质的概念，其类型主要考虑连接方式。图 8-4 所示的几种风管类型主要区别在于竖直方向如何对正，如图 8-5 所示，中心对正与底对正的两种风管类型，其三通与四通所使用族类型不一样。

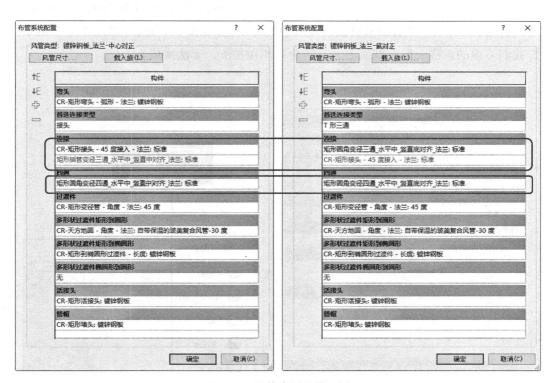

图 8-5　风管类型设置示例

风管系统则与管道系统类似，如图 8-6 所示，各个系统设置图形替换（亦即线型及颜色）、材质、缩写，注意线颜色与材质颜色互相对应。

图 8-6　设置风管系统属性

风管系统属性中还有一项设置需要注意，即最下方的**上升 / 下降符号**，即风管立管的符号，同时水平风管的垂直剖面显示也按此设置，如图 8-7 所示。图 8-7 中**"阴阳"**即我们习惯的折线，但在剖面上，其转角只能在左下，无法变成右上。

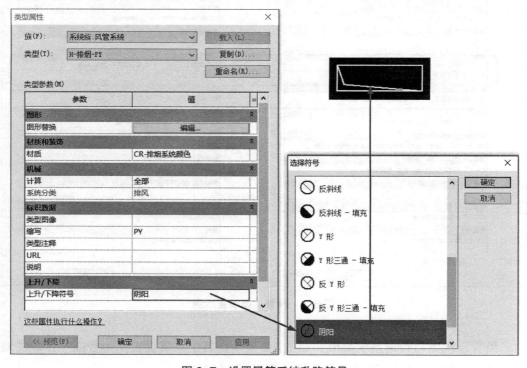

图 8-7　设置风管系统升降符号

8.1.3　风量单位设置

Revit 默认按升 / 秒（L/s）计算风量，需改为我们习惯的 m³/h（CMH），如图 8-8 所示，可通过『管理→项目单位→ HVAC →风量』设置。

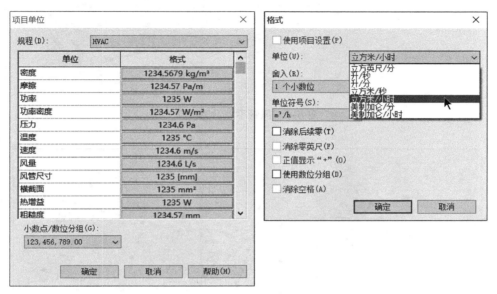

图 8-8　风量单位设置

8.2　暖通空调平面图制作

暖通空调专业的建模、制图包括风管、管道两大部分，管道部分请参见第 7 章给水排水专业内容，技术要点基本上是相通的。本节主要讨论管道部分与给水排水专业不一样的地方，以及风管部分的技术要点。

土建模型的链接与底图的准备详见第 10.2 节内容，不再赘述。

防烟分区示意图做法、夹层管线布图方法均与给水排水专业一致，详见第 7.6、7.4.11 节内容，不再赘述。

8.2.1　制作过程概览

图 8-9 所示是楼层风管平面图的制作过程，跟第 3.3 节所述的通用步骤大体是一致的。

（1）创建风管平面视图，设定土建链接底图，如图 8-10 所示。

（2）设计建模，如图 8-11 所示。

（3）设定视图属性，如图 8-12 所示。

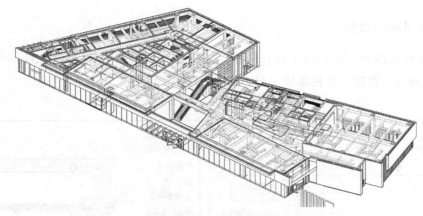

图 8-9　风管平面示例模型

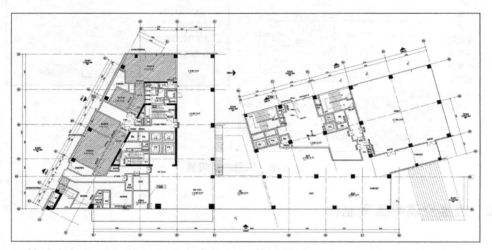

图 8-10　步骤 1- 设定土建链接底图

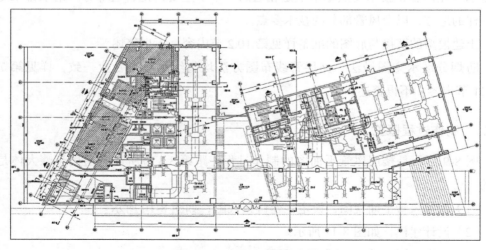

图 8-11　步骤 2- 设计建模

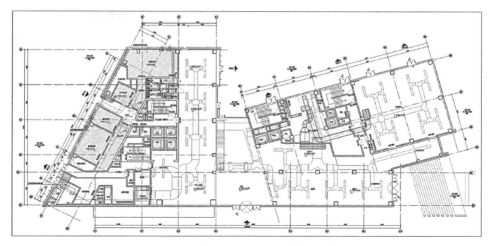

图 8–12　步骤 3– 设定视图属性

（4）标注成图，如图 8-13 所示。

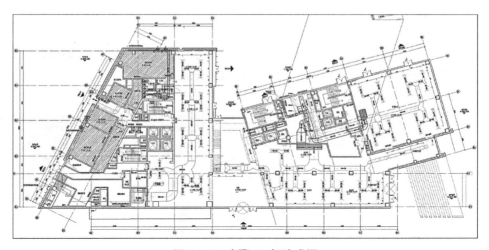

图 8–13　步骤 4– 标注成图

（5）布图（略）。

8.2.2　空调水管道平面表达

空调水管道一般通过线型区分供水、回水、冷凝水，通过颜色区分冷、热水，在主干线上标注管道系统的方式表达。在 Revit 中，可以在创建管道系统时，设置对应系统的系统缩写、线型及颜色；在出图平面中，对主干线的系统缩写进行标注。

对于多管标注的需求，在第 7.4.9 小节中提到，无法自动生成，要么手动对位并添加详图线，要么通过插件标注，效果如图 8-14 所示。

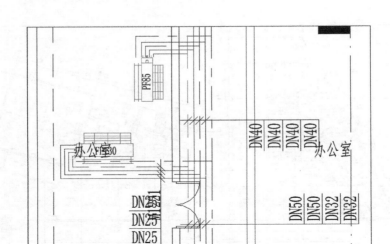

图 8-14 空调水管道平面表达局部

8.2.3 风管平面表达

风管表达最关键的地方在于风管中心线的表达。默认的情况下，视觉样式设为**隐藏线**，风管就把中心线盖住了不显示，如图 8-15 所示。

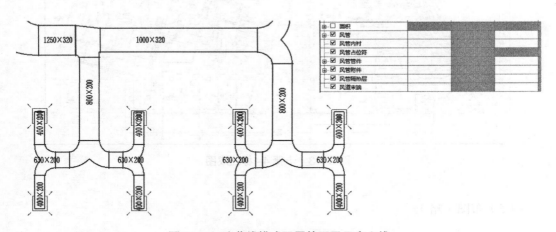

图 8-15 隐藏线模式下风管不显示中心线

解决办法是**将风管设一点透明度**，只要大于 0 即可，如图 8-16 所示。在视图可见性设置处将风管相关的类别全部透明度设为 1，风管中心线就显示出来了。

此外，风管的边线、中心线的线宽要求不一样，边线为粗线，中心线为中线且线型为虚线。通过『**管理→对象样式**』命令设定，如图 8-17 所示，中心线的线型图案为专门设定。这些关联的设置应在 Revit 样板文件中预先设好。

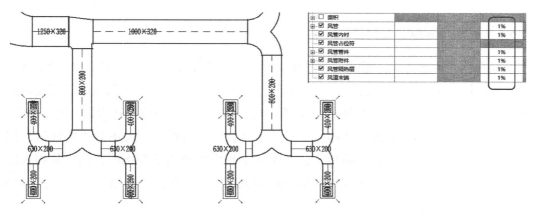

图 8-16　风管设透明度后显示中心线

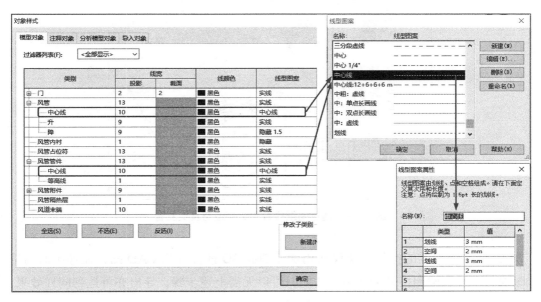

图 8-17　风管及管件对象样式设定

8.2.4　被遮挡的设备处理

因风管、静压箱体积较大，且在上方，经常发生遮挡下方设备的情况。例如，在布置机房设备时，消声静压箱一般布置在离心风机上方，在平面视图中会遮挡离心风机及连接的立管，可以通过右键选择消声静压箱，替换该图元在视图中的显示，添加**透明度**（大于 0 即可），即可看见底下的离心风机及立管，如图 8-18 所示。

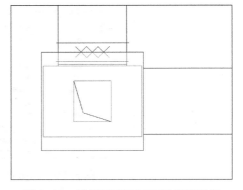

图 8-18　设置透明度以显示遮挡设备

8.2.5 立管符号尺寸设置

在单线平面视图中，管道的立管由管道的**升/降**符号表达，均为统一尺寸（详见第 7.2.1 小节内容），无法表达立管实际尺寸，空调水立管一般尺寸较大，若需要表达实际尺寸，则需要将平面视图的详细程度改成**精细**，又会与单线表达管道冲突。

这个矛盾没有完美的方法解决，只能通过在布图时将平面视图的立管区域使用**视图裁剪**在本视图中移除，单独创建一个详细程度为**精细**的新视图，同样使用视图裁剪只保留立管区域，最后**在图纸中拼接起来**，达到想要的出图效果，如图 8-19 所示。

图 8-19　通过图纸拼合单线管道与真实立管

这是效率极低的操作，建议使用**优比 ReCAD** 插件导出 CAD 图，在导出时勾选"暖通空调立管圆圈按外径导出"功能，可以无需上述步骤，导出亦可达到同样效果，如图 8-20 所示。

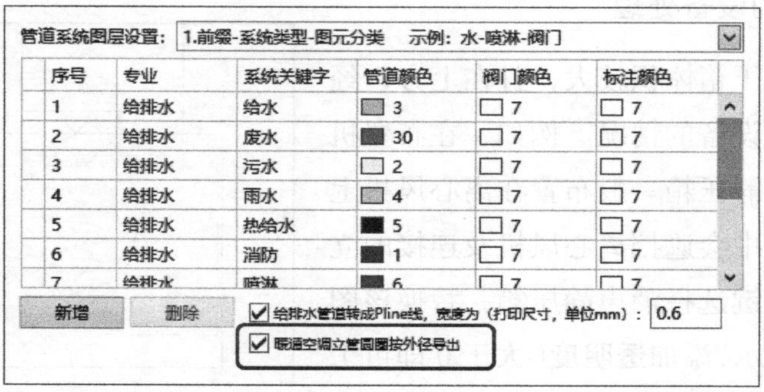

序号	专业	系统关键字	管道颜色	阀门颜色	标注颜色
1	给排水	给水	3	7	7
2	给排水	废水	30	7	7
3	给排水	污水	2	7	7
4	给排水	雨水	4	7	7
5	给排水	热给水	5	7	7
6	给排水	消防	1	7	7
7	给排水	喷淋	6	7	7

管道系统图层设置：1.前缀-系统类型-图元分类　示例：水-喷淋-阀门

新增　删除　☑给排水管道转成Pline线，宽度为（打印尺寸，单位mm）：0.6

☑暖通空调立管圆圈按外径导出

图 8-20　优比 ReCAD 插件可按外径导出立管

8.2.6　图面标注

（1）管道标注、文字标注详见第 7.4.9 小节内容。

（2）风管标注比较简单，一般不需要引线，直接点击『**注释→按类别标记**』命令即可，预先设定多种标注样式，按需选择，如图 8-21 所示。注意，这里的底标高标记 BL 是在『**管理→MEP 设置→机械设置**』（图 8-3）处设定的。

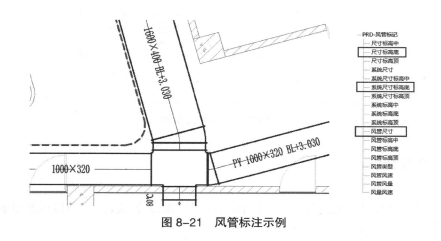

图 8-21　风管标注示例

（3）风口标注比较麻烦，习惯上采用集中标注的方式，一组风口只标一个，但会标注总数，如图 8-22 所示。一组风口有 15 个，这个 15 没有很理想的办法读取到，只能在风口标记族里添加一个**风口数量**共享参数，由设计人员手动数数后填写。注意，其风量单位默认按 L/s，需在项目单位处设定为 CHM，详见第 8.1.3 节说明。

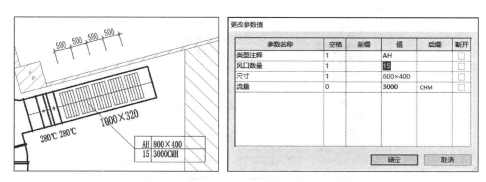

图 8-22　风口标注示例

（4）说明性质的标注由于没有主体，可以使用 Revit 的"文字"功能，进行文字说明。由于多专业工作集协同设计，**建议新建本专业使用的文字类型，避免与其他冲突**。若需要其他样式的文字说明，如线上文字等，可以新建常规注释族，如图 8-23 所示。

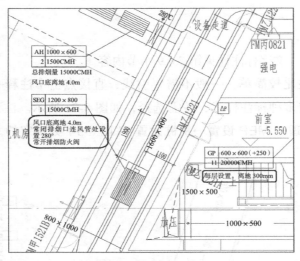

图 8-23　文字标注示例

8.3　设备统计表

设备以及材料可以通过 Revit 软件自带明细表功能进行统计。本节以风机盘管为例，介绍如何应用此功能统计特定的设备。

（1）点击『视图→明细表→明细表/数量』命令，选择机械设备，给明细表起名为"风机盘管明细表"，如图 8-24 所示。

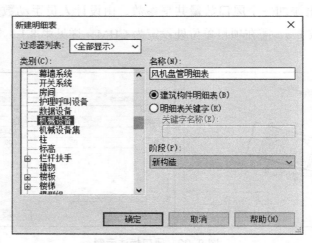

图 8-24　新建机械设备明细表

（2）点击"确定"按钮后，在字段列表中选择如图 8-25 所示的字段。注意，前几个字段都是机械设备公有的参数或属性，唯有最后一个"风机盘管型号"为风机盘管族所特有参数（需为共享参数），**这是为了后面单独将风机盘管族过滤出来。**

图 8-25　选择统计字段

（3）切换到过滤器页面，设置过滤条件为**风机盘管型号、参数存在**，如图 8-26 所示。

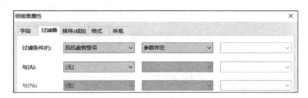

图 8-26　设置过滤器

（4）切换到排序 / 成组页面，设置排序方式依次为：**标高、族、类型**，注意最下方的"□**逐项列举每个实例**"不要勾选，如图 8-27 所示。

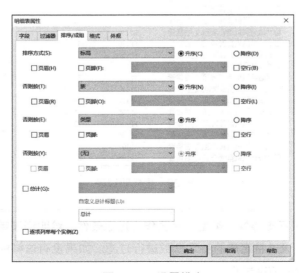

图 8-27　设置排序

（5）切换到格式页面，将风机盘管型号参数隐藏，如图 8-28 所示。

图 8-28　隐藏不需要的字段

（6）点击"确定"按钮后，生成明细表，如图 8-29 所示。

〈风机盘管明细表〉				
A	B	C	D	E
标高	族	类型	合计	说明
-1F	卧式暗装风机盘管带回风_右接管	FP102	2	
-1F	卧式暗装风机盘管带回风_右接管	FP136	6	
2F	卧式暗装风机盘管带回风_右接管	FP85	6	
2F	卧式暗装风机盘管带回风_右接管	FP102	34	
2F	卧式暗装风机盘管带回风_右接管	FP136	9	
2F	卧式暗装风机盘管带回风_右接管	FP170	3	
3F	卧式暗装风机盘管带回风_右接管	FP85	6	
3F	卧式暗装风机盘管带回风_右接管	FP102	34	
3F	卧式暗装风机盘管带回风_右接管	FP136	8	
3F	卧式暗装风机盘管带回风_右接管	FP170	3	
4F	卧式暗装风机盘管带回风_右接管	FP102	16	
4F	卧式暗装风机盘管带回风_右接管	FP136	11	
10F	卧式暗装风机盘管带回风_右接管	FP102	22	
10F	卧式暗装风机盘管带回风_右接管	FP136	5	
11F	卧式暗装风机盘管带回风_右接管	FP102	22	
11F	卧式暗装风机盘管带回风_右接管	FP136	5	

图 8-29　生成明细表

💡提示：Revit 明细表不支持族、类型、材质作为过滤条件，给明细表带来很大不便。解决方法如本例所示，通过特定族的特定参数进行过滤。如果没有这样的参数，则需通过设定注释或类似参数的值来过滤。

8.4 图纸导出

使用 Revit 自带导出 CAD，为了尽量贴合常规的出图样式，需要对导出后管线的图层、颜色等进行一系列的设置。与给水排水专业一样，暖通图纸每个系统的管线需要设置单独的图层及颜色，在 Revit 导出设置中，除参照第 7 章的设置，对管道相关类别添加**图层修改器**外，还需对风管相关类别添加**图层修改器**，如图 8-30 所示。

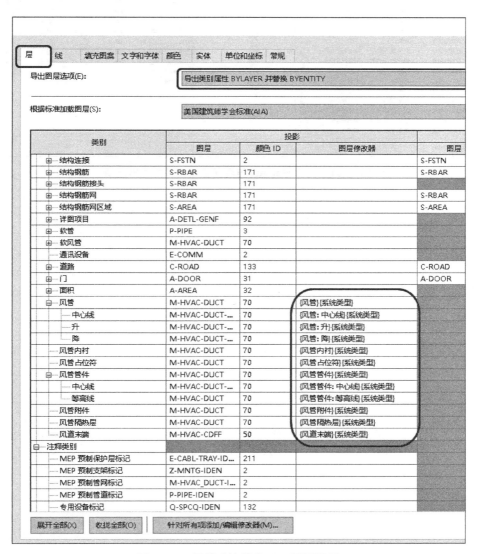

图 8-30 风管系统导出 dwg 图层设置

💡 提示：注意使用添加"**图层修改器**"方式时，"**导出图层选项**"的 3 个选项导出结果是不一样的，详见第 14.6 节专题介绍。

　　无论如何设置，Revit 始终难以直接导出完全符合传统出图表达习惯的 dwg 图纸。推荐使用**优比 ReCAD** 插件导出，可以对各个系统的管线、阀门、标注等按照设置单独的图层及颜色，可以设置管道导出后为带文字线型；导出后的字体也更加贴切传统的平面表达，如图 8-31 所示。更详细的介绍参见第 14.7 专题说明。

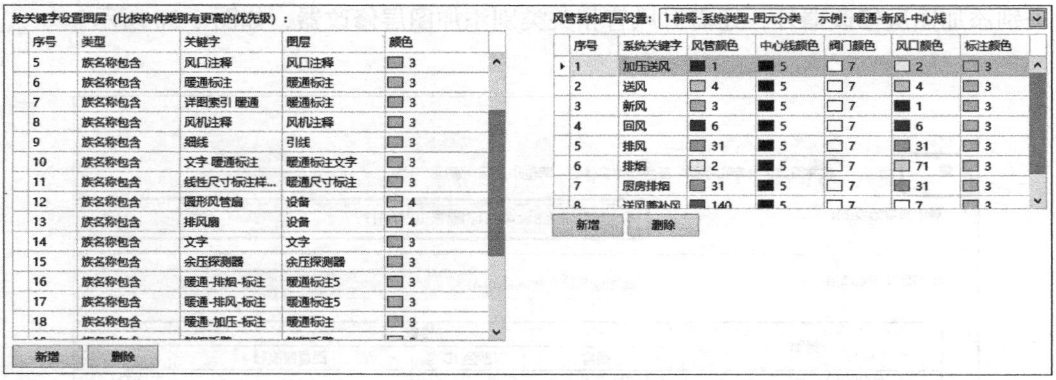

按关键字设置图层（比按构件类别有更高的优先级）：

序号	类型	关键字	图层	颜色
5	族名称包含	风口注释	风口注释	3
6	族名称包含	暖通标注	暖通标注	3
7	族名称包含	详图索引 暖通	暖通标注	3
8	族名称包含	风机注释	风机注释	3
9	族名称包含	细线	引线	3
10	族名称包含	文字 暖通标注	暖通标注文字	3
11	族名称包含	线性尺寸标注样...	暖通尺寸标注	3
12	族名称包含	圆形风管扇	设备	4
13	族名称包含	排风扇	设备	4
14	族名称包含	文字	文字	3
15	族名称包含	余压探测器	余压探测器	3
16	族名称包含	暖通-排烟-标注	暖通标注5	3
17	族名称包含	暖通-排风-标注	暖通标注5	3
18	族名称包含	暖通-加压-标注	暖通标注	3

新增　删除

风管系统图层设置：1.前缀-系统类型-图元分类　示例：暖通-新风-中心线

序号	系统关键字	风管颜色	中心线颜色	阀门颜色	风口颜色	标注颜色
1	加压送风	1	5	7	2	3
2	送风	4	5	7	4	3
3	新风	3	5	7	1	3
4	回风	6	5	7	6	3
5	排风	31	5	7	31	3
6	排烟	2	5	7	71	3
7	厨房排烟	1	5	7	31	3
8	详图补风	140	5	7	1	3

新增　删除

图 8-31　优比 ReCAD 与暖通空调相关的导出选项

第 9 章　电气专业 BIM 正向设计

电气专业以往在基于 BIM 模型的三维管线综合方面参与度较低，主要为桥架建模，线管及末端极少涉及，电气设备及导线连接则几乎没有。在 BIM 正向设计流程中，电气专业的参与度大幅提高，由于其子项较多，甚至可能是水、暖、电三个专业当中工作量最大的一个专业。

Revi 软件用户普遍对电气专业的末端、连线及其图面表达较为陌生，Revit 的导线功能又偏弱，使用起来颇为不便，因此本章在这方面作了重点的介绍。

9.1　电气专业 BIM 正向设计流程

电气专业往往是最后一个接受其他专业提资的专业，因此，其 BIM 正向设计流程跟水、暖专业略有不同，简单列举如下：

（1）核对链接的土建模型及提资资料。

（2）预估系统，确定电气相关机房并提资给建筑专业。

（3）在初步设计阶段，绘制桥架主路由。

（4）参与初步设计管线综合，复核桥架主路由。

（5）在施工图阶段，接收土建、给水排水、暖通专业的提资。

（6）布置末端设备。

（7）线路连接。

（8）分专业制图。

9.2　专业设置

9.2.1　桥架类型设置

电气专业与水暖专业不同之处在于，电缆桥架只有类型，没有系统，因此只需设置桥架类型。但在视图控制方面就没有那么方便，后面我们会看到，需要在视图过滤器中加入大量的设置才能区分各种子专业的桥架类型。

在 Revit 样板中应预设常用的电缆桥架类型，如果项目中有新的需求，可基于样板文件中的类型复制出新类型，再修改创建。为了方便在模型中对各电缆桥架系统区分及后期出图时控制其隐显等情况，要求养成良好的建模习惯，在创建系统时应保证"电缆桥架"的名称与"电缆桥架配件"的名称统一，如图 9-1 所示。

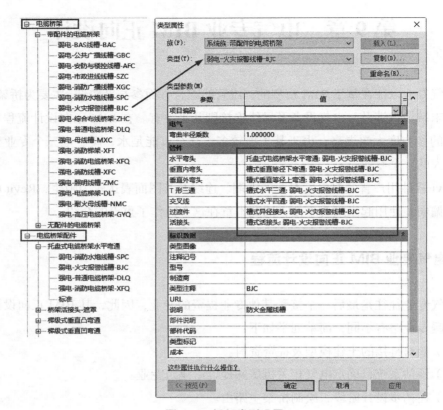

图 9-1　桥架类型设置

9.2.2　导线设置要点

导线在 Revit 软件中是一类很特殊的构件，它跟电气设备有逻辑连接关系，但只有二维线条，没有三维实体。导线的样式需预先设置。

（1）创建线型图案

不同系统的导线通过不同的线型区分，建议预设对应的线型图案，不要使用公共线型图案，以免被其他团队成员修改，同时也条理清晰明晰。图 9-2 所示是创建动力系统的导线线型图案示例，其他系统可同样操作。

（2）配线设置

点击『管理→MEP 设置→电气设置→配线』命令，设定配线交叉间隙值。通过这个设置是为了后期出图时，导线交叉部分形成"上下层"关系[1]，处于"下层"的导线会被隐藏，其交叉的部分存在一定的间隙空间，使得平面图的导线表达更清晰。如图 9-3所示为导线交叉间隙 1mm 的效果，建议值为 1~2mm，可根据主要出图比例大小而调整。

---

[1]　导线没有高度，这里说的上下层是指显示的前后关系，可以调换。

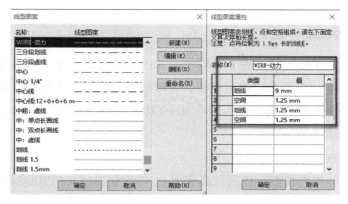

图 9-2　创建动力导线对应的线型图案

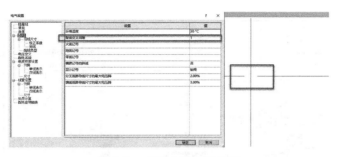

图 9-3　导线交叉间隙效果

（3）导线的图层和线宽设置

导线的颜色和线宽需通过**视图过滤器**设置，一般预设在 Revit 样板文件的视图样板中，详见第 9.2.3 小节。如图 9-4 示意了如何将动力系统的导线"WIRE- 动力"设置为 7 号线宽、红色、同名线型图案。

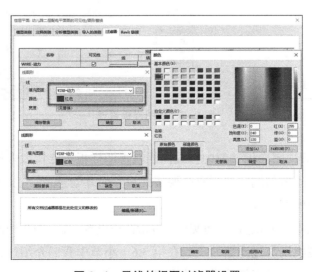

图 9-4　导线的视图过滤器设置

9.2.3　电气专业视图样板设置

电气专业包含了多个子专业，不同子专业的平面视图需要显示构件的类别也不相同，通过各子专业的要求设定视图样板，各楼层直接一次设置重复使用，可大幅提高效率，并且保持统一性。视图样板应在 Revit 样板文件中预设，本小节讲述其设置过程及注意点。具体操作如下：

（1）视图样板管理

点击『视图→视图样板→视图样板管理』，可看到当前文档里的所有视图样板，在此可修改或新建，如图 9-5 所示。

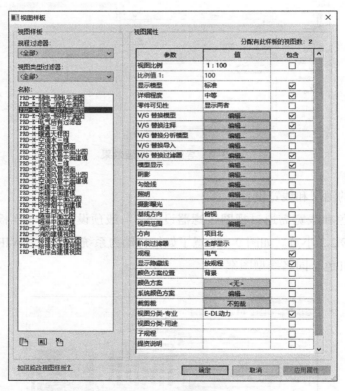

图 9-5　视图样板管理

在第 2.3.2 小节视图样板一节中，我们强调视图样板不能作太多没必要的限制，因此右边的**包含**项需慎重勾选，仅当有必要按此设置时才勾选。

（2）V/G 替换模型设置

视图样板中最重要的设置，是**可见性/图元替换**设置，包含图 9-5 中 V/G 开头的 5 项，其中的关键是**模型类别**与**过滤器**两项。在第 3.6.1 小节中我们介绍过，视图过滤器的优先级更高，可以对构件进行细分类别的设置。

模型类别的设置原则是仅保留所需土建模型的构件和本系统所需的构件，其余构件"不打勾"。在电气专业中，动力系统、照明系统、火灾自动报警系统等不同系统的需求不一致，所以每个系统的设置是不一致的，但又并非截然不同。下面列出几个系统的设置，供参考。

　　如动力系统可参考图 9-6 所示，照明系统可参考图 9-7 所示，弱电系统可参考图 9-8 所示，火灾自动报警系统可参考图 9-9 所示。但需注意，模型类别的可见性设置应结合实际项目需求灵活设置。

图 9-6　动力系统

图 9-7　照明系统

图 9-8　弱电系统

图 9-9　火灾自动报警系统

　　在模型类别中，需要注意的是**机械设备、电气设备**的处理，因为电气专业中还需要显示其他专业的设备，但是，Revit 软件会把一些构件粗略地归为**机械设备或电气设备**，因此在这两项设置中，可以粗略的进行一些调整。

　　以动力系统为例：当给水排水设备、暖通设备需在动力平面图表达时，在"机械设备"选择需要显示的构件，如："潜污泵"需在动力平面图显示，则只需要在"机械设备"中勾选"泵""泵符号"，如图 9-10 所示。

图 9-10　机械设备的细分类别

但更精细的构件"可见性"设置，还需通过**过滤器**的方式进行。

（3）过滤器设置

过滤器是根据特定的规则对特定的构件进行"可见性"设置及构件"投影/表面"表达的设置，前面各专业已多有应用。

如前所述，电缆桥架并不像水暖专业，在创建系统时可以设置系统的线型和颜色，电缆桥架必须通过"过滤器"设置各电缆桥架的"线型""颜色"及"填充图案"，不再仅仅是显示开关。

Revit 样板中应预先设定各种专业系统的过滤器，如图 9-11 所示，电缆桥架系统需要选择"电缆桥架"和"电缆桥架配件"两个类别，过滤器规则可用**类型注释**或**类型名称**等参数进行设置，如图 9-11、图 9-12 所示。

💡提示：使用"**类型注释**"或"**类型标记**"或其他参数均可，关键在于统一标准，桥架、桥架配件的类型属性中应填入相应的参数才能正确过滤出来。

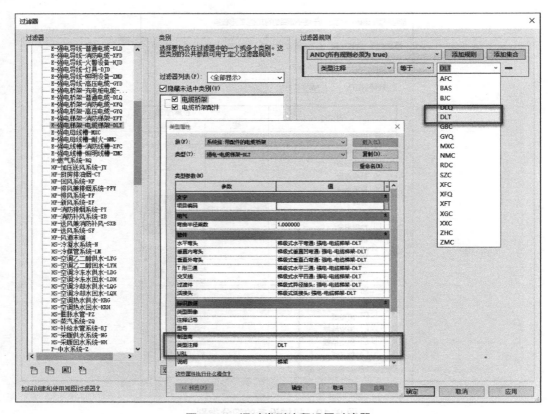

图 9-11　通过类型注释设置过滤器

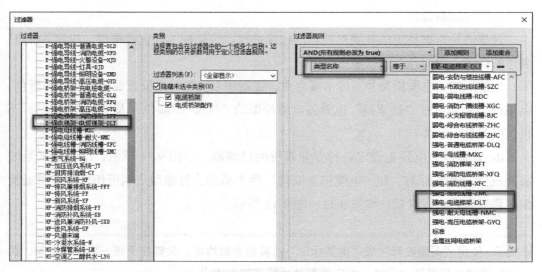

图 9-12　通过类型名称设置过滤器

设置好过滤器后，需要将其添加到各个视图样板中。**建议的做法是各种系统的平面统一设置样式，但仅作不同的开关组合**，使各种系统的同类构件显示效果均保持一致，如图 9-13 所示。

名称	可见性	投影/表面	
		线	填充图案
E-强电导线-普通电缆-DLD	☑		
E-强电导线-高压电缆-GYD	☑		
E-强电导线-消防电缆-XFD	☑		
E-强电导线-火警设备-HJD	☑		
E-强电导线-照明设备-ZMD	☐		
E-强电导线-插座-CZD	☑		
E-强电导线-灯具-DJD	☐		
E-强电导线-应急照明-YJD	☐		
E-弱电导线-普通弱电-RDD	☐		
E-弱电导线-火灾报警-BJD	☐		
E-弱电导线-消防广播-XGD	☐		
E-弱电导线-公共广播-GBD	☐		
E-弱电导线-信息网络-XXD	☐		
E-弱电导线-安防楼控-AFD	☐		
E-强电桥架-普通电缆-DLQ	☑		
E-强电桥架-高压电缆-GYQ	☑		
E-强电桥架-消防电缆-XFQ	☑		
E-强电槽架-消防槽架-XFT	☑		
E-强电槽架-电缆槽架-DLT	☑		
E-强电母线槽-MXC	☑		
E-强电母线槽-耐火-NMC	☑		
E-强电线槽-消防线槽-XFC	☑		
E-强电线槽-照明线槽-ZMC	☐		
E-弱电线槽-信息网络-XXC	☐		
E-弱电线槽-公共广播-GBC	☐		
E-弱电线槽-安防楼控-AFC	☐		
E-弱电线槽-市政进线-SZC	☐		
E-弱电线槽-普通弱电-RDC	☐		
E-弱电线槽-消防广播-XGC	☐		
E-弱电线槽-火灾报警-BJC	☐		

图 9-13　固定的显示样式与不同的开关组合

设定 Revit 样板时该项工作颇为繁复，可先设置好一个涵盖所有电气专业的视图样板（包括所有过滤器的样式均设好），再分别复制修改。

在前面"模型类别"设置中有提到一些设备会粗略的归为"机械设备或电气设备"，无法仅通过"模型类别"去控制这些构件的可见性，也需要结合**过滤器**对这些构件进行更精细的设置。

以火灾自动报警系统为例：一些配电箱并不需要在照明系统平面视图上显示，就需要在"过滤器"中给不同类别的配电箱设置其"可见性"，如图 9-14 所示。在实际项目中，可根据不同的情况进行设置，以满足需求。

图 9–14　通过过滤器细分电箱类别

9.3　电缆桥架及设备建模要点

9.3.1　电缆桥架绘制要点

在平面视图画电缆桥架路由时，不能只单纯考虑二维平面的走向，同时必须考虑其空间三维的关系，因为我们的目标是"提高设计图纸的准确性，减少后期变更"，所以在主路由建模设计时对于一些复杂区域，如：**电井的竖向关系，架空区域的竖向关系，外电进入户内的预留洞区域**等，要利用 BIM 可视化的优点，二维与三维结合，保证设计的准确性。

在建模过程中需要注意以下要点：

（1）竖向的电缆桥架建模设计要保持其"完整性"

比如：电缆桥架由首层电井引至屋面层，建模时电缆桥架应在首层电井位置画至屋面层所需高度，而不是由每层一段竖向电缆桥架拼接而成，这样的目的是更加清楚看到电缆桥架的竖向关系与结构专业的协调关系，如图 9-15 所示。

（2）建模时，注意不同电缆桥架系统相互连接的情况

在初步设计或施工图设计初期，布置桥架时还没有精细化调整避让，当不同系统的桥架在同一高度绘制时常常误连接，如图 9-16 所示，左侧的表达是正确的，右侧的电缆桥架相互连接是不正确的。解决这个问题有两种方法，可根据不同项目情况而选用：

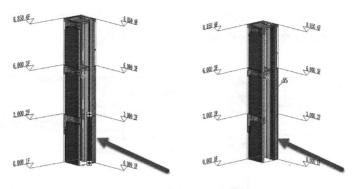

图 9-15　桥架分楼层建模与跨楼层建模

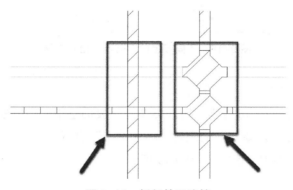

图 9-16　桥架的误连接

1）第一种方法是绘制水平电缆桥架模型时，不勾选"自动连接"，但此时"T"形桥架连接也不会自动连接，需要手动连接，如图 9-17 所示。该选项可随时切换。

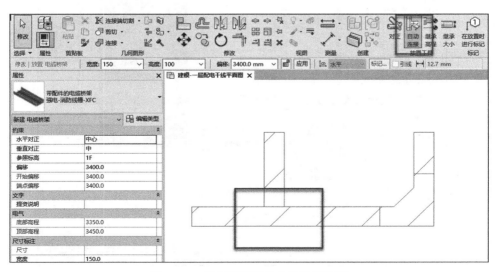

图 9-17　绘制桥架时的自动连接选项

2）第二种方法是绘制水平电缆桥架时，不同的电缆桥架先暂时放在不同的水平高度，绘制完成后再调整其高度，如图 9-18 所示（后续再进行避让）。

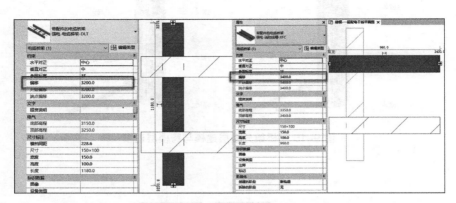

图 9-18 不同高度的桥架不会自动连接

（3）母线槽的绘制

Revit 软件中并没有"母线槽"构件类型，一般仍是用电缆桥架绘制，为更贴近其真实的效果，可以在"过滤器"的设置"填充图案"设置"前景"可见、"实体填充"、颜色与"线"的颜色保持一致，如图 9-19 所示。

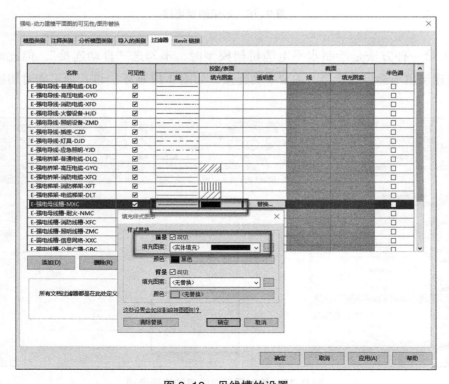

图 9-19 母线槽的设置

9.3.2　末端设计要点

（1）电气专业末端族库的搭建

在设计末端之前，需要搭建项目的族库，为了提高效率，可以参考使用鸿业等软件厂商提供的族库，但我们不仅需要三维模型的构件，也需要其二维平面图例表达的准确性，对于一些不满足项目需求的构件二维平面图例，需通过手动修改构件族参数的方法，使其达到想要的表达效果，因电气专业涉及的族数量很大，因此这是个长期迭代的过程。

（2）末端设备的布置应依据实际情况，使每个设备与设计的信息一致

包括放置高度、安装方式、设备型号、尺寸大小等，如配电箱安装方式是挂墙明装，高度 1500mm，则布置时需在**偏移**参数处设置相应的高度，如图 9-20 所示。

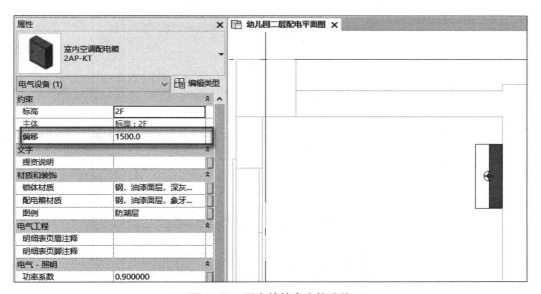

图 9-20　配电箱的高度偏移值

（3）吸顶安装的末端布置

在电气专业中，照明系统和火灾自动报警系统有一些末端设计为吸顶安装，对于这些吸顶安装的设备，需要手动添加剖面视图，量取该区域的高度，再设置好对应的参数布置，过程比较繁琐，目前 Revit 软件并没有太好的解决办法，为了提高效率可以使用插件，如：鸿业的自动吸顶功能，快速的将末端一键放置在板下。

（4）火灾自动报警系统的末端布置

在项目中，火灾自动报警系统的末端布置需要考虑梁位、加腋板等情况，可以借助结构平面来辅助布置，详见第 10.2.5 小节看梁底图设置。

需注意的是，其他专业的末端是通过放置二维平面图例来表达的，所以在布置其他专业的末端时，在视图样板中先将需要的构件显示出来，如图 9-21 所示，根据排烟系统的阀门位置布置相应的二维平面图例。

（5）BIM 审查系统的要求

广州市推广的 BIM 审查系统，对一些末端的构件参数设置提出了更加严格的要求，如：消防设备参数设置中，消防设备属于"火警设备类型"，族名称要包含"报警""火警"等；照明设备参数设置中，照明设备属于"灯具"类型或者"照明设备"类型，消防应急照明、灯光疏散指示灯标志的族名称包含"消防应急照明""灯光疏散指示标志"等，更详细的要求可参考相关标准。

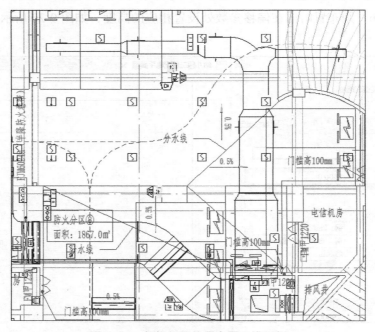

图 9-21　根据阀门位置布置二维图例

9.3.3　层叠设备构件的平面表达

机电设备或末端都常常遇到这种情况：平面位置一样或很接近，高度则上下层叠，需同时在平面图上表达。如果是 CAD 绘图，无需考虑太多，平面并排绘制即可，施工方也知道如何安装。但用 BIM 设计就面临此问题：层叠构件在平面上也是层叠的，**无法让三维按实际位置、二维按错开表达**。

解决办法是改造设备族，对其二维图形添加位移参数，使其可以在三维位置不变的情况下，二维符号可灵活移动。如图 9-22 的示例，是动力系统中的两个配电箱在同一位置的不同高度，我们通过修改配电箱的族来展示此过程。

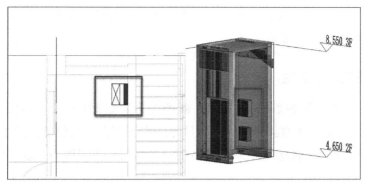

图 9-22　上下层叠的电箱平面错位表达

为同时满足三维模型与二维平面的表达（如图 9-22），需要在配电箱的二维平面图例中添加"Y"轴方向的参数，使其可以通过修改参数达到项目需求。而在电气专业的其他系统中，类似的问题可以参考这个方法，调整构件的图例使其满足制图要求，具体操作如下：

（1）选择需要修改的构件，点击"编辑族"按钮进入构件族的修改界面，进入"参考标高"平面。

（2）绘制一个 X 方向的参照平面，并添加**实例参数**控制其与 X 轴距离（图 9-23）。

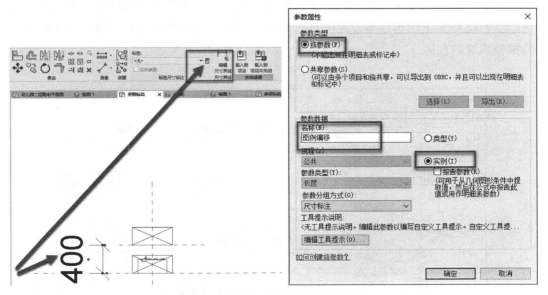

图 9-23　添加参照平面及距离参数

（3）用对齐命令将**平面图例**的边与刚绘制的参照平面**对齐并锁定**。

（4）载入项目即可。设定偏移距离，二维符号即偏移出去，而三维位置保持不变。

（5）如果需要，还可以添加 X 方向的偏移值，使其可以在两个方向上偏移。

类似设备族均可同样处理。

9.3.4　跨专业设备的表达

在电气专业中，需要接收给水排水、暖通等不同专业的提资，再根据提资的资料设计线路，但 Revit 软件的实体构件是随尺寸的大小而自动调整的，为了使图面简洁、美观、清晰，平面视图表达完整，常常会用到二维的平面图例表达这些设备构件的位置和相关信息。

比较理想的方式是在电气专业视图中保留其他专业的构件，直接引注、连接线路，但目前电气专业普遍不接受按实体尺寸显示的阀门等构件，仍然希望使用简化的图例方式表达，这个矛盾目前没有完美的办法解决，**我们的方法是制作常规注释族，以图例的方式表达阀门的构件，满足电气专业的表达习惯**。

💡提示：这种方式显然有着管理方面的漏洞：当其他专业的设备位置调整后，电气专业如果没有显示，可能会不知道设备的调整，从而导致配合失误。因此这种做法必须配合专项的校审环节来确保专业间协同一致。

族的做法不作展开，图 9-24 展示了暖通专业的风机图例在动力系统平面视图的表达；图 9-25 展示了给水排水专业的水流指示器、信号阀和暖通专业的阀门等在火灾自动报警系统的表达。

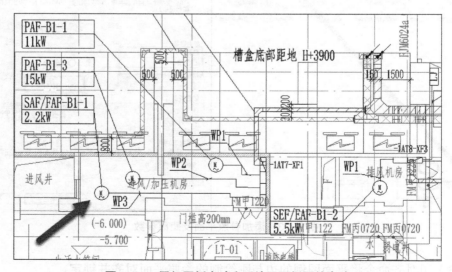

图 9-24　风机图例在动力系统平面视图的表达

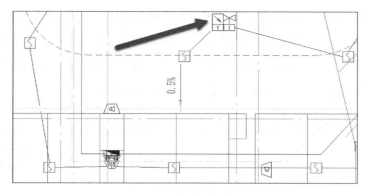

图 9-25　阀门在火灾自动报警系统的表达

9.3.5　导线的连接

Revit 的导线并不像电缆桥架构件有具体的三维模型信息，导线只有二维平面的信息，只能在平面视图中绘制。Revit 自带的导线类型绘制方式有三种，分别为 "弧形导线" "样条曲线导线" "带倒角导线"，可根据项目情况选择相应的导线连接方式。

💡 提示：导线不同于其他三维模型构件或二维线条图元，很多编辑功能对它无效，如对齐、拆分图元、修剪 / 延伸等功能。

所以，在电气专业中，导线连接设备末端时，尽可能 "一步到位"，减少修改的次数，而想要修改已经连接好的导线，需手动选择该导线，然后拖动导线上的点进行修改，这种做法的效率非常低。下面举几个例子详细说明一下。

（1）动力系统中，常是导线在电缆桥架敷设至末端附近，只有通过手动绘制导线的方式在电缆桥架连接至末端，而当用 "带倒角导线" 绘制一条有 "90°" 拐角的导线时，其并不能实现 "90°"，而是形成一个倒角关系的导线，想要修改为 "90°" 时，则需要在导线的每一个倒角区域，手动添加多一个 "顶点"。具体操作如下：鼠标 "左键" 点击导线，选择要修改的导线，然后鼠标 "右键" 选择 "插入顶点"，将该顶点拖至 "倒角" 区域，如图 9-26 所示。

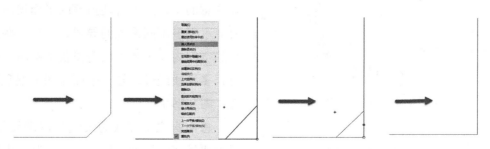

图 9-26　导线的转角

（2）照明系统的回路常用导线套线管连接照明灯具，可以通过创建系统的方式，快速连接各照明灯具等并形成系统回路，但生成的导线很难达到出图效果，如图 9-27 所示，导线不水平、导线连接设备点不可控等，需要手动去拖拽点去调整，如图 9-28 所示，由于没有捕捉、无法对齐，因此效率很低且效果不佳。

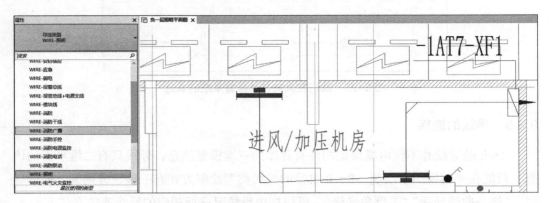

图 9-27　通过创建系统方式生成的导线

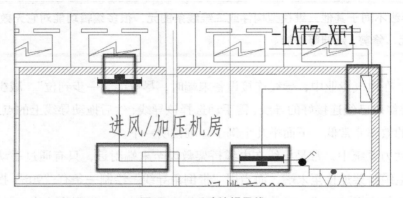

图 9-28　手动编辑导线

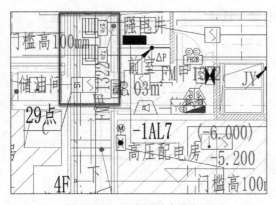

图 9-29　导线经过密集部位

（3）火灾自动报警系统可以参考照明系统的连接方式创建的"火灾系统"。需要注意的是，火灾自动报警的平面视图需要显示很多不同系统的导线，但在一些狭小的空间内，布置了火警设备末端时，还有很多导线经过，导致平面视图上混乱不清（图 9-29）。

总而言之，导线想要达到制图要求，还需要较多的手动处理，这也是制约电气专业参与 BIM 正向设计的一方面原因。

9.4　电气专业平面图制作

9.4.1　注释样式的设置

在动力系统中，常用到的注释样式有两种，分别为"线上线下文字"和"多行文字"（图 9-30），如有需要可以通过新建"常规注释族"载入项目中使用。

图 9-30　常规注释族

9.4.2　出图平面视图样板设置

（1）出图视图样板的设置是根据制图平面的要求对平面视图中的一些构件"可见性"、电缆桥架的表达样式等设置，如在动力系统中，需表达"卷帘门控制器"构件，而"卷帘门控制器"为"火警设备"在平面视图显示的同时面临一个问题，就是其他不需要表达的"火警设备"也会同时在平面视图中显示，可以在"过滤器"中将不需要的"火警设备"单独设置其"可见性"，控制其在动力系统平面视图中不显示。其他系统采用相同的方法设置。

（2）在"注释类别"将 Revit 软件中用于辅助作用的注释标记关闭，如图 9-31 所示，关闭剖面、剖面框、参照平面、参照点、参照线、标高、立面等。

（3）出图视图样板调整"详细程度"为"中等"显示，"规程"为"电气"。

9.4.3　土建底图的设置

土建模型的链接与底图的设置详见 10.2 一节内容，不再赘述。

图 9-31　设置注释类别开关

9.4.4 创建平面区域

在实际项目中，可能有以下两种情况：（1）：存在一些房间的高度并不随楼层标高，而照明系统的灯具、火灾自动报警的烟感等设备吸顶安装；（2）：坡道区域的一些消防末端吸顶安装。这两种情况下的末端设备吸顶安装后，不会在当前平面视图显示，则需要创建"平面区域"，对局部的平面视图范围进行调整，使得设备末端正常显示。

具体操作详见第 7.5.4 构件在视图范围以外的显示方法小节。

9.4.5 平面图纸的调整

（1）母线槽交叉表达方式

在电缆桥架绘制中可知，电缆桥架是"实体填充"表达，当母线槽有交叉情况时并不会有"间隙"的表达，可以通过手动的方式在交叉位置添加"填充区域"解决这个问题。具体操作如下：

新建名为"手动遮罩"的填充样式，如图 9-32 所示设置。然后点击『注释→区域』命令，选择"手动遮罩"样式，边界线样式选择"不可见线"（图 9-33），在交叉处两侧绘制遮罩，完成后的效果如图 9-34 右侧所示。

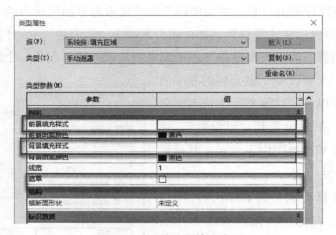

图 9-32　手动遮罩填充类型

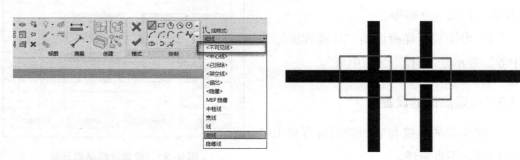

图 9-33　边界设为不可见线　　　　　图 9-34　遮罩处理后的效果

（2）导线"上下层"关系调整方式

导线是默认根据绘制的顺序形成"上下层"的关系，若想调整导线的"上下层"关系，选择该导线→在"排列"选项卡中，选择不同的排列方式调整其顺序关系，使图面整洁、美观，如图 9-35 所示。

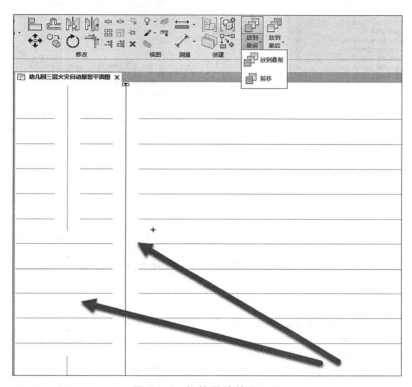

图 9-35　切换导线的上下层

（3）电缆桥架不同出图比例的填充样式表达

在出图时，需考虑电气专业导出 PDF 格式的图纸中的电缆桥架是否能表达清晰，通常电缆桥架内部的表达样式有"中心线"或添加"填充图案"等方式，前面内容所述在 Revit 软件中绘制电缆桥架是其实际尺寸，对于电缆尺寸宽度小于 100mm 时，用"中心线"表达。在导出 PDF 格式图纸时，基本上是看不清表达的是电缆桥架，所以在实际项目中可以根据项目实际情况选择不同的电缆桥架的表达方式，避免这些有"分歧"的表达。以下讲述用"填充样式"表达电缆桥架内部的操作步骤。

在视图样板的"过滤器"界面中，点击"填充图案"命令弹出的"填充样式图形"对话框中，设置相应的填充图案（图 9-36），然后在"出图视图样式"的"模型类别"选项中关闭电缆桥架、电缆桥架配件的"中心线"（图 9-37）。

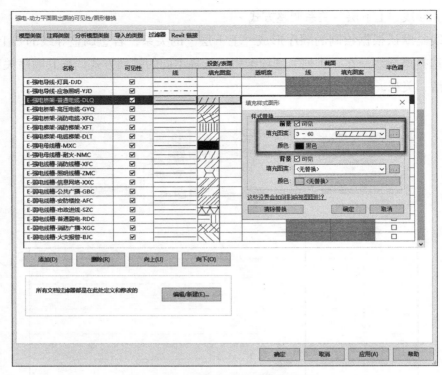

图 9-36　不同比例的桥架填充设置

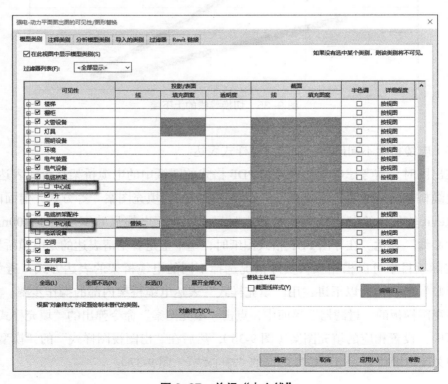

图 9-37　关闭"中心线"

（4）末端设备平面图例被遮挡的处理方式

末端设备的平面图例表达完整是制图标准的一个要求，而在 Revit 软件中，出图时设置为"隐藏线"模式，这样会导致末端图例与电缆桥架或者是末端图例与土建模型的某些构件交叉时，设备末端图例会被"隐藏"一部分（图 9-38），这样就与制图标准不符合。

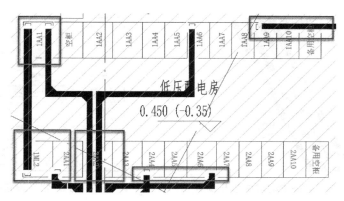

图 9-38　桥架对电气设备的遮挡

解决这类问题，需要在"视图样板"的"模型类别"中将动力系统的设备类型和电缆桥架及电缆桥架配件设置一定的透明度（注意：电缆桥架和电缆桥架配件只需设置 1% 的透明度，避免影响母线槽的填充样式，如图 9-39 所示）。

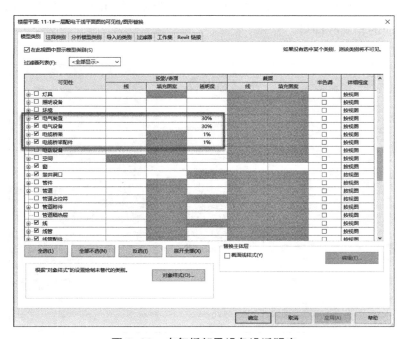

图 9-39　电气桥架及设备设透明度

（5）导线被土建模型的某些线遮挡的处理方式

由于设置了"配线交叉间隙"，链接的土建模型中的某些线与导线交叉时，部分导线被隐藏（图 9-40），可以在"Revit 连接"中勾选 **基线**，然后在『管理→其他设置→半色调 / 基线』中勾选 **应用半色调**（图 9-41），不仅能将导线显示完整，同时让土建模型"淡显"，更体现本专业内容。

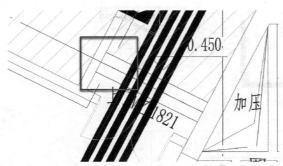

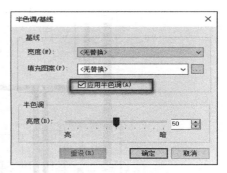

图 9-40　导线被底图中的构件断开显示　　　　图 9-41　设置基线显示

（6）图纸拆分的处理方法

在项目中，需要对一张图纸拆分成两张及以上时，可以在"项目浏览器"中选择对应的平面视图，通过"复制作为相关"的功能复制平面视图，并在总的平面视图中先用临时的详图线绘制拆分的位置，然后在拆分的平面视图中，打开"裁剪视图、注释裁剪"，出现一个范围框，双击该范围框进入"轮廓编辑页面"（图 9-42），根据详图线绘制相应的轮廓线即可。

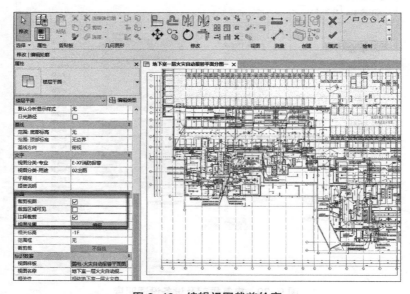

图 9-42　编辑视图裁剪轮廓

第 10 章　专业配合

专业之间的协同设计是 BIM 正向设计的精髓，也是跟传统 CAD 设计区别较大的环节。正向设计要求各专业之间紧密配合，整体推进，最重要的是要保持信息的唯一性，这是避免专业冲突的一个核心关键。本章第 10.1 节专门讲述**信息的唯一性**原则。

专业配合的一项重要内容是**专业之间的模型 / 视图互用**。类似 CAD 设计流程中的"套底图"，BIM 设计也有类似的操作，如机电专业引用建筑、结构专业的模型文件及设置好的视图作为底图；建筑专业引用机电专业的模型（如立管）。本章第 10.2 节介绍如何对其他专业的模型 / 视图进行引用与被引用的操作。

除了引用与被引用，还有一些构件是**多专业共用**的，如卫浴洁具，由建筑专业放置，同时又要跟给水排水的管道相连成系统，这种情况仅通过链接是实现不了的，在第 10.2 节中也介绍如何使用 Revit 的**复制 / 监视**功能来实现构件的跨专业共用。

在 BIM 正向设计的流程中，互提资料的做法也需要结合 Revit 软件及协同方式的特点来进行，才能达到方便、快捷的效果。本章第 10.3 节介绍在 Revit 软件环境下的**提资方法**。

10.1　信息的唯一性原则

信息的唯一性原则是指一个信息只出现一次，其余地方只是引用。这样可以确保同一个信息在不同地方都是一致的，即使不断更新迭代，所有引用都可以同步更新。这在建筑设计流程中本应是一个基本的原则，"某一专业的设计成果"与"其他专业所引用的该专业成果""提交给业主的设计成果"，都应该是同一信息（同一文件、同一版本），各专业在不断深化设计、版本迭代的过程中，各方拿到的都是同一份最新版本的文件，这样就可以避免很多因版本不一致导致的专业冲突问题。

这恰恰是传统 CAD 设计流程时常被诟病的一点，版本不一致导致的专业配合失误很普遍，可以说是影响设计质量的一个关键原因。究其原因，主要是因为二维 dwg 文件是非结构化的信息，各专业之间的信息耦合要求不高，设计人员缺乏这方面的主动意识，而企业又未必能提供一个强制性的协同平台环境给设计人员使用，因此难以做到信息的唯一性。当然也有设计企业通过协同平台或强制性的管理措施实现了信息唯一性，这对设计质量的提升应该是相当有益的。

在 BIM 正向设计的流程中，这个问题的重要性更凸显出来，因为 BIM 是结构化的信息，各专业之间的信息耦合要求非常高，同时 BIM 文档的集成度也比以往高得多，一个专业的文档就有一个或几个文件，一旦脱节，其影响的范围会更广。因此，**信息的唯一性是 BIM 正向设计协同质量的关键一环**。

所幸的是 BIM 设计软件已考虑到这个问题。两大主流 BIM 设计软件 Revit 与 ArchiCAD 均支持团队工作模式，以我们第 4.5.2 小节中介绍的 Revit 的工作集协同方式为例，单专业的多人协作均在同一个中心文件中进行，保证了单专业的信息唯一性；多专业之间直接以中心文件链接中心文件，保证了专业之间对接的信息唯一性，因此在技术层面具备了实现的条件。但同时也需要从管理层面加以落实。具体有以下几点需要注意：

（1）由于 Revit 的工作集记录的是中心文件的绝对路径，因此，**存放项目公共设计文件的局域网地址一旦建立就应避免修改**。

（2）由于 Revit 链接关系记录的是文件的绝对路径或路径的相对关系，为避免频繁重新链接[①]，上述项目公共设计文件夹的**子目录架构也需避免修改**。

💡 提示：**尤其需注意工作路径的文件夹不要加日期后缀，也不要加阶段后缀，这样才能将协同关系持续下去。仅当需要备份时才将工作文件复制到带日期或阶段后缀的文件夹里。**

（3）同理，各专业的**中心文件一旦建立就应避免改名**，因此一开始就应该规范命名，不要加日期后缀，不要加阶段后缀。

（4）各专业共用或多专业共用的图元、构件，如轴网、楼层、卫浴洁具、部分机械设备等，原则上只应出现一次，避免重复。主要通过 Revit 的"**复制 / 监视**"功能实现。

10.2　机电专业链接与引用土建模型

10.2.1　链接土建模型

机电专业在创建本模型之前，需要将土建模型链接到本项目文件中。项目不使用共享坐标时，仅需将土建模型通过**原点到原点**链接至本项目；若项目中使用了共享坐标，为了后期整合，需要将土建模型通过**原点到原点**链接至本项目之后，再获取土建模型的坐标。通过点击『**管理→获取坐标**』命令，选中土建链接模型即可，如图 10-1 所示，同时请参见第 14.2 节内容。

---

① 　重新链接操作可能导致各种问题，如主体文件里与链接文件相关的标注丢失、原设定引用的链接视图丢失等。

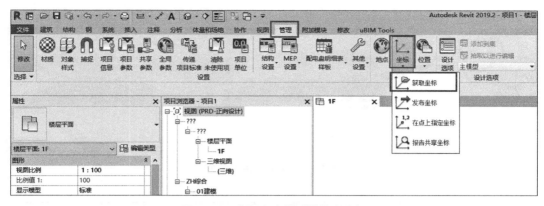

图 10-1 获取土建模型的共享坐标

💡 提示：链接的土建模型必须"锁定"，以免误移动。

10.2.2 复制 / 监视土建模型

部分构件为跨专业使用，如卫浴洁具、消火栓等，为了保证机电专业模型与土建链接模型构件位置保持一致，可使用 Revit 自带的**复制 / 监视**功能。该功能可以让机电专业项目文件复制链接文选中的构件，并且实时监视与链接文件中该构件位置是否一致。若链接文件中该构件位置移动或者被删减，则本文件项目文件会出现提示，也可使用重新监视命令，使本项目文件对应构件位置与链接文件中的构件再次同步。具体操作过程如下：

（1）点击『**协作→复制 / 监视→选择链接**』对话框，选中土建链接模型，如图 10-2 所示。

图 10-2 选择链接文件进行复制 / 监视

（2）选择"复制"功能，复制多个构件时，需要勾选"多个"，如图 10-3 所示。

（3）框选需要复制 / 监视的构件，如本例选择楼层标高及轴网。点击"**完成**"选择，再点击"**完成**"复制 / 监视命令，如图 10-4 所示。注意，轴网在一个立面上无法全部选择，需从另一个角度的立面才能全部选上。

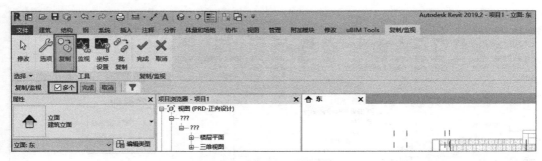

图 10-3 复制 / 监视多个

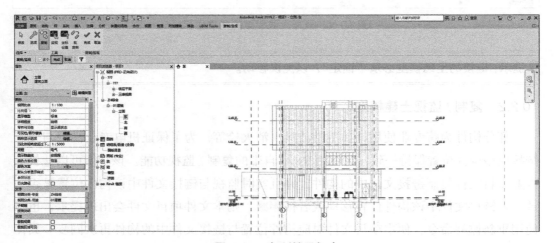

图 10-4 复制楼层标高

给水排水专业需要复制 / 监视的构件，除了常规的标高和轴网之外，还有地漏、卫浴装置、消火栓等构件一般由建筑专业放置，本专业再复制 / 监视土建模型的这些构件。

💡 提示：对于机电相关的构件，可以监视整个类别，当同类别有新增构件时，本项目文件也可以同步更新。

具体操作如下：

（1）在**复制 / 监视**选择土建链接后，使用**坐标设置**或**批复制**功能，在**协调设置**弹窗中，如图 10-5 所示将对应类别的**复制行为**改为**允许批复制**、**映射行为**改为**指定类型映射**。

（2）在左侧的**类型映射**项目中，可以选择是否需要复制该构件，也可以选择使用本项目文件的族来替换对应的构件。点击"**复制**"按钮，即可复制 / 监视该类别的构件，如图 10-6 所示。

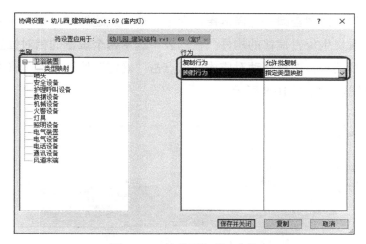

图 10-5 按类别复制 / 建施

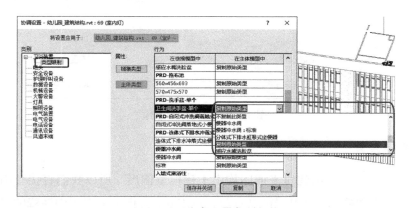

图 10-6 分类设置复制行为

当链接文件中构件的位置发生移动或者被删减时，**重新载入链接文件时**会出现如图 10-7 所示的提示。

图 10-7 协调查阅提示

使用**协调查阅**命令，可使本项目文件对应构件位置与链接文件中的构件再次同步。具体操作如下：

点击『**协作→协调查阅→选择链接**』命令，选中土建链接模型。在弹出的**协调查阅**窗口中，查看发生位置偏移的构件。在列表中**选中两个设备的相对位置已更改**，点击右侧**操作**下拉菜单，选择**移动**对应构件，点击"确定"按钮后即可将本项目构件与链接文件构件同步，如图 10-8 所示。

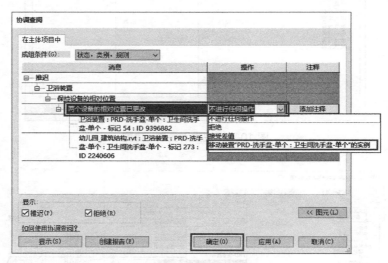

图 10-8　协调查阅操作

10.2.3　底图设置

BIM 正向设计项目的建筑平面图均由土建模型输出，所以我们直接套用土建链接模型中的**建筑出图视图**，再根据机电专业表达需要，自行定义视图中**注释**的可见性（如门窗编号、索引符号、说明等）。具体操作过程如下：

（1）在视图可见性设置的 **Revit 链接**页面，点击土建模型的**显示设置**命令，选择**自定义**，然后在链接视图处下拉选择对应楼层的建筑平面图，如图 10-9 所示。

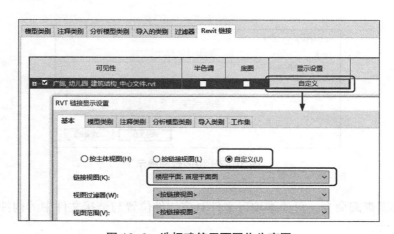

图 10-9　选择建筑平面图作为底图

（2）切换至**模型类别**，同样设为**自定义**，再关闭之前**复制 / 监视**的构件类别（如消火栓、卫浴装置等），以免重复，如图 10-10 所示。

图 10-10　设置链接视图的模型类别开关

（3）土建底图中的结构构件，默认无法按习惯表达设为**实体填充**，可通过**密集填充模拟**，详见第 14.10 节机械规程中的结构填充问题专题介绍。

10.2.4　底图房间标记

在 CAD 绘图的模式下，机电链接建筑平面作为底图有个很棘手的问题，即**房间名称与机电布置的矛盾**。"建施"一般将房间名居中布置，而机电专业希望将主要空间用以布置设备或管线，房间名挪到一边。

Revit 协同模式下，默认的土建链接视图也是如此，如图 10-11 所示。

但这个矛盾在 Revit 协同模式中有望得到解决，**因为 Revit 可以标记链接文件里的构件（包括房间）**，因此我们可以把土建链接视图中的房间标记关掉，然后在机电文件中重新标记房间，这样房间标记的位置就完全自主了。具体操作过程如下：

（1）如图 10-12 所示，将土建链接视图中的房间标记关掉。

（2）执行『**注释→全部标记**』命令，勾选"**☐包含链接文件中的图元**"，设定房间标记，点击"确定"后，当前视图的房间全部重新标记，并且标记图元属于当前的机电文件，可以随意挪到合适的位置，如图 10-13 所示。

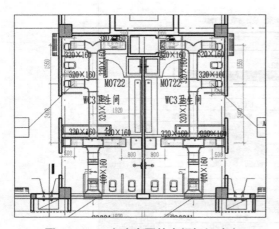

图 10-11　土建底图的房间标记冲突

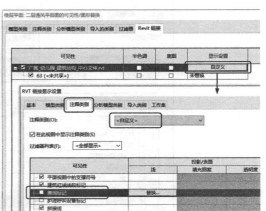

图 10-12　关闭土建底图的房间标记

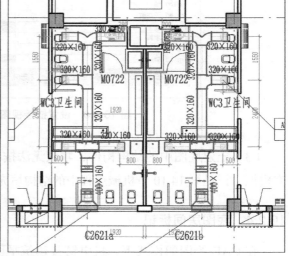

图 10-13　重新标记房间

10.2.5　看梁底图设置

给水排水消防专业在布置喷头时需要考虑梁的布置，电气专业许多末端布置也需要在平面图上显示梁线。这对于建筑结构分开建模的方式是不成问题的，同时链接建筑、结构两个文件，分别设置链接底图即可。

但对于建筑结构一起建模的协作方式，就变得很难实现，因为建筑底图要求往下看，梁线则在上方，这本身是矛盾的要求。

解决方法有两个：一是通过向上的**结构平面视图**或**天花板投影平面视图**作为链接底图，二是通过 dwg 文件中转。

先介绍第一个方法。首先需要建筑专业在其模型中创建**视图方向向上**的**结构平面**视图，并在该视图中显示梁线、标注房间名称、门窗编号等，作为其他专业链接的底图。顶棚投影平面视图也是类似的操作，不赘述。

在本专业模型中，同样通过『**视图→平面视图→结构平面**』命令，新建**视图方向向上**的**结构平面**视图，如图 10-14、图 10-15 所示。

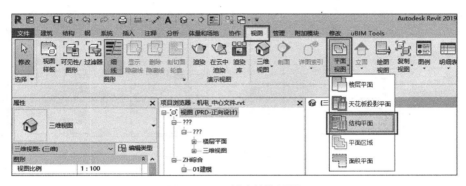

图 10-14　新建结构平面

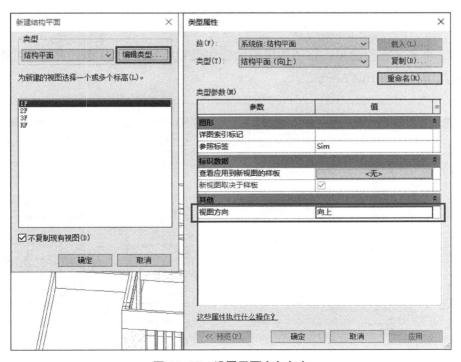

图 10-15　设置平面方向向上

在结构平面视图中，按第 10.2.3 小节的方法套用土建链接模型中的结构平面视图，自定义底图的构件可见性即可，如图 10-16 所示。

💡 **提示：只有同样上看的结构平面才能应用链接文件中上看的结构平面作底图。**

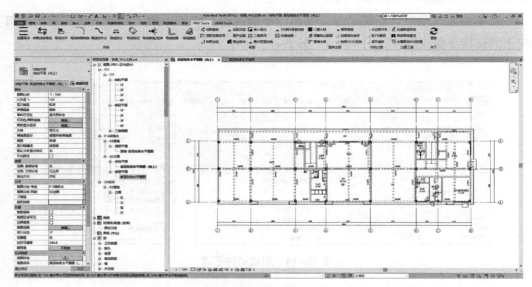

图 10-16　看梁底图效果

第二个方法比较简单，将结构模型梁标注尺寸后导出 CAD 图，再链接到本项目当前视图中，如图 10-17 所示。

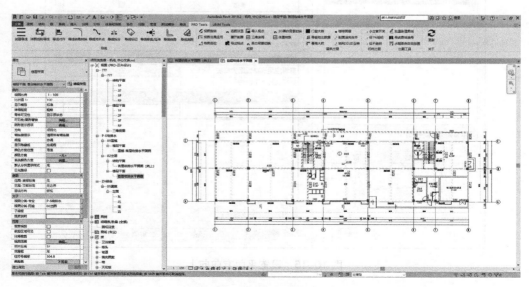

图 10-17　导入 CAD 梁图

这个方法虽然减少了设置环节，但无法实时修改，**一旦结构梁有修改，需重新制作梁底图**，这个环节难以控制，因此并不推荐。

10.3 互提资料

专业间互提资料是伴随设计过程持续、频繁进行的专业配合操作。在 CAD 设计流程中，前期的机电设计条件以文字提资为主，设计过程中的提资则主要以在平面图上"云线＋注释"的方式来表达。BIM 正向设计流程的提资形式与此基本一致，但需结合 Revit 软件的特点以及协同流程作一些调整。

10.3.1 提资流程

提资大致可分为两类：

（1）本专业作出修改，通知被影响到的其他专业。

（2）本专业需要其他专业作出修改，将需求提给对方。

💡提示：这两类提资在 Revit 的协同操作上基本上是一致的，主旨都是在本专业的 Revit 文件中设专门的视图，用云线圈示并加说明，然后让接收专业链接并引用该视图。

图 10-18 所示是 Revit 常规提资的流程示意。需注意的是，Revit 的云线功能比较特殊，它有一个"修订序列"的属性，本意是对不同时段或不同用途的云线进行分组，但该功能藏得比较深，很多用户并没有使用这个属性，只是简单地用来圈示。如果希望做到比较有序的提资管理，就需要使用这个功能。

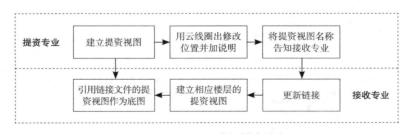

图 10-18 Revit 常规提资流程

下面以实例具体说明。以当前专业为建筑专业为例，假设建筑平面布局作出调整，需告知其他专业，其操作流程如下：

1）在建筑专业的 Revit 文件中，先定义本次发出的修改主题，也就是所谓的**修订序列**。执行『**视图→修订**』命令，在弹出的"图纸发布 / 修订"设置框中，点击"添加"

按钮，新建一个序列，设置日期与说明，"发布到"与"发布者"分别指"接收人 / 接收专业"与"提资人 / 提资专业"。其他按默认即可，如图 10-19 所示，新增了一个"负一层平面调整"的序列。

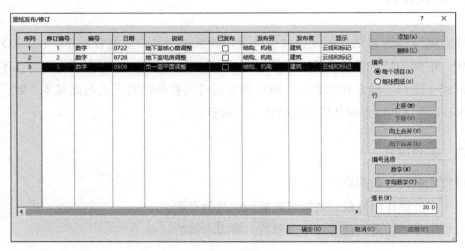

图 10-19　设置修订序列

2）接下来建立专门的提资视图。在项目浏览器中选择需要提资的视图，右键点击『复制→带细节复制』命令，修改视图名，建议有明确的日期[①]与"提资"字样，方便接收专业在后面的步骤中查找引用。然后，视图属性中的"视图分类-用途"设为"04提资"，其在项目浏览器中就自动归入相应的提资目录下，方便查找与管理（图 10-20）。

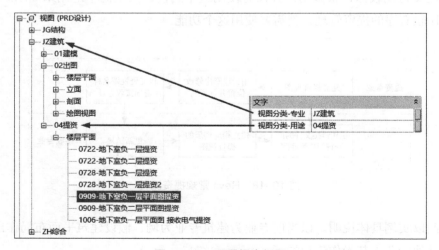

图 10-20　设置提资视图

---

① 注意，这里建议视图名称加日期后缀，与前面建议文件名不加日期后缀并非矛盾，同样是信息唯一性原则的体现，因为这个视图只使用一次，并且是要求其他专业能明确查找到，后续也能追溯到。

3）进入该视图，用『**注释→云线批注**』命令圈出修改位置，云线的"修订"参数选择我们刚刚新建的修订系列，然后在"标记"参数里填入说明文字。注意，云线只有"标记"与"注释"两个参数供用户填写（且无法添加项目参数或共享参数），任意一个都可以，只要跟标记族对应就可以了。这里使用了标记参数，注释参数备用。然后用『**注释→标记**』命令对云线进行标记。标记族已根据需要进行了修改，并非 Revit 自带的标记族，如图 10-21 所示。

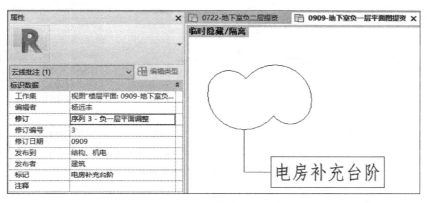

图 10-21 云线批注并标记说明

4）整层批注完成后，效果如图 10-22 所示，保存文件。然后将修改主题、对应的视图名称通知相关专业设计人①。

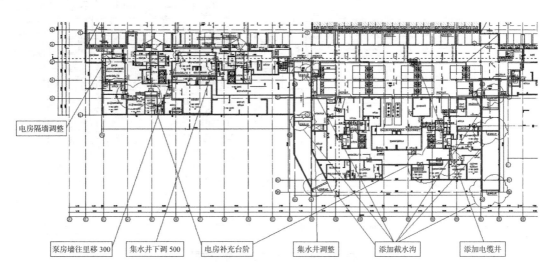

图 10-22 云线批注整体效果

---

① 通知的方式有多种，一般直接通过项目设计 QQ 群、微信群、钉钉群等即时通信方式通知，这种方式比较难以留痕。较为正式的提资，建议通过邮件通知。

5）收到提资通知后，相关专业设计人**更新链接文件**，然后按第 2）步操作，以相应楼层的平面图为基础新建提资视图[①]，在视图可见性设置处，将该链接文件的显示设为"按链接视图"，并选择提资通知里提到的视图，如图 10-23 所示。

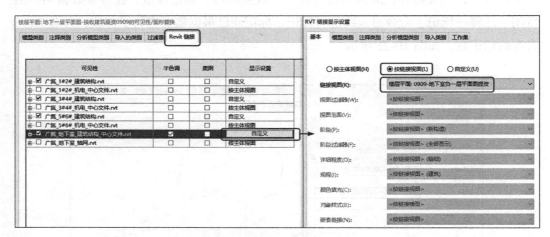

图 10-23　接收方的视图设置

6）设置好后，即可查看提资方的资料，如图 10-24 所示。注意，本例在链接文件处勾选了"半色调"，如果不勾选，底图效果就跟图 10-22 一致。至此提资流程结束。

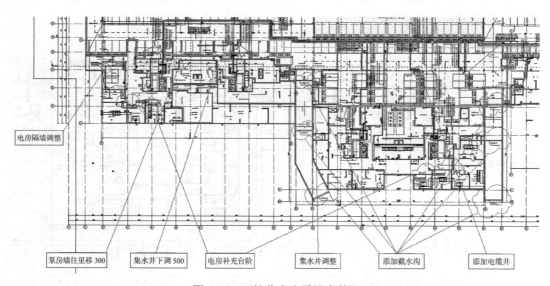

图 10-24　接收方查看提资效果

---

① 其实是"受资视图"，只是为了方便归类才归入"04 提资"类别里。这个视图仅为了"看"提资，但由于接收专业本身的正式视图是设置好的，不应随意修改其链接视图，因此要专门复制一个视图出来显示提资方准备好的视图。此外，为了追溯历次提资，也需要专门留痕。

以上展示了建筑专业平面有修改时，向其他专业发出提资的流程。另一种提资是需要其他专业修改配合的流程，如机电专业就设备机房的设置向建筑专业提资，按上面的流程也是一样适用的，不再赘述。但有一种更简易的方法，当各专业的配合足够熟练以后，可以按图 10-25 所示流程操作。

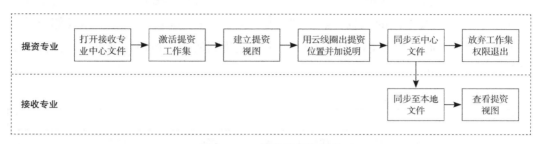

图 10-25　简化的提资操作

举例来说，假设机电专业需要建筑结构专业在机房处设集水井及排水沟，又或者机电专业需要在结构构件处预留洞口或预埋套管，**当征得建筑结构专业设计师同意后，直接打开建筑结构专业的 Revit 中心文件，新建或激活"机电提资"的工作集，然后同样复制视图、云线批注，然后同步至中心文件，放弃工作集权限退出。这样就完成提资了**。接收专业同步中心文件即可查看。

💡提示：这样的操作简化了视图传递的步骤，更为简洁，对于类似管线预留洞口 / 套管这类小而多的提资非常适用。但由于直接参与到其他专业的 Revit 中心文件当中，除相互知会外，还需做好备份工作，以避免操作失误的风险。

10.3.2　提资管理

第 10.3.1 小节所介绍的流程虽然完成了"提资→接收"的过程，但没有对提资项作出管理，容易出现漏项或反复修改导致配合失误的问题，从项目设计管理的角度看还需要再完善。

想要避免漏项，就需要逐项记录、确认并销项，一般通过列表来实现。**但 Revit 的云线批注无法直接列表统计**[①]，因此需另外想办法。

一个办法是**不通过云线批注来提资，采用自制的常规注释族来记录提资的信息**，而常规注释族是可以列表统计的，这样就可以实现统一的管理。这个办法本章不单独介绍，可以参考第 13.2.1 小节，在 BIM 设计校审部分，我们采用了这个办法，可以参考

---

① 云线批注的列表要在布图的图签族里才能放置，详见 Revit 帮助文档。Revit 对云线的功能定位是用来表达每张图改了哪些地方，所以跟我们的期望不完全相符。

移植到提资流程中。

珠江设计采用的是另一个方法，**通过开发 Revit 插件来统计云线批注的信息**。为什么我们仍然采用云线批注的方式，这个问题稍后再分析，下面先介绍这个方法的流程。

当提资专业做好云线批注后，执行插件，弹出如**图 10-26** 所示的列表，这里列出了项目中所有云线批注的信息，点击"导出 csv"按钮，即可将列表整体或部分导出为 csv 文件（进而保存为 Excel 表格）。点击"定位到所选"按钮，则可以直接打开云线所在视图并定位到所选云线。

所属序列	日期	发布人/专业	接收人/专业	云线标记	云线注释	ID	所属视图
序列 2 - 地下室电房调整	0728	建筑	结构、机电	添加风井		3090679	0722-地下室负二层提资
序列 3 - 负一层平面调整	0909	建筑	结构、机电	电房隔墙调整		3800675	0909-地下室负一层平面图提资
序列 3 - 负一层平面调整	0909	建筑	结构、机电	集水井调整		3799547	0909-地下室负一层平面图提资
序列 3 - 负一层平面调整	0909	建筑	结构、机电	添加截水沟		3801885	0909-地下室负一层平面图提资
序列 3 - 负一层平面调整	0909	建筑	结构、机电	集水井下调500		3803227	0909-地下室负一层平面图提资
序列 3 - 负一层平面调整	0909	建筑	结构、机电			3801935	0909-地下室负一层平面图提资
序列 3 - 负一层平面调整	0909	建筑	结构、机电	电房补充台阶		3799051	0909-地下室负一层平面图提资
序列 3 - 负一层平面调整	0909	建筑	结构、机电	添加电缆井		3798718	0909-地下室负一层平面图提资
序列 3 - 负一层平面调整	0909	建筑	结构、机电	电房补充台阶		3799272	0909-地下室负一层平面图提资
序列 3 - 负一层平面调整	0909	建筑	结构、机电	泵房墙往里移300		3863626	0909-地下室负一层平面图提资

导出 csv　定位到所选　　　　　　　　　　　　　确定　取消

图 10-26　通过插件进行云线批注列表

💡提示：注意其中的"ID"和"所属视图"，这是 Revit 自带的各种构件明细表都无法列出的，只能通过插件实现，而这两个信息对管理来说是非常有用的信息。接收方可以据此快速进行链接视图的选定；后期也可以根据 ID 快速追溯问题所在。

导出的 Excel 表格即为项目设计管理的文档，而近年来迅速发展成熟的文档在线协作技术，使项目管理更加方便，如我们在项目中大量使用的腾讯文档，可以将上述提资表格录入腾讯文档的在线表格进行汇总，然后共享给设计团队，凡需要跟进修改或处理的提资，均有相应的设计人员在线回复（图 10-27）。这样逐项跟进、销项，既不会遗漏，又可以留痕，是投入小见效快的管理方式。

下面解释为什么我们没有选择用自制常规注释族代替云线批注的方式来提资：

（1）云线批注作为 Revit 自带功能，仍然是设计人员首先想到并且更习惯的工具。

	A	B	C	D	E	F	G	H	I	J
1	所属序列	日期	发布人/专业	接收人/专业	云线标记	云线注释	ID	所属视图		
58	序列 1 - 地下室核心筒调整	722	建筑	结构、机电	1650改1450		3663441	建模 - 一层结构梁、板平面图	√	
59	序列 1 - 地下室核心筒调整	722	建筑	结构、机电	800改950		3663633	建模 - 一层结构梁、板平面图	√	
60	序列 1 - 地下室核心筒调整	722	建筑	结构、机电			3664001	建模 - 一层结构梁、板平面图	√	
61	序列 1 - 地下室核心筒调整	722	建筑	结构、机电	2300改2150		3675109	建模 - 一层结构梁、板平面图	√	
62	序列 1 - 地下室核心筒调整	722	建筑	结构、机电	1800改1000		3675322	建模 - 一层结构梁、板平面图	√	
63	序列 1 - 地下室核心筒调整	722	建筑	结构、机电	1800改1300		3675358	建模 - 一层结构梁、板平面图	√	
64	序列 1 - 地下室核心筒调整	722	建筑	结构、机电	1800改1300		3675474	建模 - 一层结构梁、板平面图	√	
65	序列 1 - 地下室核心筒调整	722	建筑	结构、机电	2300改2000		3675656	建模 - 一层结构梁、板平面图	待定	
66	序列 1 - 地下室核心筒调整	722	建筑	结构、机电	2400改1800		3675712	建模 - 一层结构梁、板平面图	待定	
67	序列 1 - 地下室核心筒调整	722	建筑	结构、机电	1800改1500		3675975	建模 - 一层结构梁、板平面图	√	
68	序列 1 - 地下室核心筒调整	722	建筑	结构、机电	2250改1650		3676230	建模 - 一层结构梁、板平面图	√	
69	序列 1 - 地下室核心筒调整	722	建筑	结构、机电	柱子位置移动		3677080	建模 - 一层结构梁、板平面图	待定	
70	序列 1 - 地下室核心筒调整	722	建筑	结构、机电			3677245	建模 - 一层结构梁、板平面图	√	
71	序列 1 - 地下室核心筒调整	722	建筑	结构、机电	?		3679067	建模 - 一层结构梁、板平面图	√	
72	序列 1 - 地下室核心筒调整	722	建筑	结构、机电	600改1200		3679998	建模 - 一层结构梁、板平面图	√	
73	序列 1 - 地下室核心筒调整	722	建筑	结构、机电	2200改1550		3680293	建模 - 一层结构梁、板平面图	√	
74	序列 1 - 地下室核心筒调整	722	建筑	结构、机电			3680578	建模 - 一层结构梁、板平面图	√	
75	序列 1 - 地下室核心筒调整	722	建筑	结构、机电	1900改1600		3680917	建模 - 一层结构梁、板平面图	移定	
76	序列 1 - 地下室核心筒调整	722	建筑	结构、机电	1300改1650		3681144	建模 - 一层结构梁、板平面图	待定	
77	序列 1 - 地下室核心筒调整	722	建筑	结构、机电	800改1300		3681349	建模 - 一层结构梁、板平面图	√	
78	序列 1 - 地下室核心筒调整	722	建筑	结构、机电	800改1600		3681496	建模 - 一层结构梁、板平面图	√	
79	序列 1 - 地下室核心筒调整	722	建筑	结构、机电	600改1600		3681536	建模 - 一层结构梁、板平面图	√	
80	序列 1 - 地下室核心筒调整	722	建筑	结构、机电	外线?		3681924	建模 - 一层结构梁、板平面图	√	

图 10-27　在腾讯文档中在线共享提资列表

（2）如上一条提示所说，常规注释族虽然可以自己任意添加共享参数、可以列表统计，但无法在明细表里记录其 ID 与所属视图，这样就不方便接收方查找链接文件里的对应视图。但校审跟提资不一样，校审意见是给回自己看的，只需文件内的明细表可以直达注释部位即可，不需要传递给其他专业，因此校审用常规注释族更方便。

（3）使用插件同样可以记录常规注释族的 ID 与所属视图，但针对云线的插件通用性要高得多。

因此，我们提资与校审采用了不同的技术路线。当然只要能实现目的，各种技术路线都是可以尝试的，选用综合性能最优的即可。

第11章 管线综合设计

BIM 正向设计流程与 CAD 设计、BIM 翻模的流程有一个明显的区别，就是在设计过程中随时进行多专业的紧密配合，这给管线综合设计创造了良好的条件，使这个以往困扰设计企业、项目团队的一大问题有望得到根本性的解决（图 11-1）。

图 11-1　BIM 三维视图与现场安装案例照片

但要取得良好的效果，必须结合 BIM 正向设计流程有计划、分阶段、分重点进行，同时要综合运用 BIM 软件的各种功能，确保管综设计成果的合理、美观、经济、可行。

本章介绍 BIM 正向设计的管线综合流程、管综设计的原则与注意事项，同时结合 Revit 软件功能介绍管综出图的技术要点。

11.1　管线综合设计流程

BIM 正向设计模式不仅将各机电专业的设备、管线、系统，阀门、管件放在一个模型里，同时也通过链接把所有专业、专项模型集成到一个整体模型中，随着设计的推进，解决专业协调问题的同时，分阶段进行不同程度的管线综合，最终实现净高控制、支吊架预留空间控制或布置，同时导出管线综合设计的相关图纸。

管综设计的流程大致分为初步设计与施工图两个阶段。

11.1.1　初步设计阶段管线综合设计流程

初步设计阶段，基于各专业 BIM 设计模型进行初步管线综合设计，流程如下：

（1）以机电专业 Revit 文件为主体，链接其他建筑、结构、幕墙等模型文件，全部打开显示。

（2）各楼层设定管综专用的建模、出图视图。

（3）分楼层进行主管管线的综合调整，重点确定主管线路由及标高。

（4）竖向管井综合调整。

（5）楼层内干管管线综合调整。

（6）设备房内设备和管线布置。

（7）建筑空间净高校核优化、全专业综合协调优化。

（8）校审后导出楼层净高分析图、管井和主要设备房分析图。

初步设计阶段管线综合流程如图 11-2 所示。

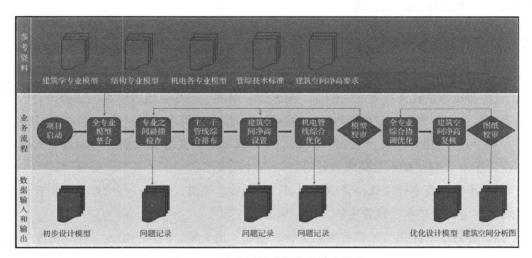

图 11-2　初步设计阶段管线综合流程

11.1.2　施工图阶段管线综合设计流程

施工图设计阶段的 BIM 正向设计管线综合流程：

（1）在初步设计管线综合的基础上，优化楼层主管、竖向管井的综合调整。

（2）楼层支管、末端综合调整和连接。

（3）结构、建筑专业预留预埋 BIM 开洞协调。

（4）支吊架布置或预留设置。

（5）校审确定满足要求后导出管线综合平剖面图、预留预埋施工图。

施工图设计阶段综合设计流程如图 11-3 所示。

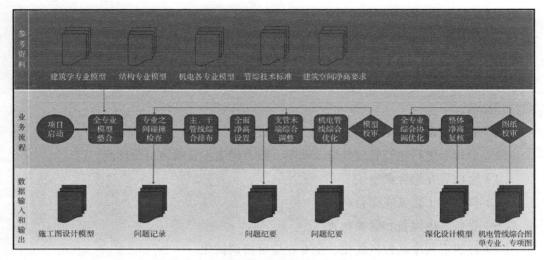

图 11-3　施工图设计阶段管线综合流程

11.2　管线综合设计原则

11.2.1　管综基本原则

（1）建筑室内管线综合调整避让原则

1）有压管道让无压管道。例如，消火栓、喷淋、给水、压力废水、空调冷热水管道避让雨水、污水、冷凝水等有坡度的自然重力排水管道。

2）可弯管道让不可弯管道。例如，压力管道避让发电机或锅炉的烟道、大尺寸风管，压力管避让排水系统通气管等。

3）小管径管道让大管径管道。例如，消火栓、喷淋、给水、压力废水管道避让生活热水、空调冷热水、风管主管、高温烟道等管道。

4）普通水管让热力（带有保温）管。例如，消火栓、喷淋、给水、压力废水管道避让带保温的空调热水、生活热水、蒸汽管道等。

5）分支管道让主干管道。连接消火栓、喷淋、空调末端支管避让消防循环、空调送风、排风、空调冷热源主管及干管等。

6）管道交叉尽量在梁板之间的空间里解决。

7）单一个管道避让多个管的管组。

8）在公共区域路过的压力管道可以布置到最上层，往左右连接支管、向下有开口或连接支管的干管布置到最下层。

9）电缆桥架、母线槽与压力水管平行布置时，电缆桥架、母线槽必需布置到上部，确保运维期间的安全性。

10）综合管线布置最好一层布置完，尽量不分层布置；如果两层布完就不分三层布置，分层布置要确保方便施工安装。

11）公共走道机电管线上下分层排管的区域，必需预留≥400mm的空间，保证后期各项系统按工作界面、安装顺序的先后和检修的需求。

12）管道交叉翻弯应符合各专业要求，多个管道并列为一层需保持管底平齐，方便后续综合支吊架布置。

13）管道穿结构梁、结构剪力墙时，一定要满足结构专业的技术要求。

14）管线综合调整时，线管、水管不能穿过风管通过，无关的水管不能穿过高低压配电房。

15）综合管线的结果要根据规范保证管道之间的间距要求，想尽一切办法满足建筑净高要求，综合提高建筑空间使用效益。

（2）建筑室外管网综合调整避让原则

1）首先考虑把工程管道敷设在人行道或非机动车道下面。

2）与室内管线综合要求雷同的是，压力管避让重力自流管道，可弯曲管道避让不易弯曲管道，小管径管道避让大管径管道，临时管道避让永久管道。

3）建筑室外管网综合必须符合城市市政道路现状和整体要求。

4）管线综合调整时要减少在道路交叉口处交叉。

5）工程管道在庭院内建筑布线向外方向平行布置的次序，应根据工程管线的性质和埋设深度确定，其布置次序为：电力、弱电、雨水、污水、燃气、给水等。

6）当工程管线交叉敷设时，自地表面向下的排序顺序为：电力、弱电、燃气管道、给水管道、雨水排水管道、污水排水管道。

7）各种工程管道不应该在垂直方向上重叠直埋敷设。

（3）整体美观控制原则

1）机电管线避免随意交叉翻弯。

2）同类型线槽、压力水管分组布置，管与管之间间距保持一致，组与组之间间距预留有安装、维修、支管翻弯的空间。

3）整个项目管线综合排布前分类型技术要统一，上下左右排列普遍一致。

4）管线综合排布后整体合理，管线基本呈平直，相互平行。

5）管线密集区域整洁有序。

6）人行通道、车行通道上部空间尽可能高，尽可能不要布置较大的管道（图11-4、图11-5）。

（4）机电管道间距控制

1）避免管线从防火卷帘处通过，如必须经过，需从卷帘盒（高度≥500mm）上方墙体通过；以预留套管形式或留洞方式通过，管道穿过的地方周边缝隙采用不燃材料封堵。

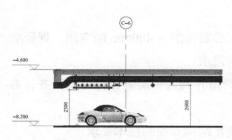

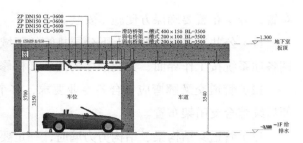

图 11-4　地下室汽车库剖面案例 1　　　　图 11-5　地下室汽车库剖面案例 2

2）水管外壁（含保温）间距约 120mm，管外壁（含保温）与墙间距约 200mm，管径越大，需要的安装间距越多，详见《建筑给水排水设计手册》（第二版）。

3）管线阀门应错开位置，若需并列安装，需根据阀门尺寸确定净距并不宜小于250mm。如立管设置阀门，也需要考虑阀门安装及检修空间。

4）管线尽量少设置弯头；无关管线不要穿高低压配电房、开关房、管道井、前室、楼梯、消防控制室。

5）上下多层管道布置时，层间的间距至少保持 150mm，保证支架、法兰的位置，有条件可以增大到 300mm，能够满足 DN200 以下的水管、150mm 厚的风管横穿通过，满足管线综合调整的灵活性（图 11-6、图 11-7）。

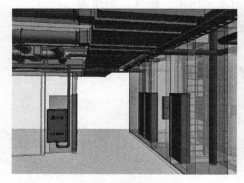

图 11-6　标准层管线综合案例（1）　　　　图 11-7　标准层管线综合案例（2）

11.2.2　建筑空间重点区域净高控制

（1）一般机电各专业重要区域

包括生活水泵房、消防泵房、空调冷热源机房、风机房、空调机房、高低压配电房、设备房防火分区的内走道、屋顶层、避难层 / 间或避难通道、机电各专业系统转换层、机电管道集中的地方等。

（2）建筑功能空间的重要区域

包括地下室汽车道、停车位、物流卸货区、电梯厅、泛大堂、大厅、大堂、标准层内走道、餐包房、特色餐厅、中小会议室、多功能厅、音乐厅、剧场、室内运动用房、地下室商业区、首层结构降板区域、样板房、样板段等。

（3）建筑专业或建设单位对建筑某些部位有特别净高要求的区域。

11.2.3　管线综合调整排序方案

（1）一般规定

1）公共区域或管线较多的部位，尽可能少分层布置，如果一层能布置完就不设两层。

2）优先布置好有坡度的无压力自然排水管和电气母线槽。

3）优先布置较大尺寸的风管、管组。

（2）机电管线布置原则

1）电气桥架布置原则。原则上电气桥架敷设最上方且方便敷设电缆，保持桥架距梁、距柱、距墙边的最少间距，强/弱电桥架之间最少距离。

2）水系统压力管道布置原则。上下平行于电气桥架的水管不允许敷设在桥架上方，一般左右并行或布置下一层。

3）风管布置原则。分层设置，风管布置最下层或与水管左右并排。

（3）地下室管线布置原则

1）地下室沉板区域尽量不要集中布置管道、不要布置较大尺寸的风管。

2）地下室汽车库主风管宽高比值尽可能大（规范内），风管厚度最好不要超过0.4~0.5m。

3）地下室汽车库的风管、电缆桥架、自动喷淋、消火栓主管优先布置到车位上空贴梁底位置，避开主车道。

4）地下室汽车库车位上部空间（宽和高）不足于布置全部机电主管时，电缆桥架可分别平行布置到车道两侧贴梁或靠近柱或柱帽，保住车道中部高度最大化。

5）地下室层间汽车坡道避免不相关的主干管道穿过。

6）地下室车库消火栓箱、排水立管、废水管道及阀门、汽车充电桩位置等不能影响车位停车。

（4）其他空间管线布置原则

1）建筑屋顶层应避免管道从中间穿越交叉，尽量靠外边、沿女儿墙布置管道路由。

2）公共建筑地上楼层公共内走廊，靠近强/弱电管井前、给水排水管井前、空调水管井前、空调机房前、排烟排风井前、避免主风管及较大尺寸的管道靠得太近，影响管井出来的管道连接不流畅。

3）公共建筑楼层公共区域机电主管、干管交叉尽量在梁/板空间、主/次梁空间处理，减少占用更多的净高。

4）公共建筑商铺区域走道一般较宽（3～4.5m），机电主管尽可能布置到公共走廊里；不相关的管道尽可能不要穿过商铺（图 11-8～图 11-10）。

💡提示：机电 BIM 管线综合遇到复杂的位置，可以先在 CAD 上或草稿纸上预先排一排管；遇到排管困难也不能硬套技术标准，要具体问题具体分析，灵活应对，以满足专业要求，解决净高问题为核心。

图 11-8　走廊管线综合案例

图 11-9　管线综合加支吊架案例　　　图 11-10　案例现场安装照片

11.2.4　各专业管线连接和翻弯的基本要求

管线综合调整后净高和建筑空间关系是否成立，关键还有一项就是管道连接和翻弯是否符合各专业设计要求、施工安装要求，如果不满足要求，就会全面推翻管线综合调整的成果，特别是管线多、管线分层多和公共内走道区域。下面我们分专业罗列一下基本要求：

（1）给水排水专业

1）建筑压力给水管道连接通常是热熔连接、螺纹丝接、法兰连接、焊接等，消防水管还有卡箍连接。

2）建筑压力给水管道翻弯通常可以采用 90°弯头，上翻或下翻交叉通过没有作要求，弯头前后不能直接设置阀门，至少在大于 2～4 倍的管径长度外设置阀门和仪表。

3）自然重力排水管连接，通常根据选用管材采用插接、胶水连接等。

4）自然重力雨水、污水、通气管排水立管连接，楼层水平管采用两个 45°弯头 + 一段直管进行 90°拐弯连接或斜三通连接，不能直接用 90°弯头连接。

5）楼层横接管拐弯或连接，支管应选择 45°斜三通或 90°顺水三通或者设置成两个 45°弯头 + 一段直管进行 90°拐弯。

6）建筑室内雨水、污水立管连接出室外检查井的横管，与管井连接时要保持底部平齐，不能完全按设计坡度布置管道连接管井。

7）室外雨水、污水检查井之间的连管，管底需布置到井底；不能完全按设计坡度布置管道连接管井。

8）室外雨、污水管管道接市政管井时，需按设计坡度保持上部连接市政排水管井，如果保持底部平齐连接市政管井，容易导致管道堵塞。

9）室外雨水口连接集水井时，需按设计坡度布置管道连接管井，不需要考虑底部平齐连接。

（2）电气专业

1）图纸设计有时标识为母线，有时标识成母线槽，两种说法是同一种事物；母线槽的翻弯方式为 90°，建议综合管线时母线槽尽可能少翻弯。

2）抗震设防烈度为 6 度及以上的建筑，母线槽每隔 50m 需设一个伸缩节；母线槽穿过抗震缝隙时，在缝隙两侧设置伸缩节。

3）敷设干线的电缆密闭线槽、电缆托盘、电缆梯架常用翻弯方式有 90°斜边弯头、两个 45°组合成 90°的弯头、135°弯头、垂直上下弯头、45°上下爬弯。

4）电缆密闭线槽、电缆托盘、电缆梯架常用连接方式有上下跳弯 45°接头、水平三通、水平四通。

5）电缆密闭线槽、电缆托盘、电缆梯架特殊连接方式有上下 30°、60°或其他角度爬弯接头，爬弯的长度和半径根据桥架的尺寸大小确定，这种需现场制作，管综排布时尽量少用。

6）电缆桥架、母线槽穿普通剪力墙时，可以通过预留直接整体穿过，周边缝隙采用防火密封材料封堵。

7）电缆桥架、母线槽穿人防剪力墙时，必须采用预埋圆形套管的方法通过，每根电缆或单项母线接套管通过，套管的间距根据管径大小确定。

8）高压电井通过地下室外墙时，必须在混凝土墙上预留防水套管，每根电缆通过套管连接室外电井。

9）室外电缆沟与其他专业在同一高度交叉时，通过管线综合调整无法避开的情况下，允许在电缆沟预留横穿套管。

（3）暖通空调专业

1）多联机空调冷媒管连接方式通常是钎焊或扩口连接，制冷剂液体管道不得向上形成"Ω"形，气体管道不得形成"Ω"形。

2）多联机空调冷媒管液体支管引出时，必须从干管底部或侧面接出；气体支管引出时，必须从干管顶部或侧面接出。有两根以上的支管从干管引出时，连接部位应错开，间距不应小于两倍支管管径，且不小于200mm。

3）空调冷热水管道连接方式通常有丝接、法兰连接、卡箍连接、焊接，具体选择是根据材质和管径大小而定。

4）冷冻水管道、空调末端设备（吊装式）接口不低于空调支管，支管高于水平主管，水平管道应直线安装，在现场无法完全满足直线安装的情况下，可考虑从末端支管至立管方向，管道下翻，但不能上"凸"和下"凹"安装。

5）空调冷热水管翻弯常用弯头是90°、弯制钢管的弯曲半径，热弯不小于管道外径的3.5倍，冷弯不小于管径的4倍；焊接弯头，不小于管道外径的1.5倍。

6）风管与空调设备连接均采用带保温软管连接，设于负压侧时，长度为100mm；设于正压侧时，长度为150mm。

7）风管连接和选用风管材料有关，普遍风管时一般采用钢板，连接方式有插接、咬口接、法兰连接，普遍选用法兰连接；常用管件三通、四通，圆弧形45°、90°弯头，90°矩形弯头，大小头，天圆地方（左接矩形、右接圆形）等。

8）风管翻弯方式有向上乙字形、向下乙字形、向上马套形、向下马套形。

11.2.5　管线安装高度优化及估算

（1）减少管线不利区域

一般在消防水泵房、变配电室、制冷机房、风井、风机房、空调机房附近会存在较多、较大管线，因此平面布置时，尽量错开。布置原则建议如下：

1）水泵房，尤其消防水泵房与变配电室、制冷机房分开。

2）风井与其他风井、水井、电井分开。

3）各风机房、空调机房分开。

4）风机房、空调机房与水井、电井分开。

5）风管避开较高结构梁。

6）管线避开防火卷帘。

7）减少管线铺设的层数。

8）留有管道交叉、支管安装空间。

（2）安装及维修空间估算

1）应考虑按施工安装顺序，便于安装管道、设备、保温，还有防护、标识、调节操作等空间需求。

2）优化排布管道时，应预留出可以方便维修与更换的可能，所需要的空间和检修口位置。

3）强 / 弱电之间最近间距至少保持 0.3m，线槽、梯架、托盘等桥架距墙、柱、梁底至少保持 0.15m。

4）同类型桥架上下、左右至少保留 0.15m 的距离，用于放线和安装支架的空间；桥架上下平行布置过桥弯时，下部线槽盖板距离上部至少 0.2m。

5）压力管道之间最近距离一般为 0.2m，至少保证有 0.15m 的 U 形卡箍、阀门或法兰安装位置。

6）暖通空调风管、水管与其他管道左 / 右单边之间至少保持 0.2m，预留保温、阀门操作、仪表读数的空间。

7）防排烟竖向风井内的风管周圈距建筑墙面控制在 50 ~ 100mm，预留竖井施工偏差和安装支架的空间。

8）如果竖向风井里设有空调风管、空调新风管，设计选用镀锌钢板加保温的方式时，风管周圈距建筑墙面控制在 80 ~ 120mm，预留竖井施工偏差、安装支架和保温的空间。

9）较宽的内走道（3 ~ 4.5m）靠两边都要预留检修、操控空间，较窄的内走道（2 ~ 2.5m）至少保证一边检修空间，最好是靠中间位置附近；检修空间一般 0.4 ~ 0.6m 宽。

10）大空间建筑或建筑内部大堂、剧场、多功能厅等顶棚上空一般均设马道，需保证马道人行通畅。

11）上下多层管道布置时，层间的间距至少保持 150mm，保证支架、法兰的位置，有条件可以增大到 300mm，能够满足 DN200 以下的水管、150mm 厚的风管横穿通过，满足管线综合调整的灵活性。

（3）施工安装成本考虑

1）并行同类型管道可设置共用支架，没有特殊要求的管道同一标高管底平齐可设共用支架。

2）综合管线排布时，从造价高到低方向考虑布置，造价高的管线力求距离最短、翻弯最少；例如，母线槽、较大的电缆桥架、空调较大的管道等。

3）考虑各专业设备、管道施工顺序的先后进行优化排布，减少拆改返工；易损、易坏、较贵重的建材安排到后期安装。

4）同质化较多的管道（特别支管较多）尽可能平直；反复翻弯管件增加较多，成品管件远高于管道的价钱，对造价影响较大；例如，自动喷淋枝干管、风管支管、电力桥架等。

5）校核模型避免排布和留洞错漏，尽可能不要因优化模型和导出图纸的本身问题导致返工和更换建材。

（4）管线安装高度估算

一个合理的建筑平面、机电管线布置，应该是各主机房位于负荷区中心，吊顶内管线基本均匀满铺。

一般以最不利点作为计算管线安装高度依据。而如果管线布置合理，一般最不利点由暖通空调管线造成，且此区域其他专业管线较少。那么只要计算出暖通管线需要多少安装高度，就可以得出管线安装高度。

以地下汽车库为例，其中"无空调水管"为一般住宅项目。"有空调水管"为较复杂公共建筑项目，地下控制水管较多，难以与风管共用一层敷设。

梁板结构：

1）无空调水管：

H= 上方翻越（50）+ 风管（400）+ 喷淋（100）=550mm

2）有空调水管：

H= 水管（350 管径 +100 保温 +100 支吊架）+ 风管（400）+ 下方喷淋（100）=1050mm

无梁楼盖：

1）无空调水管：

H= 上方法兰（50）+ 风管（400）+ 下方交叉（200）+ 支吊架（50）=700mm

2）有空调水管：

H= 水管（350 管径 +100 保温 +100 支吊架）+ 风管（400）+ 下方翻越（250）=1200mm

其他预留空间，见表 11-1。

其他预留空间		表 11-1
最小间距	宽度（mm）	高度（mm）
卷帘门上部	800	200
防火卷帘门	800	单轨单帘：500
		双轨双帘：650~800
		折叠式：600
空调末端设备接管	500	550
检修空间	350	500
店招外扩空间	250 ~ 350（根据建设单位要求）	300（根据建设单位要求）

11.2.6　预留预埋专项管控

（1）全面检查、优化机电预留预埋

1）根据规范、设计要求或标准图检查预留洞口、套管的位置和套管选型是否满足要求，分类型进行技术统一预留预埋。

2）根据工程实际情况列出套管、孔洞的形式，水管、桥架、母线等如何穿过混凝土墙、结构梁等。例如，建筑内部普通隔墙、二次砌体采用预留方形或圆形洞口，混凝土墙、结构梁、楼板采用预留洞或普通套管，人防区域采用密闭套管，地下室外墙、水池墙壁采用防水套管等。

3）机电管线穿结构楼板、剪力墙、地下室外墙区域：钢 / 柔性防水套管，可与管径相同设置；密闭套管，可与管径相同或大 1 号设置；普通预留孔洞：必须比管径大 2 号预留，小管径的至少预留 ϕ50。

4）根据技术要求，确定留洞或套管尺寸与机电各专业管道尺寸的关系。例如，圆形密闭套管、防水套管比管道管径大一个或两个型号尺寸，DN40 以下的管道穿结构梁统一预留 DN50 的洞口，方形管道穿建筑隔墙预留洞口沿管道最外边 50～100mm。

5）多个管道穿建筑内隔墙时，建议管道分组或整合不同类型管道集中留洞，减少预留孔洞难度和工作量。

6）多个管道同时穿过某个区域的结构梁、混凝土墙时建议底部平齐，保证综合支吊架应用的连续性。

7）根据项目营业后业态发展的需求，重要区域增加预留孔洞、预埋套管的数量。

（2）重点检查优化建筑、结构专业的安全性

1）机电管道穿结构外墙时应使用防水措施，避免室外地下水、雨水长期从管道边缘渗入。

2）机电管道穿室内结构梁、剪力墙、楼板，原则上应预留洞口或套管，有条件时，小管径管道穿楼板也设预留洞口。

3）穿结构梁预留洞口宜在跨中、梁中 1/3 范围内，洞口上下距离不小于梁高的 1/3，且距梁两边不应小于 200mm。

4）混凝土结构墙、梁、楼板洞口小于 300mm 时，钢筋不需要剪断，绕过洞口即可；当预留洞口大于 300mm 时，需按设计要求采取必要的结构补强措施。

5）在剪力墙上穿洞时，一般对于尺寸小于 300mm×300mm 的洞口，结构专业图面上不另外表示，但提资时各专业需要表示。

6）对于人防区域顶板、临空墙上留套管，无论套管大小，均需要结构专业确认，并在结构图上表示。

7）设备管道如果需要穿梁，则开洞尺寸必须小于 1/3 梁高度，而且框架梁小于

250mm，连梁小于 300mm。开洞位置位于梁高度的中心处。在平面的位置，位于梁跨中的 1/3 处。穿梁定位需要经过结构专业确认，并同时在结构图上表示。

8）备专业留洞，需要注意留在剪力墙的中心位置，不要靠近墙边或者拐角处，避免碰到暗柱，如图 11-11 所示。

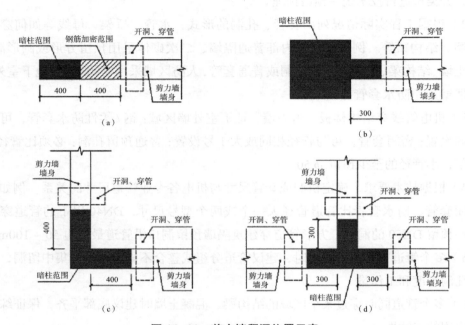

图 11-11　剪力墙留洞位置示意

9）柱帽范围的结构楼板上，不可开洞。

10）框架梁截面高度一般可取计算跨度的 1/12 ~ 1/14。悬挑梁高度一般可取 1/4 ~ 1/6 跨度，大跨度梁高度一般可取跨度的 1/8 ~ 1/14。管线避免通过较高结构梁，结构梁预埋套管如图 11-12 所示。

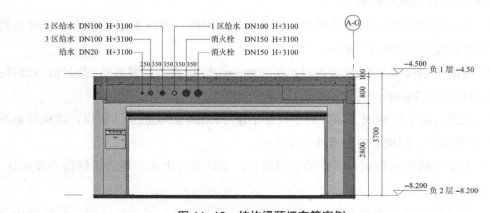

图 11-12　结构梁预埋套管案例

11.3　Revit 管线综合方法与图面表达

11.3.1　设置视图

管综一般在机电专业的 Revit 模型中进行，根据管线综合设计内容设定各种视图类型，包括机电综合管线平面、对应综合管线图剖面框位置的剖面图、净高分析图、建筑、结构预留预埋施工图等。

参考前面章节内容建立各层管线综合平面图，应用 Revit 样板中的管综视图样板，自动设置视图属性并在浏览器中归类（图 11-13）。其余视图同样操作。

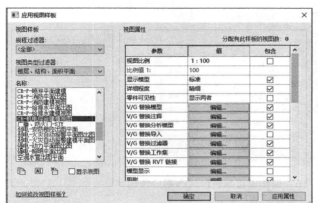

图 11-13　创建管综平面图并设视图样板

11.3.2　净高校核

可通过"净高校核顶棚"进行，简称净高板。在每层净高平面图，按净高要求建立顶棚，设为半透明，然后观察机电管线是否超出此顶棚，进而针对处理，如图 11-14 所示。

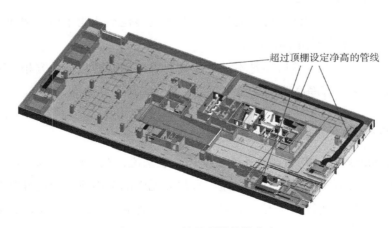

超过顶棚设定净高的管线

图 11-14　使用顶棚校核净高

校核完毕，使用视图过滤器对不同高度的顶棚设置颜色，标注后，直接形成净高分色图，如图 11-15 所示。

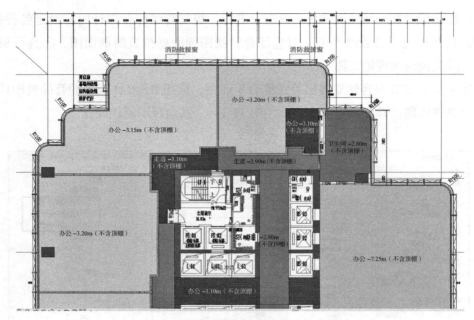

图 11-15　顶棚设置颜色形成净高分色图

净高不满足要求时的处理方法：

（1）修改管道路线或改变风管宽高比的方式进行解决。

（2）校核复算风管系统，按规范较高风速改小管道尺寸。

（3）通过调整某专业管道转到其他区域或其他楼层通过满足净高要求。

（4）净高还是不够的话，可以协调结构专业调整为反梁或改为宽扁梁、偏移结构梁、小管径管道穿梁等方法满足净高要求。

（5）净高仍然不够的话，可以通过建筑专业调整建筑功能布局、增加夹层、调整建筑标高、修改门窗等满足净高需求。

（6）如果设计综合调整后还是不满足净高要求，就需要与建设方相关部门负责人开会协调，调整为合理净高要求或提高建筑层高，满足净高要求。

11.3.3　碰撞检查

Revit 与 Navisworks 均有碰撞检查功能，一般来说，在 Navisworks 运行更快一些。但碰撞检查常常检测出成千上万个碰撞，有很多无效的碰撞或一个构件多个碰撞，基本上不能反映实际管线排布状况，更多的是作为一种后检查的技术手段，实际项目设计过程中均以设计师的检查控制为主。

Revit 通过『协作→碰撞检查→运行碰撞检查』命令进行碰撞检查,如图 11-16 所示,运行完毕弹出冲突报告,可在模型查看或导出 "html" 格式,如图 11-17 所示。

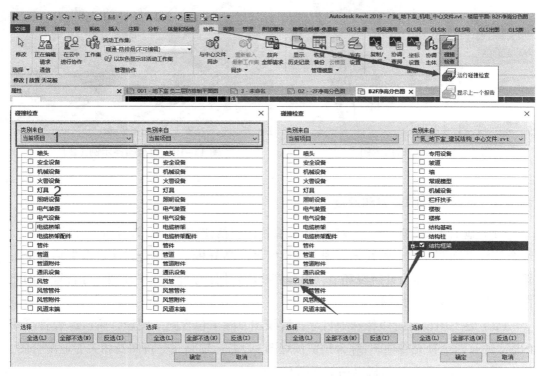

图 11-16　Revit 碰撞检查操作

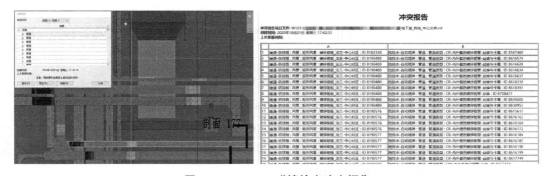

图 11-17　Revit 碰撞检查冲突报告

💡提示:采用软件设定进行自动碰撞检查,会出现很多的碰撞点,基本不符合设计检查需要的问题视点;建议根据设计经验直接对重点部位专项检查,例如管井、机房、内走道、公共区域、集水井、防火卷闸处、人防门处等,发现问题直接保存视点分类注释就可以了。

图 11-18、图 11-19 所示是一些典型碰撞的示例。

 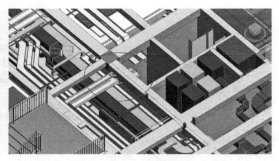

图 11-18　典型碰撞示例（1）　　　　　　图 11-19　典型碰撞示例（2）

11.3.4　管线综合图内容和深度

（1）施工图设计阶段，一般项目综合管线图包括：图纸目录、设计说明和施工说明、综合管线平面图、综合管线剖面图、楼层区域净高分析图、综合天花机电末端点位布置图；如果增加初步设计阶段环节，综合管线图包括：综合管线平面图、综合管线剖面图、楼层区域净高分析图。

（2）施工图设计阶段特殊项目综合管线图，除了包含施工图设计阶段综合管线图内容，还有四个补充专项图：综合预留预埋图、设备运输路线分析图及相关专业配合图、机电各专业施工图、建筑机电局部详图和大样图。

（3）综合预留预埋图，包括图纸目录、建筑结构一次预留洞、二次砌筑留洞图、电气管线预埋图。

（4）设备运输路线分析图及相关专业配合图，包括图纸目录、主要设备运输路线图、建筑结构配合条件图。

（5）机电各专业施工图，就是深化过的各专业传统全套图纸。

（6）建筑机电局部详图和大样图，包括图纸目录、设备房、管井、机电管线转换层、洗手间、厨房、支架、室外管井和沟槽详图、安装大样图等。

（7）澳门、香港特别行政区综合管线图，又称 CSD 图，图纸内容包括：综合管线平面图、综合预留孔洞图、剖面大样图。

11.3.5　管线综合图面表达

原则上管线综合的所有图纸均直接在 Revit 出图。其要点如下（基础设置已内置在配套样板文件中）：

（1）基本设置

1）Revit 软件的管理面板下，将半色调设为 60%。

2）在 MEP 设置处，将机械及电气的隐藏线设为：内部间隙 0.5；外部间隙 0；线样式为比例合适的虚线。

3）在 MEP 设置处，将矩形风管及电缆桥架的尺寸分隔符设为乘号"×"。

4）管道、风管、桥架均采用双线表达。

（2）平面图

1）采用"机械"规程，详细程度为"精细"，视觉样式为"隐藏线"，视图范围采用"裁剪视图＋不显示裁剪区域"，比例尽量按 1∶100，不得超过 1∶200。视图比例应事先确定。

2）结构框架的表面与截面均将填充图案设为不可见；管道、风管、电缆桥架及配件的"中心线、升、降符号"关闭显示；电缆桥架及配件的详细程度为"中等"；"管道隔热层"和"风管隔热层"关闭显示。

3）风管、桥架标注管底标高；管道标注管中心标高。

（3）剖面图

1）不满足净空要求的地方必须绘制剖面。此外，一般问题比较集中的走廊、通道口、管线交错复杂部位、结构变高边界等位置也需重点剖出大样，数量视具体情况而定。

2）剖面一般垂直于管线剖切，有梁的地方尽量看到梁，但不要在梁所在位置剖切，也尽量不要剖切柱。剖面深度不宜超过 3000mm。

3）剖面规程一般为"协调"，详细程度为"精细"，视觉样式为"隐藏线"，视图范围采用"裁剪视图＋显示裁剪区域"，比例 1∶50。

4）可见性设置：管道的"升、降符号"打开显示并将线宽设为 1。

5）结构构件截面应为黑色实体填充，表面用灰色填充；墙体截面用左斜线填充，表面无填充；墙体需与梁或楼板连接，以正确反映构件关系。

6）尺寸标注一侧或两侧，视剖面复杂程度而定，重点标注结构顶板、底板标高、梁高（无梁楼盖则为板厚）、地面完成面、各种设备管线标高、梁底与管线间的净空、最低管线的底部净空。风管标注上下边界，DN200 以内的管道标注管中，超过 DN200 的管道标注上下边界。对于走廊部位，还应标注水平距离。

（4）局部 3D 视图

1）原则上有剖面的位置对应设局部 3D 轴测大样。

2）一般规程为"协调"，有时为表达需要可设为"机械"；详细程度为"精细"，视觉样式为"一致的颜色"，视图范围采用"裁剪视图＋不显示裁剪区域＋不显示剖面框"，比例 1∶50。

3）结构构件截面应为黑色实体填充，表面用灰色填充；墙体截面用左斜线填充，表面无填充。

11.3.6 图纸实例

（1）综合管线平面图

综合管线平面图机电管线类型比较多，容易重叠显示不清，管道颜色一定遵守标准设置，标示、注明内容尽量引到外围。管线综合平面示例如图 11-20 所示。

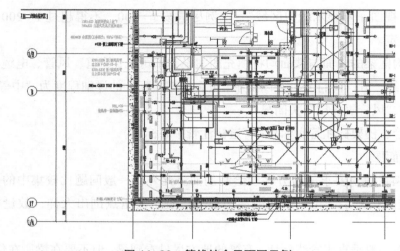

图 11-20 管线综合平面图示例

（2）楼层区域净高分析图

净高分析图需要按建筑功能、空间分区分别填充颜色，通过设定颜色对应净高填充。净高分析图应注明建筑层高、结构底部、机电底部标高，还有把设计净高也标出来，后期建设方、运营方可以根据这些标高参数再进行检查或综合优化提高净高效率。净高分析平面图示例如图 11-21、图 11-22 所示。

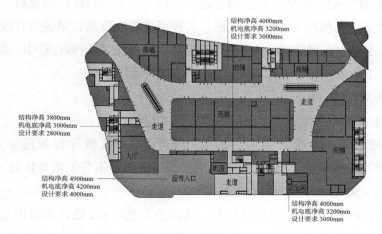

图 11-21 净高分析平面图示例（1）

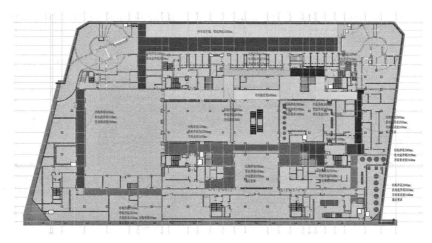

图 11-22　净高分析平面图示例（2）

（3）综合管线剖面图

剖面图建筑、结构专业信息需注意的是，显示轴号、层高、隔墙、结构板标高、建筑完成面标高，还有混凝土部分需填充。

参考技术标准，机电按专业、系统分颜色设置，每个管道带有系统类别、管径、尺寸，分层排布时要底部平齐，布置上支吊架或预留好支吊架的空间。管线综合剖面图示例如图 11-23、图 11-24 所示。

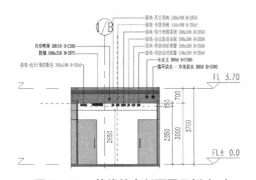

图 11-23　管线综合剖面图示例（1）

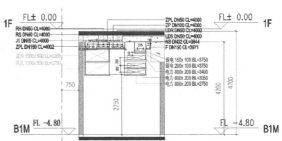

图 11-24　管线综合剖面图示例（2）

（4）综合预留孔洞图

预留孔洞要处理好管道尺寸和预留孔或套管的尺寸，要设定好不同类型的标准，不能随意更改技术标准，否则，整体预留预埋就会混乱。

预留预埋的位置定位标注，需标注到结构专业或轴网上，方便参照，而且横竖标注有序不能漏标。

室内房间墙体留洞进行优化整体预留，不能过一支管留一洞，缺少技术分析和经验积累。综合留洞图标注如图 11-25 所示，综合留洞示例如图 11-26 ~图 11-28 所示。

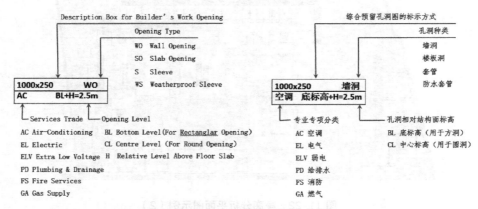

图 11-25　综合留洞图标注样式参考

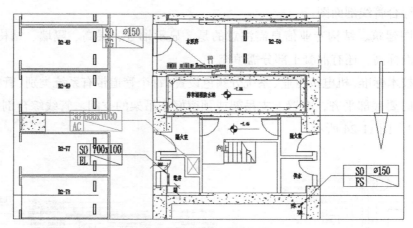

图 11-26　综合留洞图示例（1）

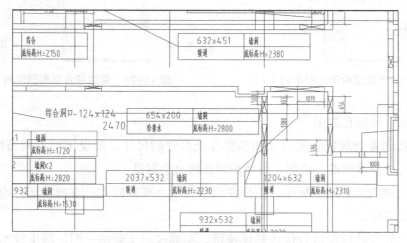

图 11-27　综合留洞图示例（2）

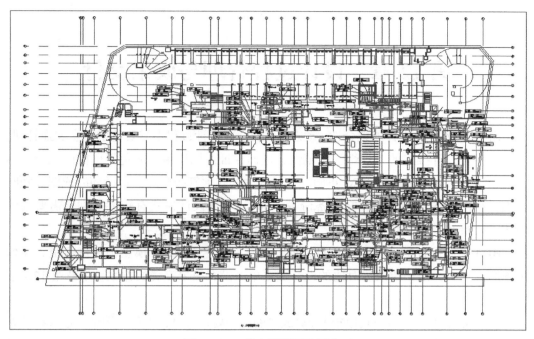

图 11-28　综合留洞图示例（3）

第 12 章　设计过程管理与成果交付

由于 BIM 正向设计的整合性、动态协同性，在设计过程中需要特别注意加强管理，确保各专业设计推进的条理性、规范性，进而保证协同质量，避免不可控的风险。本章第 12.1 ~ 12.6 节总结了 BIM 正向设计过程中的几项管控要点，包括随时成图、随时合模、视图与底图的管理、文档备份等，都与 CAD 设计模式有较大区别，需要设计师从一开始就形成习惯。

BIM 正向设计的变更是个难点，如何持续在同一个 Revit 模型中跟进变更，又像传统的形式一样出修改前后对比的设计变更单，没有简单完美的方案。本章第 12.7 节探讨了相对可行的做法。

在成果交付阶段，BIM 正向设计对成果的整理要求更高，不仅是图纸，还包括原始格式的模型、轻量化的模型、基于模型的衍生成果等，如何组织模型的交付，尤其是 Revit 模型的交付，第 12.8 节介绍了使用 Revit 自带的 eTransmit 插件辅助打包交付的方法。

12.1　随时成图

在 CAD 设计模式下，随时成图是无需强调的，一般只需框定正图范围、设定固定的图层开关即可。但在 Revit 设计模式下，由于其多视图的特性，很多设计师一开始会不太注意，随意进入相应的楼层平面视图就开始设计、修改，等需要出图的时候，再进行图面设置。这是缺乏条理性的做法，尤其在协同（不管是工作集还是链接）的状态下，很容易造成混乱和错漏，必须修改。

所谓随时成图，就是在模型框架搭建好后，各专业的主要视图，如建筑的平、立、剖面、机电的平面，都要设定好专门的"**出图视图**"，按出图标准做好各种视图设定，即使还没有标注，但模型的部分已经设置好无需再调，随时进入这些视图，都是"成图"的状态。同时，这些视图在浏览器中单独分类，以方便专业负责人、项目管理人员随时查看。

如图 12-1 所示，左边的工作视图可以随意修改视图设置，如做辅助线、拉局部剖面、开关图元类别、修改剖切高度等；右边的出图视图虽然还没有加尺寸及注释、索引等标注，但模型及图面关系都已经设置好，随时都保持成图状态。

关于视图如何区分工作视图与出图视图，在第 2.3.1 小节视图分类及视图浏览器中有详细介绍。

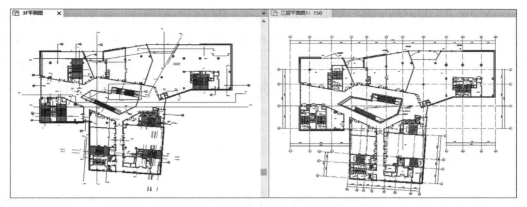

图 12-1　工作视图与出图视图对比示例

12.2　随时合模

跟随时成图类似，随时合模也是为了方便审核及过程管控。一般来说，设计过程中为了软件的运转速度，在 Revit 工作文件中不会把各专业、各部分模型全部链接进来，只保留相关的模型链接，但每栋单体仍需专门设一个类似"容器"的 Revit 合模文件，其本身除了楼层轴网，可以没有其他任何构件，全部构件来自于各个链接文件。当需要查看整体模型时，直接打开该文件，即可自动加载最新的链接文件。

合模文件的命名应有醒目字段表明其作用。如果某一个工作模型文件已经包含了所有链接文件，可作为合模文件，也应在公共文件夹里有醒目的 txt 或 word 文档说明，使项目管理人员能快速了解模型结构。

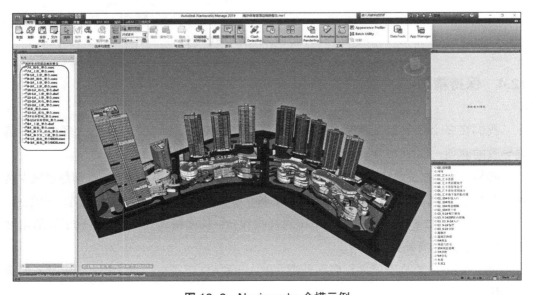

图 12-2　Navisworks 合模示例

除了 Revit 的合模文件，同时应制作 Navisworks 的合模文件，尤其是大型项目或多单体项目。如图 12-2 所示是一个大型综合体项目的合模 nwf 文件，里面关联了各个单体的 nwc 模型，并设定好关键视点。每当有阶段性更新时，从单体 Revit 模型中导出新版的 nwc 文件替换旧版，这样就可以保持合模是最新版本。当然在更新的同时要注意备份旧版。

12.3 底图追溯

目前 BIM 正向设计还离不开根据 CAD 底图建模，尤其是结构专业。而这个环节往往是引起协同冲突的一个"黑点"，因此须格外注意。从管理的角度来说，"**底图可溯源**"是一个基本要求，其要点是：

（1）凡是 dwg 格式的底图，在协同文件夹中专门设目录存放，建议每一个 Revit 文件所用到底图，就放在与 Revit 文件同级的"底图"子文件夹中，以方便查找。

（2）底图一般均需要经过整理再链接到 Revit 文件，第 15.4 节我们的要求是**底图命名应规范化，带日期与实名后缀，以便进行版本追溯**。如图 12-3 所示是一个实际项目的底图文件夹及命名示例。

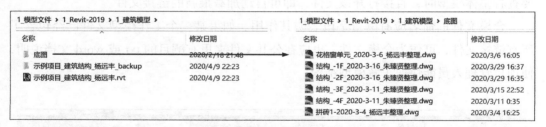

图 12-3 底图文件夹及命名示例

12.4 保持精确

我们在多个章节都强调保持精确的重要性，因为在项目实践中见过太多由于不精确导致的麻烦，如图 12-4 所示是一些反面的案例截图。

必须承认，**在三维环境下工作更容易出现捕捉、对位不精确的情况**，如何尽量减少这种情况发生，我们作了多方面的规定。本书各章节多处提到相关内容，在此作一个汇总：

（1）按第 2.2.5 小节所述进行单位与捕捉设定：长度精确到小数后 3 位；取消角度增量捕捉、远距离捕捉。

（2）按第 14.5 节所述进行底图处理：在 AutoCAD 里进行原点定位；链接时**不勾选自动校正**。

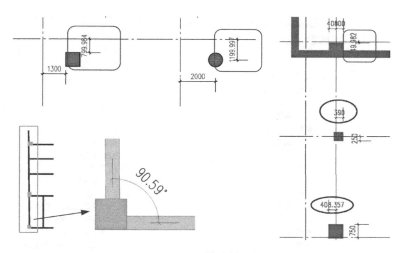

图 12-4　不精确的示例

（3）轴网要绝对保持精确，**禁止采用拾取底图的方式定位**，应采用 Revit 里复制、偏移等方式，或用插件的方式生成。

（4）关键构件（墙、柱、梁、板等）**禁止采用拾取底图的方式定位**，应参照轴线进行对位。这一点很难适应，但建议设计人员养成习惯。

（5）构件定位、编辑尽量用**延伸、对齐、剪切**等命令进行编辑，而非鼠标拉动。

12.5　及时清理临时视图与底图

在 Revit 设计过程中，一定会产生大量的临时视图，其中最多的是剖面，其次是三维视图、平面视图，主要用于设计人员临时查看剖面关系、局部三维关系，或者作为临时的对位、草稿等用途，这些视图一般为一次性使用，设计师往往直接按默认序号自动命名，工作集的三维视图则是各人的默认视图名称。同时也懒得设定其视图分类的参数，导致这些视图在浏览器中位于"？"号的树状目录下，如图 12-5 的示例。这些临时视图如不及时清理，有的项目可能多达几百个，造成项目臃肿、查找困难。

💡提示：在设计的过程管理中，需及时清理这些临时视图，最好养成"随用随删"的习惯，如需保留，则起名归类。

对于建模底图也一样，有些底图是临时使用，用完就可以删掉，保持 Revit 文件链接关系的简洁清晰。

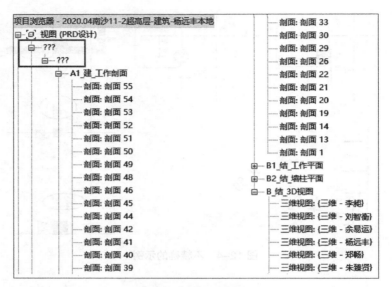

图 12-5 临时视图示例

12.6 文档备份

在第 4.6 节设计文档组织中我们提到，为了保持链接关系，文件名不应加阶段、日期等后缀，因此备份就更加重要，应强制性地规定备份的频率。对于工作集协同模式，由于 Revit 在中心文件及各工作集成员中均有备份，因此无需特别为了防止文件损坏而频繁备份，这里说的备份更多的是为了设计管理。

（1）例行备份，建议每周一次，以方便回溯。

（2）阶段性提交成果，或较大修改时应备份（或者说归档），并建议通过压缩文件固化。

备份时建议整个"模型"文件夹复制至备份文件夹（以保留其文件夹架构），将文件夹名字修改为带日期的说明文字（如，"2020-10-19 初设一版"），再删除里面的 Revit 自动保存文件等可删除文件以节省空间。

12.7 变更管理

在施工图出图后，难以避免地陆续会有变更。BIM 设计流程里，应将历次变更均反映在模型里进行更新，保持图模的一致，因此直接在 Revit 模型里修改并出变更单是最理想的流程。

在 Revit 里出变更单本来并无特别之处：把变更的局部截取出来，用事先制作好的变更单图框布图即可。但对于图纸上的变更，**一般需要将这个局部的修改前、修改后**

同时布图进行对比，这对于 AutoCAD 来说很简单的一件事，在 Revit 中却有点麻烦。因为 Revit 修改了模型，就没法再在视图里显示之前的版本。

可能熟悉 Revit 的用户会想到通过 Revit 的**阶段**功能实现修改前后对比的表达，具体来说，就是将需要变更的原构件拆除，再按修改方案新建这个局部，然后将变更的部位修改前、修改后设为不同阶段的视图，即可对比显示。但这个方法有两方面的问题：

（1）Revit 模型的阶段功能相当复杂，主要用于改造、拆除的项目设计与表达，设置为"拆除"的构件并没有在数据库里删除，因此可能对整体设计造成影响。

（2）Revit 默认将拆除的图元显示为虚线，一旦将构件设为拆除，则所有与之相关的视图都显示为虚线，需要逐个视图将其隐藏，这是一个不可控的操作。

因此，这个方法实际上并不可行。目前我们采用的是更简单但不太完美的方法：**将修改部位的原方案局部变成详图线**[①]，然后再修改或新建该局部的模型。

下面以一个局部变更的案例来简单介绍其操作过程。这个变更是将一个住宅标准层的客厅阳台门宽度改大。

（1）打开需要作出变更的视图，在浏览器右键点击"带细节复制"命令，重命名加上"（修改前）"后缀，然后将视图的"视图分类 - 用途"命令修改为"05 变更"，这样它在浏览器中就归入专门的子类中。将视图范围缩小到变更的局部，整理视图，用云线框出变更部位（图 12-6）。

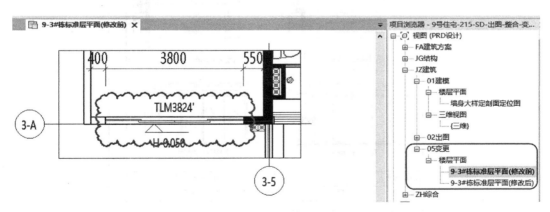

图 12-6 复制变更视图

（2）将修改前视图再复制一个，改名为"（修改后）"后缀。

（3）在修改前视图导出 dwg[②] 文件，然后将在 AutoCAD 里删掉其他线条，保留门线条及标注文字，再按原点到原点导入 Revit 的修改前视图，然后将门构件删掉。这样图面看上去应该是跟原来一样的。

---

① 这样就只存在于当前视图，不影响其他视图，也不影响后续修改。

② 直接打开之前出图时导出的 dwg 文件也可以。

（4）打开修改后视图，按修改方案放置新的门构件，补充门标记及尺寸标注。

（5）本变更还涉及门窗大样的修改，按同样的步骤复制视图并修改门窗大样。

（6）新建布图，将修改前后视图拖进来，补充说明等文字，修改完成，如图 12-7 所示。

上述第（3）步通过"导出 dwg、修改 dwg、再导入 dwg"的操作将构件变成线条。这个步骤繁琐且会将 AutoCAD 的线型、字体样式等一起导入 Revit，因此不太完美。我们通过优化 ReCAD 插件的"从 CAD 粘贴"功能，可以解决这两个问题。

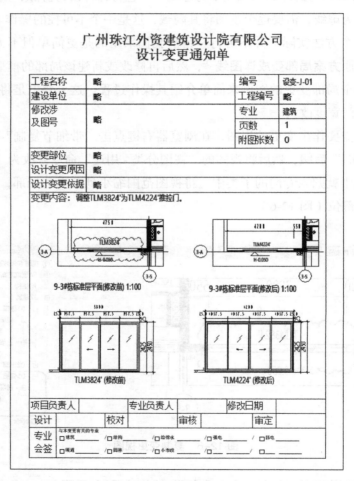

图 12-7 完成变更单制作

在 AutoCAD 中选择需要的图元，按 Ctrl+C 键复制，然后在 Revit 里执行『**附加模块→ReCAD →从 CAD 粘贴**』命令，选择"详图线""原点对原点粘贴"，即可将剪贴板里的图元复制到 Revit 并自动对位，且不会增加 Revit 文件的线型及字体，如图 12-8 所示。

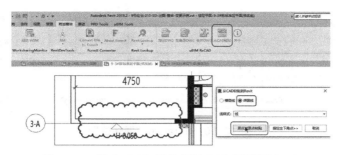

图 12-8 用 ReCAD 插件复制 CAD 图元至 Revit

12.8 使用 eTransmit 辅助成果交付

在第 4.8 节成果交付清单中讲到了成果交付包含的内容与要求,其中最重要的交付内容是 Revit 文件。由于 Revit 协同工作的复杂性,如果直接将各个 Revit 文件复制、提交,对方接收到文件后打开往往会遇到诸多的问题。如图 12-9 所示是直接将中心文件发给其他人,打开时弹出的提示,整个过程非常繁琐且冗长,每个中心文件都要重复这样的过程,非常影响交付效果。

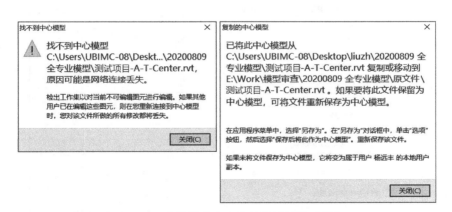

图 12-9 直接提交中心文件导致的繁琐操作

因此,建议使用 Revit 自带的 eTransmit 插件进行模型文件的打包。该插件可一次性解决以下几方面的问题,大大减轻交付时的文件整理工作:

(1)可将链接的 Revit 文件、dwg 文件一起打包,避免链接文件丢失。

(2)可将中心文件或工作集本地文件转为独立文件。

(3)可在转换的同时清除未使用项,减小文件大小。

该插件位于『**附件模块**』面板,如图 12-10 所示。**注意,需关掉所有 Revit 文档才能执行命令。**如果关掉所有文档后 Revit 显示的是其启动主页面,可以按 Ctrl+D 快捷键切换为命令面板页面。

图 12-10　eTransmit 插件位置

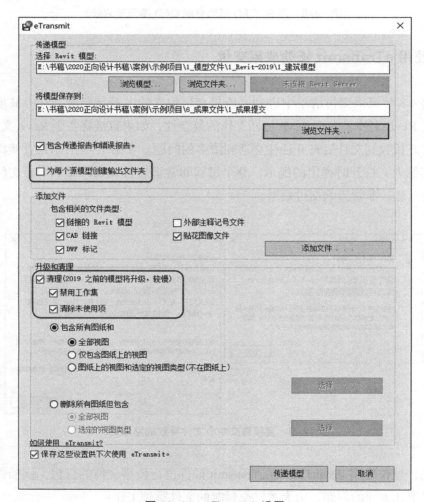

图 12-11　eTransmit 设置

点击『**传递模型**』按钮，弹出图 12-11 所示的对话框，从最上方的两个按钮可看出该命令支持单个 Revit 文件或整个文件夹的批量处理，但其规则有点复杂，这里整理如下：

（1）单个文件导出时，将其主模型（插件称之为"根模型"）、所有链接的 Revit 文件与 dwg 文件（不用管链接文件的路径在哪），一起导出到设定的文件夹中。

（2）选择文件夹导出时，该文件夹里的每一个 Revit 文件（**注意，包括 Revit 备份文件在内的所有 rvt 文件，但不包括子文件夹里面的 rvt 文件**），都作为主文件，按第（1）项处理。

（3）如果勾选了"为每个源模型创建输出文件夹"，则每个主文件连同其链接的子文件、dwg 文件一起单独导出在一个文件夹里。如果不勾选，则全部文件导出为一个文件夹，排除了重复的文件。**建议在成果交付时不勾选。**

图 12-11 中框示的选项"禁用工作集"和"清理未使用项"建议勾选，下面还有针对视图的选项，可根据需要设置，建议在源文件中做好整理，此处不作视图过滤。设置好后点击"传递模型"按钮，开始处理，如图 12-12 所示。

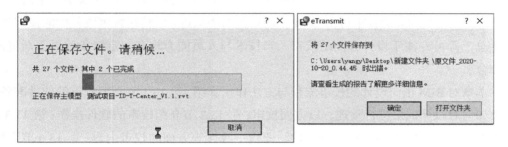

图 12-12　eTransmit 处理

转换完成后会提示成功或出错，这里的出错往往是由于找不到链接的 dwg 文件（由于移动了位置或已删除），可以打开插件生成的报告查看，一般确定即可。最后检查是否导出完整，并打开主文件检查链接关系是否保留完整。

💡提示：对于多个 Revit 文件的打包交付，建议同时附上一个 txt 或 word 文档，说明哪个或哪些是主文件，其链接关系如何，这样接收方就可以清晰掌握模型的组织架构。

第 13 章　设计与模型校审

BIM 正向设计的校审与传统二维 CAD 设计的校审有较大区别，其成果既包括传统意义上的图纸，同时还包括各专业的 BIM 模型，以及模型里面包含的信息，因此不管是校对还是审核，针对的都是整体的设计成果，而非仅针对打印出来的图纸。这对校审人员也提出了更高的要求。

考虑到目前的技术发展水平，实际项目实施时可以将**设计校审**与**模型校审**两部分内容分开，模型相关的校审可由 BIM 技能更强的团队进行，传统校审流程中的设计师、专业总工等可专注于设计方面的校审。当技术与人员能力均有一定储备后再逐渐将两者结合。

本章对 BIM 正向设计的校审流程与方法作出介绍。第 13.1 节介绍校审的软件准备，以及如何对设计成果进行整理，以方便校审；第 13.2 节介绍校审的软件操作；第 13.3 ~ 13.5 节介绍模型完整性、模型合规性、图模一致性等方面的校审内容；第 13.6 节介绍如何基于 BIM 模型进行二三维同步的设计校审。其中第 13.5 节介绍的图模一致性审核、第 13.6 节介绍的二三维同步审核目前仍是难点，本书对此作出一些拓展的研究。

13.1　校审的软件环境与成果准备

BIM 正向设计的成果除了图纸还有模型，相应地校审也需要多种软件综合进行。常见的校审软件环境有：

（1）Adobe Reader/AutoCAD 二维图纸查看与批注。

（2）Revit 模型 / 图纸查看与批注。

（3）Navisworks 模型查看与批注。

其中针对 pdf/dwg 格式文件的查看、批注方式已非常成熟，不再赘述。本书主要介绍后面两种校审的方式。Revit 是直接查看设计工作文件并在其中进行批注的方式，**适合设计团队内部互校、专业负责人审核本专业设计成果**，如图 13-1 所示。

Navisworks 则是多专业合模并轻量化审核的利器，非常适合**针对专业冲突、空间净高、形体细部等实体相关的审核**，如图 13-2 所示。

Revit 与 Navisworks 都是整合性的软件，可能包含非常多的视图 / 视点，如果没有清晰的整理与指引，非参与人员很难理清整个设计成果的组织。因此，为了让校审人员（包括业主方的设计管理人员）快速进入校审状态，需对 Revit、Navisworks 软件的成果文件进行整理。下面分别介绍两者的整理要点。

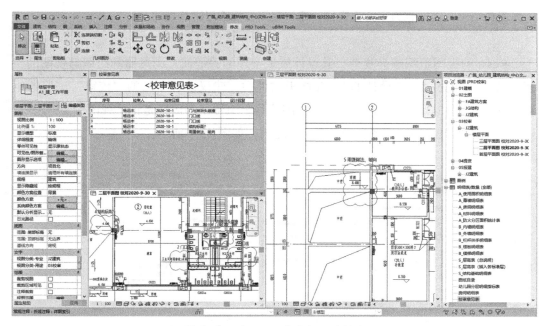

图 13-1　在 Revit 中进行设计校审

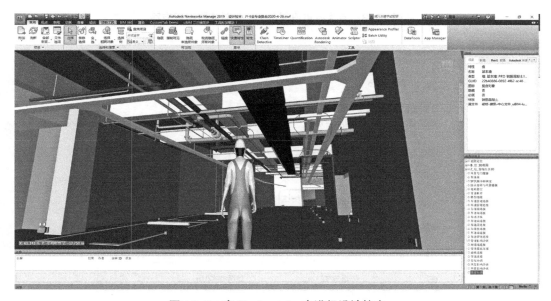

图 13-2　在 Navisworks 中进行设计校审

13.1.1　Revit 校审准备

一般来说，Revit 的校审是设计过程中的校对或审核，校审意见直接保存在 Revit 文件中，再反提给设计人员进行参照修改。

💡提示：校审意见虽然可以直接在布图里面批注，但由于布图中的视图位置可能会调整，为避免错位，同时也为了方便查找，建议直接在视图里进行批注。

　　Revit 的视图组织颇为复杂，其设计成果整理的关键便是**浏览器的组织与视图的整理**。首先，在公司正向设计的 Revit 样板文件中，建议设置专门的"校审"浏览器组织方案，如图 13-3 所示。其跟"设计"浏览器组织方案的区别是把"视图分类 - 用途"这一层级优先级提到"视图分类 - 专业"之前，如图 13-4 所示。

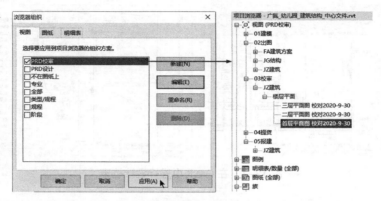

图 13-3　专为校审设置的 Revit 浏览器组织方案

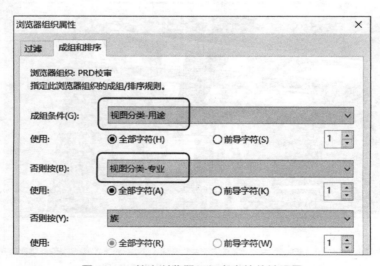

图 13-4　校审浏览器组织方案的关键设置

　　其效果如图 13-3 右图，第一层级即按"01 建模、02 出图、03 校审……"进行分类，这样可以直接进入"02 出图"的目录进行校审，聚焦于正图不受干扰；校审意见则放置于"03 校审"目录（后文详述），条理清晰，易于追溯。

13.1.2   Navisworks 校审准备

如前所述，Navisworks 主要用于轻量化模型整合浏览与批注，其原生功能几乎没有图纸浏览的功能（第 13.6 节将介绍我们通过开发插件实现 Navisworks 浏览图纸的方法），因此主要用于实体、空间相关的校审。对于校审而言，Navisworks 的成果整理主要有以下要点：

（1）清理无关模型图元。

（2）各专业模型整合，坐标对位正确。

（3）主要空间、关键空间视点预先保存。

前两项要点均与 Revit 导出 nwc 格式时的设置有关。首先，是导出时建议先设置 Revit 的 3D 视图，再在导出时选择"当前视图"，这样可以避免多余的模型图元被导出。其次是"导出房间几何图形"去掉勾选，否则会将"房间"导出为一个体量（图 13-5）。

Revit 的 3D 视图设置需注意以下要点：

（1）通过**剖切框**限制导出范围，避免远处可能存在的零星构件影响导出后的整体模型范围。

（2）在视图可见性设置处，将管道、管件、风管、风管管件、电缆桥架、电缆桥架配件、线管、线管配件的**中心线**关闭，以免这些中心线单独导出为一根线。

（3）非本专业的链接文件，不予显示（从而不予导出），原因见下文分析。

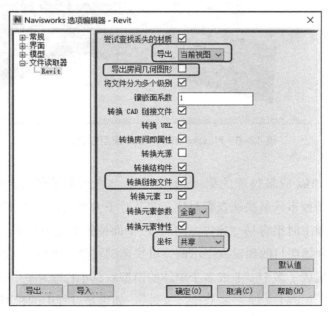

图 13-5   导出 nwc 格式的设置要点

对于多专业、多文件之间的链接，既可以直接在 Revit 主体文件中勾选**"转换链接文件"**选项，也可以分别从各链接的 Revit 文件处导出。两者的区别在于 Navisworks 打开 nwc 文件时的层级关系。前者是 1 个 nwc 文件，主体模型与链接模型是上下级关系；后者是多个独立的 nwc 文件，通过"附加"或"合并"方式进行模型整合时，这些 nwc 文件互相间是平级关系。

建议同一专业之间采用**勾选"转换链接文件"**方式导出，如图 13-5 所示；不同专业之间则通过在 Revit 的 3D 视图中关闭链接显示来避免导出，各个专业从各自的 Revit 文件导出，最后再在 Navisworks 文件里整合在一起，使其文件层级符合逻辑。

对于多单体的项目，在 Revit 里通常采用**共享坐标**进行对位，在导出 nwc 文件时坐标设置应直接采用**"共享"**，这样导出后的 nwc 模型就是已对好位的。如图 13-6 所示，是一个大型综合体项目，包含多个地块，整个项目的 Navisworks 模型汇总了 20 多个 nwc 文件，全部通过共享坐标导出直接对位。

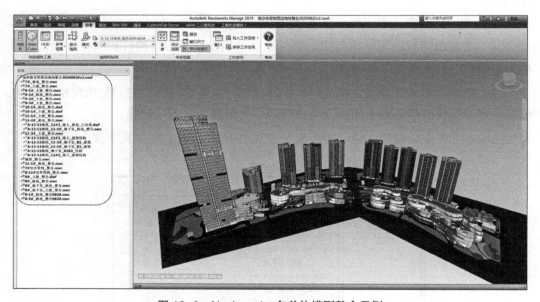

图 13-6　Navisworks 多单体模型整合示例

上述 Navisworks 成果整理的第（3）个要点，是预先保存主要空间或重点空间的视点，这是便于校审人员快速查看对位，尤其对于大型项目，如果不预设关键视点，在模型里面浏览漫游时很容易"迷失方向"，跟平面位置对应不起来。如图 13-7 所示，是同一个大型综合体项目的预设视点示例，可快速浏览整个项目的关键视角。

Navisworks 集成了多个专业或多个单体的模型后，可汇总为一个 nwd 格式的文件，也可以汇总为"1 个 nwf 文件 + 多个 nwc 文件"。如果是过程中的校审意见，建议采用后者，当有局部作出修改时，可以仅更新个别 nwc 文件，不用重新汇总。

图 13-7　Navisworks 预设视点示例

13.2　校审的软件操作

13.2.1　Revit 校审操作

在第 10.3.1 小节提资流程的内容中，我们介绍了 Revit 自带的『注释→云线批注』功能，校审也可以按同样的方式操作：圈出批注位置，并在注释参数中填入批注意见，如图 13-8 所示。从图 13-8 中可看到云线有一个"修订"参数，这是通过『视图→修订』命令，事先设定的批注分类序列，如"建初""结施"等，同一序列的批注自动编号。其注释内容通过云线批注标记另外标记出来（默认标记仅显示编号，需自行修改）。

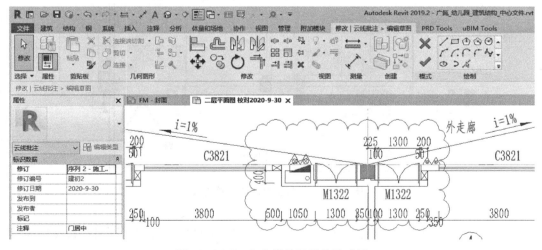

图 13-8　Revit 自带的云线批注功能

但遗憾的是如前所述，Revit 云线批注无法直接列表统计，因此用于校审的实用性**大打折扣**。通常到了校审阶段，校审人员提出大量的意见，需要逐一查对、修改、回复，并且按规范化的管理要求进行列表归档，Revit 自带的云线批注无法满足此要求。

> 💡提示：提资是要方便在视图中给其他专业查看，对视图交互的要求更高；校审则是要方便校审人员提意见，再返回给设计人员自己逐个查对回复，对列表交互的要求更高，因此两者的解决方案侧重点不同。

为解决列表交互的问题，我们建议**自制常规注释族**来代替（或者说补充完善）Revit 的云线批注功能。图 13-9 所示是珠江设计自制的校审批注常规注释族，注意其中的"序号""校审意见""校审人""设计回复"等参数，为了在项目文档中列表统计，需通过**共享参数**来添加。

> 💡提示：注意族样板的选择，以"公制常规注释 .rft"为宜，载入后通过『注释→符号』放置，既可以在视图中放置，也可以在图纸中放置。如果以"公制详图项目 .rft"为样板制作，则载入后通过『注释→构件→详图构件』放置，该命令无法在图纸中执行。

族的主体是一个带三角形 / 圆形的标签，三角形表示未回复的意见，圆形表示已回复，标签则是为了直接在图面上显示批注内容。图 13-9 中的虚线矩形框不属于这个注释族，是用专门设定线型的详图线画的，仅用来框示批注部位，也可以直接用 Revit 的云线功能。

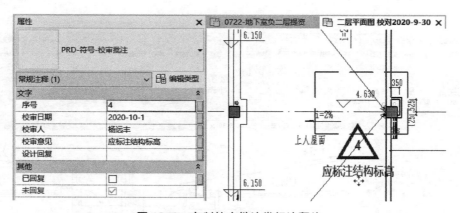

图 13-9　自制校审批注常规注释族

校审批注常规注释族制作完成后，载入公司 Revit 样板文件中，同时样板文件需设置好明细表，以直接调用。注意，表格是通过『**视图→明细表→注释块**』命令来制作，而非常规的"明细表 / 数量"。选择上面所制作的校审批注族，在右边的"注释块名称"设置框中填上表格名称"校审意见表"，如图 13-10 所示。

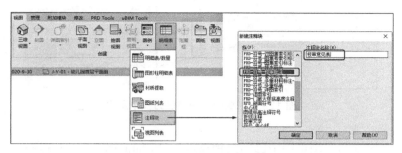

图 13-10　制作校审意见表

具体的字段添加不再赘述，参考效果如图 13-11 所示。在列表中除可以一览所有校审意见外，还有个功能特别友好：当选中某一校审意见时，命令面板中即出现**"在模型中高亮显示"**按钮，点击此按钮即可打开相应视图并聚焦到该位置，非常便于设计人员查对以及校审人员的复审。

图 13-11　校审意见表效果

准备好云线批注的族与明细表后，如果设计人员已准备好成果文件，那就可以进入校审环节。接下来假设读者是项目的校审人员，具体操作过程如下：

（1）如果校审人员是通过工作集参与到 Revit 协同文件里面进行校审，则需在打开中心文件后，新建自己的工作集并设为活动工作集，工作集的名称建议有明确的"校审"字样。

（2）将视图浏览器组织方案设为"校审"专用方案，如图 13-3 所示。

（3）进入"02 出图"目录，查看需校审的图纸及模型。

（4）当需批注校审意见时，先通过『带细节复制』命令复制视图，然后改名，并将"视图分类 - 用途"设为"03 校审"。在此之前可能需要先将视图样板设为"无"才能修改此参数。复制后的视图名称同样建议有明确的"校对 / 审核"字样（图 13-12）。

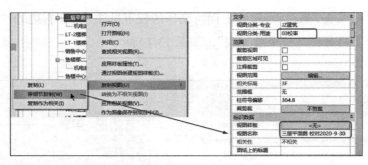

图 13-12　复制视图并设为校审用途

（5）此时该视图在浏览器中已归类到校审类别，如前面的图 13-3 所示。如有意见，先用**云线或详图线**（详图线选用样板中预设的"校审"线型）框示，再通过『**注释→符号**』命令，放置前面介绍的校审批注族，调整大小，填写时间、校审人、校审意见等相关参数。注意，序号无法自动递增，可在最后列表时统一整理。如果图面密集，也可以放置在空白处，再通过引线引注。

（6）校审完成后，如果是采用工作集方式校审，就同步至中心文件（并放弃权限，以便设计师填写回复意见）；如果是独立 Revit 文件，则另存为可识别的文件，返回给设计师。

（7）设计人员打开"校审意见表"即可看到所有批注意见，选择每一行意见，点击**"在模型中高亮显示"**按钮即可打开相应的视图查看批注。设计师需逐条意见在该批注族的"设计回复"参数里填写回复意见并勾选"已回复"，以便复查或归档。勾选了"已回复"的校审批注，就从三角形变成圆形，这样在图面上哪些已改、哪些未改就一目了然，如图 13-13 所示。至此校审环节闭环。

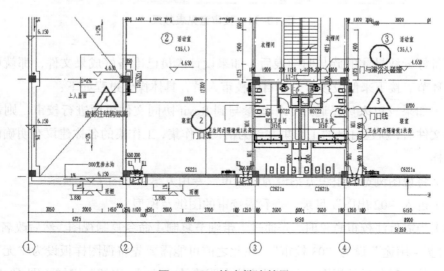

图 13-13　校审批注效果

13.2.2　Navisworks 校审操作

Navisworks 的常规校审流程大部分用户都很熟悉，本书仅作要点的简单介绍。

当校审人员拿到整理好的 Navisworks 文件后，浏览各空间进行观察，发现问题就通过"视点保存＋批注"记录下来。如图 13-14 所示，一个视点可以记录一个或多个问题，其步骤如下：

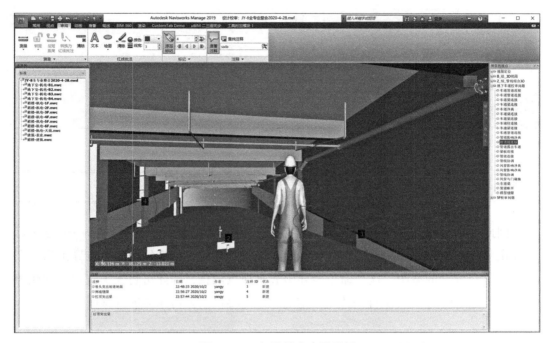

图 13-14　记录校审意见示例

（1）通过『**视点→保存视点**』命令将视点保存下来，命名可直接记录问题或部位。视点可以通过在视点列表中右键点击"新建文件夹"进行归类整理。

（2）通过『**审阅→红线批注**』命令，选择合适的工具圈示问题部位。也可直接在上面写文字，但这样批注的文字不好查找，因此不建议这样做。

（3）文字建议通过『**审阅→添加标记**』命令来添加，一个视图可添加多个标记，每个**标记**在图面上显示一个序号，其内容则记录为对应的一个**注释**。在视图下方的"注释列表"里可以看到当前视图里记录的注释。

（4）这样就完成了一个视点的批注。模型浏览批注完毕后，要查看整个模型的所有标记，可通过『**审阅→注释→查找注释**』命令，在弹出的窗体中点击"查找"按钮，窗体下面即列出所有注释及其对应的标记。逐一点击"注释"按钮，主视图就会进入该注释所在的视图（图 13-15）。

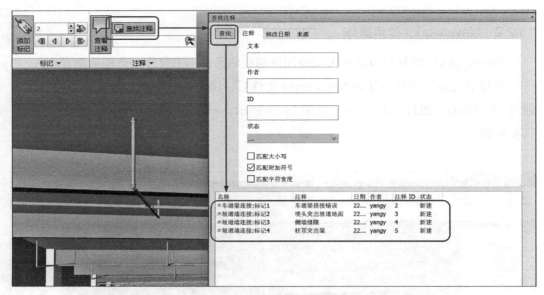

图 13-15　查看所有校审意见

💡 提示：Navisworks 没有提供直接导出所有标记或注释的方法。

因此，如果校审意见需要归档，还需要较多的手动处理工作量。有一个方法可以提供一点帮助：通过『输出→视点报告』命令，将视点及其包含的信息导出为一个 html 文件及配套的截图。这个命令会导出所有视点信息，因此可将无关视点全部删掉再导出。导出后的 html 文件格式是固定的，还需要根据公司标准进行整理。

13.3　模型完整性校审

前面两节主要介绍跟校审相关的软件操作，本节开始介绍校审的内容。如本章引言所述，BIM 设计的校审可分为**设计校审**与**模型校审**，其中模型校审又可细分为**模型（及其信息）的完整性、合规性、图模一致性**三方面的校审内容，下面分三节分别介绍。

对于 BIM 正向设计来说，**模型的完整性一般不成问题，主要关注一些设计的细部是否有表达、信息是否输入完整**。有些部位设计师可能认为用二维线条表达更方便就没有建模，但带来的后果是模型不完整、影响后续的模型应用，专业间配合也可能会出现错漏。

各专业在 BIM 设计的不同阶段，所应包含的模型内容也各不相同，这里主要针对施工图出图阶段的要求，把各专业需注意的要点列举出来，具体项目应用可灵活调整。

13.3.1　通用模型完整性校审要点

各专业通用的模型完整性校审要点如下：

（1）核查各专业子项是否完整，如燃气、弱电、人防、室内装修、园林景观等子项，根据设计范围确定是否需要建模。

（2）项目信息是否完整、准确。

（3）核查是否有冗余构件、重叠构件。

重叠构件是设计过程中常见的问题，一般不影响图面表达，但也会造成 3D 视图中有"闪面"的现象，在 Navisworks 浏览模型时尤其明显。Revit 提供了一个简单的方法核查是否有重叠构件：只需在 3D 视图框选需核查的构件，在『**修改**』面板如果出现『**显示相关警告**』按钮，点击该按钮弹出如图 13-16 所示的列表，列出与所选构件相关的 Revit 警告（一般在其出现时已经被用户忽略掉了），如果有重叠构件，这里会有"同一位置处具有相同实例"的提示，展开可查看或记录 ID 再行处理。

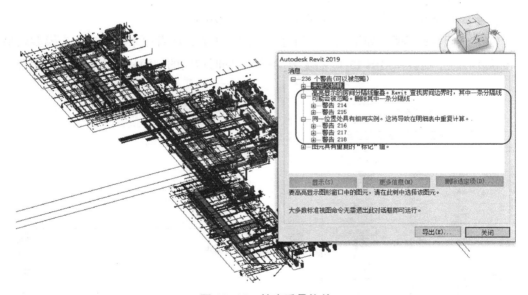

图 13-16　核查重叠构件

13.3.2　建筑专业模型完整性校审要点

建筑专业的模型完整性校审要点如下：

（1）墙体面层是否建模（主要指外墙外侧面层），颜色材质是否正确设置。

（2）楼板面层、沉池填充层。

（3）房间定义是否完整，是否有空房间、不闭合房间、多余房间。

（4）防火分区设定。

（5）跟消防相关的模型设定，如防火墙、防火卷帘、挡烟垂壁、消防救援窗等表达。

（6）建筑构件的预留洞口与预埋套管。

（7）局部小楼梯、小坡道、小台阶。

（8）机电立管表达（来自机电模型）。

（9）墙身细部装饰构件。

（10）建筑周边环境表达。

（11）橱柜等固定家具、影响空间使用的固定设备（如住宅的冰箱、洗衣机、分体空调室内外机等）。

其中房间相关的问题较为常见，通过**"房间明细表"**可以快速看出房间的问题（除此之外也几乎没有其他办法检测房间问题了），如图 13-17 所示，该项目的房间出现 3 类问题：

（1）**未放置的房间**：建模时先放置了房间，然后又删除房间，就会弹出图 13-17 右下方的提示，同时该房间留在项目数据库中，并没有彻底删掉。唯一的办法是在明细表中将其删除。

（2）**多余的房间**：在同一位置放置了不止一个房间。

（3）**未闭合的房间**：如果放置房间时没有闭合边界，或者原来闭合、后来模型调整时变成不闭合，则会弹出图 13-17 右上方的提示，同时房间的"面积"栏显示"未闭合"。

图 13-17　通过明细表检查房间问题

机电立管的表达，在传统 CAD 设计的流程中由于协同的脱节，比较容易出错，导致管井尺寸不够，或者立管影响外立面等问题。采用 BIM 正向设计方式有望在设计过程中杜绝此类问题，但前提是要在建筑 Revit 模型中将机电模型链接进来，并且按实际管径表达立管（水平管道不表达），如图 13-18 所示。

💡 **提示：** 其关键点是建筑平面视图的管道类别详细程度应设为"精细"，否则不能按实际显示立管尺寸。

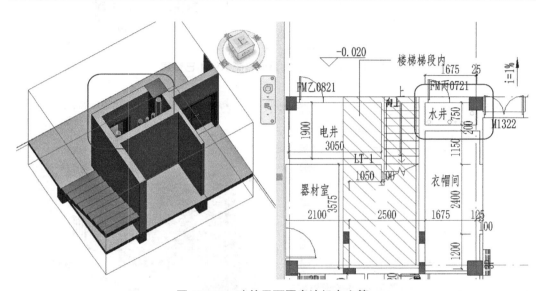

图 13-18　建筑平面图表达机电立管

13.3.3　结构专业模型完整性校审要点

结构专业的模型完整性校审要点如下：

（1）结构构件的预留洞口与预埋套管。

（2）集水井、电梯底坑、扶梯底坑。

（3）柱帽、梁加腋、板加腋等特殊构件。

（4）夹层结构。

（5）局部挑板等墙身处理。

其中预留洞口与预埋套管是专业配合的重点，可以与建筑专业一起核查，但结构由于施工在前，影响更大，因此校审时需格外留意。

下面是同一项目的两处示例，图 13-19 所示是楼梯间加压送风井的建筑侧墙留洞（后装百叶），点选可看到真实的洞口族，在 3D 视图也可看到已留洞口。图 13-20 所示则展示了消火栓开在剪力墙处、桥架穿梁并预埋套管，剪力墙及结构梁均没有作留洞处理[1]。

---

① 也许消火栓放在剪力墙里并不合适，此处仅作为探讨专业协调的案例。

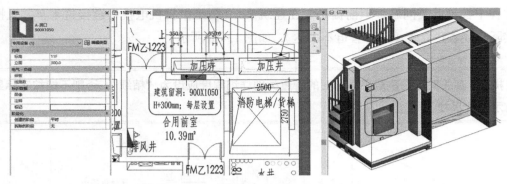

图 13-19　建筑构件留洞检测示例（已留洞）

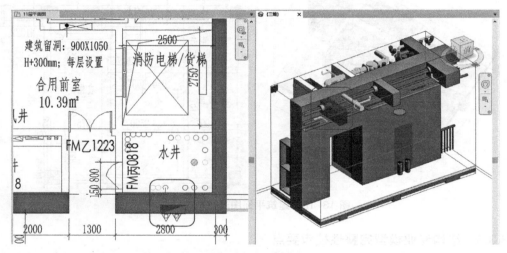

图 13-20　结构构件留洞检测示例（未留洞）

其余几项都是结构建模时比较容易忽略的部位，如地下室底板的集水井，一般由建筑专业定位，但需反映在结构专业模型与图纸中，经常出现集水井与承台冲突的情况，需专项进行审查。图 13-21 所示是一个消防电梯底坑及其集水井的示意。

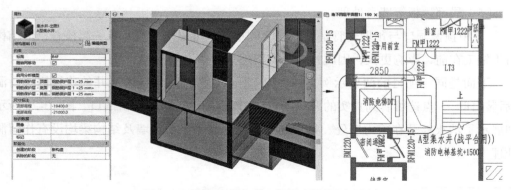

图 13-21　结构集水井、电梯底坑检测示例

柱帽、加腋梁、加腋板是特殊的结构构件形式，因当前楼层剖切不到而很容易被其他专业所忽略，引起冲突，所以模型中一定要按实际尺寸进行建模才能作为专业协调、管线综合排布的基础。如图 13-22 所示是管线穿过板加腋部位的示例，通过校审发现此问题后及时通过预埋套管解决冲突问题。

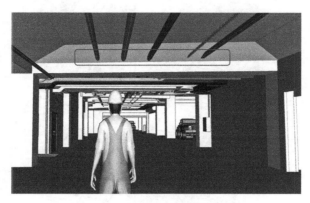

图 13-22　结构加腋板检测示例

13.3.4　机电专业模型完整性校审要点

　　机电专业的模型完整性校审要点如下：

　　（1）检查各管道、风管系统是否建模完整，尤其是兼用系统，如排风兼排烟系统、送风兼消防补风系统等。

　　（2）各专业的设备是否齐全，尤其是烟感、疏散指示、排气扇等各种独立设备。

　　（3）管道、风管系统的各种阀门。

　　（4）喷头、风口等各种末端。

　　（5）有保温要求的管道、风管系统有无保温层。

　　其中机电系统的检查可通过 Revit 的"系统浏览器"进行，在机电的 Revit 文件中，通过『视图→用户界面→系统浏览器』命令打开系统浏览器，这里列出了当前 Revit 文件中包含的各种机电系统，从中可看出系统设置是否完整正确，如图 13-23 左图所示。

　　每个系统展开，可以看到其机械设备与末端，但没有列出连接的管道或风管。而当在浏览器中点选系统名称时，该系统包含的构件（包括其中的管道与风管）就被选择，可以通过三维视图查看。图 13-23 右图展开了其中一个排风兼排烟系统，可以看到这个系统包含的若干个风口末端，但没有看到机械设备，这样就可以判定该系统连接不完整。

　　注意，图 13-23 左图的列表中，最上方有相当多"未指定"的项，这里的未指定并非指构件没有连接到系统，而是由于构件族里可能设置了多个连接件，有些是冗余的，或者项目中没有连接到，在 Revit 中就会出现在"未指定"的列表里（同时也出现在它已连接的一或多个系统的列表里）。因此，该项并不能作为判定依据。

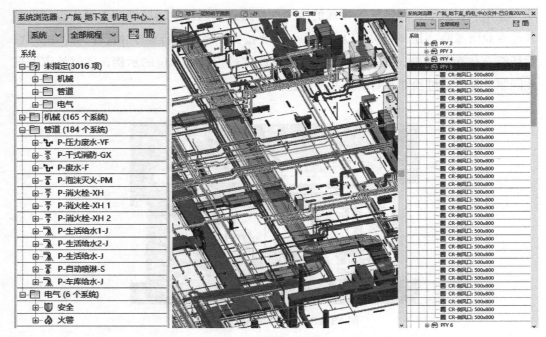

图 13-23　通过 Revit 系统浏览器查看机电系统

13.4　模型合规性校审

模型合规性审核主要看设计人员建模的方式是否符合规则，这个"规则"是广义的概念，有行业通用的、基本的建模规则，各设计企业也应该有本单位的建模规则，各业主单位也可能有自己的建模规则等，应该在项目策划期间就予以明确。本节介绍合规性审核的常规要点及审查方法，可根据企业标准或项目标准继续完善。

13.4.1　通用的模型合规性审查要点

各专业通用的模型合规性审查有以下要点：

（1）模型拆分组合合理，命名规范。

（2）模型视图组织条理清晰，命名规范，临时视图应及时清理。

（3）构件类别应规范，不应随意采用其他构件类别替代建模。

（4）原则上不应采用内建模型建模。重复使用的构件不得采用内建模型建模。

（5）核查构件是否正确设置材质，不应有多种相近材质对应同一设计材质的情况。

（6）核查族类型命名是否规范，类型名称与对应参数值是否匹配。

其中构件类别的替代问题，有些是可以接受，甚至是推荐的做法，如幕墙由于其分格设置的便利性，经常被用来替代复杂分格的窗（如转角凸窗、门连窗等）、阳台栏板等构件，可以带来很大的便利，也不违反基本原则，这种替代是可以接受的。但有一些随意的替代，如用墙体代替反梁、用墙体代替异形梁（以通过编辑轮廓快速建模）、用详图线代替导线等做法则是不能接受的。

内建模型是 Revit 的特殊建模方式，它造型方便，可以设为任意类型，但没有相应类型的常规参数，也不支持多个实例的统一修改，因此原则上不允许使用，尤其是多个实例的构件，应采用可载入族的方式建模。图 13-24 所示是一个反面案例，建模人员为求方便，直接用内建模型拾取 CAD 底图的竖梃轮廓拉伸，这样虽然看上去建模速度快了，但一旦要调整截面轮廓或分格间距就无从下手。BIM 正向设计流程应避免这样的做法。

💡 提示：唯一允许采用内建模型的场合，是需要参照已有模型建模、常规构件的建模方法难以实现，且仅使用一次的构件。

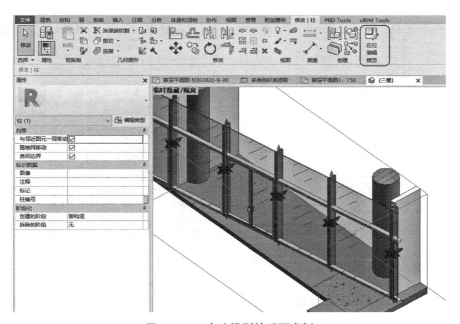

图 13-24　内建模型的反面案例

上面的第（5）点是关于材质的核查。为什么同一设计材质的多种构件不能分别赋予多个名称相近的材质，我们在第 6.2.1 小节结构构件建模规则已有讲述，这里不再赘述，只介绍如何快速进行核查。Revit 软件提供了一个特殊的明细表功能——材质提取明细表，这个功能可以辅助校审人员进行材质的快速核查。

执行『视图→明细表→材质提取』命令，然后选择"＜多类别＞"，将"材质：名称""族与类型""合计"三个参数添加到列表字段，再如图 13-25 设置其排序方式，注意去掉"逐项列举每个实例"的勾选。完成后的明细表如图 13-26 所示。

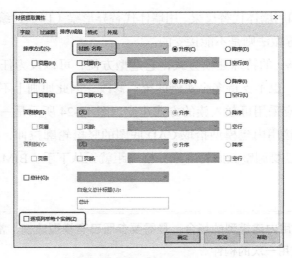

图 13-25 材质明细表的排序设置

图 13-26 材质明细表示例

从这个材质明细表里可以看到，"钢筋混凝土"这一种材质，项目里使用了 6 个相近的材质，分别赋予不同的构件，说明在设计前期没有做好规划，后面出图也确实受到了影响。比较推荐的做法是统一一种"钢筋混凝土"材质，混凝土强度等级通过共享参数来设定。

第（6）点是核查族类型的命名与其参数值是否对应。举例来说，梁的族类型名称是 400×800（2），但其类型参数的梁宽和梁高则是 500×900，这是很典型的复制族类型后忘了改名的失误案例，也有倒过来的，改了类型名忘了改参数。这种属于低级错漏，一般来说很少出现，只是偶尔遇到，但核查起来很麻烦，要逐个类型查看，所以建议抽检。珠江设计的 BIM 团队写了一个插件来作矩形梁柱的核查，但由于族的族参数名称不可控，因此通用性有限。

以下分三个小节列出各专业的模型合规性审查要点。

13.4.2 建筑专业模型合规性审查要点

（1）墙体

1）核查墙体材质设置是否正确，核查墙体面层做法设置是否正确。

2）所有墙体面层应采用面层内部为定位线。

3）建筑专业中的非承重墙，应在软件中设定墙的结构参数为不勾选，设定为非承重墙。

4）建筑砌块墙底标高应至结构板顶，顶标高应至结构板底或梁底。

5）应处理好交接关系，保证建筑墙体与其他专业（如结构、景观、内装）处理好交接面，避免交叉重叠。

6）核查女儿墙做法。

7）应设置各类墙体（如建筑墙、结构墙、隔断、防火墙、预制墙等）的过滤器，以分别开关及设定显示样式。

（2）建筑楼地面

1）核查构造分层做法，楼地面做法应根据设计材料做法表设定，并根据做法表核查。

2）核查楼地面开洞。

3）核查降板区域。

4）核查排水做法。

5）核查与其他构件的扣减原则是否满足要求，建筑楼板面层应该是优先级最低的构件，被其他构件所剪切。

6）应按照做法表与房间定义，分块分区建立楼地面，一个楼板边界不应包含多个区域。

（3）屋面

1）核查屋面构造做法，做法需符合设计说明及相关图纸要求。

2）核查屋面排水、排水沟、雨水口做法。

3）核查屋面机房、设备基础、楼梯、检修口等做法。

4）核查屋面装饰构筑物做法。

（4）门窗

1）核查门（尤其防火门、卷帘门）是否满足设计形体要求、实际厂家产品要求，应接近实际形式。

2）核查门窗底高，重点机房区域，升降板区域。

3）核查门窗材质是否正确表达。

4）核查门窗平、立、剖面，表达是否正确。

5）核查门窗的类型、名称与尺寸参数是否对应。

（5）楼梯

1）核查楼梯平面、剖面表达是否满足设计表达要求。

2）核查梯梁表达。

3）核查楼梯与平台交接是否正常。

4）核查楼梯栏杆扶手是否有断开处。

（6）栏杆扶手

1）核查样式是否符合设计意图。

2）玻璃栏板核查分格尺寸。

（7）电梯扶梯

1）核查电梯、扶梯是否有正确的平、立、剖面表达。

2）核查扶梯是否按实际的坡度、尺寸与样式建模。

3）核查电梯、扶梯底坑是否正确表达。

（8）其他构件

1）核查排水沟、集水井是否正确建模与表达。

2）核查是否以构件方式表达停车位，不可用线绘制，以便于车位统计管理。

13.4.3　结构专业模型合规性审查要点

（1）墙体

1）核查墙体材质是否正确。

2）核查墙体是否分楼层建模。

3）核查墙体是否有混凝土强度等级参数。

4）应明确设定结构墙体的结构勾选项，与建筑非承重墙进行区分。

5）剪力墙、挡土墙等应保证剪切优先级，剪切梁板，但被柱所剪切。

（2）楼板

1）核查结构楼板材质。

2）核查楼板开洞。

3）核查降板区域。

4）核查楼板后浇带是否正确表达。

5）应明确设定结构楼板的结构勾选项，与建筑楼板进行区分。

（3）梁、柱

1）核查混凝土梁、柱是否合理连接扣减。

2）核查梁标高是否正确。

3）隐藏楼板，核查梁柱是否搭接正确。

4）核查混凝土强度等级参数是否正确。

（4）基础、底板及其他结构构件

1）核查基础之间交接是否存在冲突。

2）核查基础标高。

3）核查基础底板高差处做法。

4）核查底板集水坑、排水沟（结构相关）、后浇带是否正确建模与表达。

13.4.4 机电专业模型合规性审查要点

（1）机电专业总体要求

1）各系统分类、命名、缩写、颜色设置符合建模规则。

2）各系统的机械设备、管道/风管、管件、配件、末端，全部应连接到位，逻辑完整正确。

3）核查模型是否包含系统过滤器设置，控制项目中文件每个系统的显示开关，方便隔离选取，以及开关控制。

4）管线综合排布符合相关标准、规则。具体规则详见第11章。

（2）管道系统（含给水排水管道、暖通空调水管）

1）管道系统的管段材质与专业设计说明一致，尺寸定义符合规范。

2）核查重力流排水管、通气管及热水管等管道是否按规范设置坡度，是否出现"几"字形翻弯。

3）核查管道连接方式，例如重力流排水管，转向处宜做顺水连接，禁止逆水流方向连接；横管与立管连接，宜采用45°斜三通或45°斜四通和顺水三通或顺水四通。

4）核查管件的连接方式与其材质、尺寸是否匹配。

5）核查是否合理使用变径三通、四通。

6）核查立管的平面表达。

（3）风管系统

1）核查风管系统对正、对齐方式是否符合设计意图。

2）核查风口方向、样式。

3）核查风管立管的平面表达。

（4）桥架系统

1）核查翻弯的角度及半径是否符合线缆敷设需求。

2）核查桥架穿越土建构件处的处理。

（5）其余机电构件

1）核查大型机电设备是否设置基础。

2）核查墙面、天花布置的各种机电设备标高是否合理正确。

13.5 图模一致性校审

理论上，BIM 正向设计不应该存在图模一致性的问题，但由于 BIM 正向设计是一个相对宽泛的概念，对"基于 BIM 模型出图"这一关键步骤的专业范围、出图比例等，目前并没有严格规定，尤其结构专业的施工图，主要仍以结构专业软件在 CAD 平台出图为主，因此图模一致性的检测仍然是非常有必要的。另外，从业主或政府主管部门角度来说，项目是否真正采用了 BIM 正向设计、出图的比例多大，这些都需要通过图模一致性检测来衡量。

💡 提示：图模一致性检测目前还没有通用、快速、可靠的检测方法，只能通过人工去对比检查，工作量非常大。鉴于本项工作专业技术要求不高而工作量较大，建议由专人完成。

本节介绍的是一个标准流程，可以稍微提高一点检测的效率，但并未解决自动化检测的难题。如前所述，结构专业的 BIM 模型直接出图可行性较低，同时结构模型对专业间的协同又至关重要，因此图模一致性检测需求相对更高一些。下面以结构梁的检测为例，介绍图模一致性检测的标准流程。

（1）复制或新建结构平面视图，按结施的视图样板设置，再把楼板关掉（楼板标高及边界另行对比），然后按第 13.1.1 小节的设置设为校审视图。

（2）为了快速对比梁截面尺寸，先在 Revit 里将梁的尺寸标注出来。用『注释→全部标记』命令，如图 13-27 所示仅勾选"结构框架标记"，选择仅标注梁截面的标记，然后点击"确定"按钮，效果如图 13-28 所示。

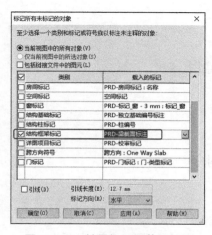

图 13-27　批量标记梁截面设置

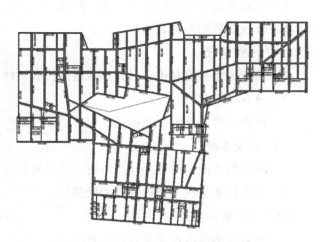

图 13-28　批量标记梁截面效果

（3）在 AutoCAD 里整理对应楼层的结构梁图，把无关图层关掉，原点对位，然后链接到 Revit 的校审视图中作为对比的底图。

（4）在**视图可见性设置（VV 设置）**里，将底图的颜色统一设为鲜明的颜色。注意，需展开所有图层，连同 dwg 文件本身所在行一起选择设置，如图 13-29 所示。

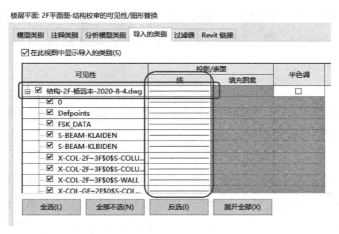

图 13-29　底图设置

（5）点击"确定"按钮后效果如图 13-30 所示。Dwg 底图的梁截面标注与 Revit 的梁截面标注放在一起，调节视图比例使其字高接近，然后就可以进行观察对比。先观察线条是否有错位，再对比标注数值。如图 13-30 中圈示的几处差异，可以相对清晰地对比出来。

图 13-30　图模对比效果示意

其他专业、图别的对比基本上是类似的操作，只是没有"梁标记"这一步骤。具体操作也可以灵活处理，比如从 Revit 导出 dwg 文件，在 AutoCAD 里进行图形对比也是可行的，选择效率最高的方式即可。

13.6　二三维同步的设计校审

前面三节介绍针对 BIM 模型质量的校审，这是 BIM 设计（不管是否正向）所特有的环节，目的是保证 BIM 设计的质量，并确保模型能后续应用。对于项目设计来说，设计合规性、经济性、安全性、设计品质、图纸质量等方面的校审是更为本源，也更为重要的校审，只是由于传统的设计校审流程、内容、重点等均已非常成熟，所以本书不作具体校审内容的介绍，仅从技术层面介绍基于 BIM 模型可以在设计校审方面发挥哪些作用、如何进行。

💡 提示：BIM 模型本质上是一种结构化信息，其数据信息可以提取出来进行分析，其三维属性则可以将数据进行可视化呈现。

因此，理论上基于 BIM 模型的审查跟非结构化的 CAD 数据相比应该可以更全面、更高效。但实践中我们发现并非如此，许多校审人员，尤其是设计院 / 所室的专业总工，普遍不太接受直接在 BIM 软件中直接进行设计校审，仍倾向于导出 dwg 文件或打印图纸出来校审。原因分析起来有以下几方面：

（1）提取 BIM 模型的数据进行分析虽然理论上可行，但一方面建筑本身的数据结构化程度不高，另一方面建筑相关规范有较多非量化或定义不清晰的条文，因此可通过数据分析判断设计合规性的规范条文比例相当低。

（2）即使部分条文可通过数据分析判断设计是否合规，但尚未有成熟的软件可供应用，要么企业 / 个人自行开发工具插件进行判断，要么部分 BIM 设计软件附带某些数据核查功能，两者均对建模规则、数据的录入规则等有严格要求，通用性有限。

（3）仅从模型角度进行校审是不够的，很多信息呈现为二维图纸（线条 + 文字）更直观高效，尤其对于模型操作普遍欠熟练的专业总工而言，看图校审比看模校审显然更为得心应手。

对于上述的前面两个问题，业内已经在探索解决方案，如广州、长沙等城市官方推动的"BIM 施工图审查平台"，拟通过规范的数据录入、配套的导出插件，将 BIM 设计模型上传至公共平台进行设计合规性的软件自动审查，其支持的规范条文目前仍在不断扩充。因此可预计未来几年中，这方面的技术应该有快速的提升。当然这个提升也是有限度的，到达某个程度后将很难继续突破。

第三个问题笔者认为更为关键，如果解决了 BIM 模型审查的效率与操作习惯问题，将大大提高设计院中层技术骨干对 BIM 正向设计的参与度与认可度，因此是必须着力解决的问题。

珠江设计与珠江优比深入研究传统设计校审的行为习惯、对比了多种技术路线后，得出两个结论：

（1）BIM 设计校审的关键在于二三维同步集成化校审。

（2）BIM 设计校审的最佳软件平台为 Navisworks Manage。

第一个结论应该不会有太多争议。二维图纸加上三维模型可实现全面的设计校审，但"同步"与"集成化"是关键。如果不同步，图模要分别查对，三维模型的视点要自己去查找，这样就失去了互补的意义；如果不集成，要校审人员自己去查找各专业图纸、自己去合模，效率就大打折扣。因此，**二三维、同步、集成化**，均为关键词。

第二个结论可能争议较大，目前也有一些企业或软件厂商在开发云端的平台类产品，支持二三维的集成显示，这也是行业发展的一个方向。但从实用性、轻量化程度、操作便利性、学习成本等方面综合考虑，Navisworks Manage 仍是最佳选择。当然其缺点是 Navisworks 不支持二维 dwg 图形的显示[1]，也不支持多窗口浏览，因此不满足上述的"二三维、同步、集成化"三大要求。我们通过基于 Navisworks 的插件开发来解决此问题。

珠江优比开发的**优比二三维同步插件**如图 13-31 所示，提供了额外的窗体，用以展示 dwg 文件，同时提供了配套的对位功能，将 Navisworks 的模型视点位置（包括视点位置与观察点位置）实时显示在 dwg 窗体中，也可以通过拖动 dwg 窗体中的小圆点实时控制 Navisworks 的模型视点，双向都是实时同步，这样就可以快速地在查看 dwg 图纸的同时，看到三维效果；在三维模型漫游时，也可以随时知道当前视点的位置。

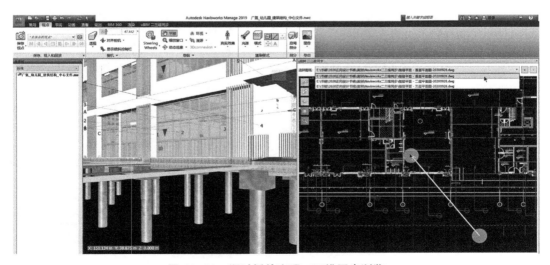

图 13-31　通过插件实现二三维同步浏览

---

[1]　Navisworks 支持从 Revit 中导出的二维 dwf 文件，但不支持另外绘制的二维 dwg 文件。

　　同时，插件还提供了集成的功能，可以批量将 dwg 图纸与 nwc/nwd 模型文件关联起来，在图示下拉框中切换不同视图进行图模对照，对于多专业的对图也非常方便，实现了"二三维、同步、集成"的效果。

　　这样的校审方式没有强制改变传统以看图为主的校审习惯，同时又把 BIM 模型纳入到校审体系当中，发挥其三维可视化的优势，可以潜移默化地让设计院中高层技术骨干慢慢适应 BIM 设计体系，是一个值得推介的方式。

第 14 章 技术要点

14.1 工作集设置步骤及要点

在第 4.5.2 小节中介绍了 Revit 工作集的协同方式，但没有详细列出操作步骤。工作集的设置环节较多，影响较大，在其他软件（包括 AutoCAD）里又没有可参照的操作，因此初接触的设计人员会有些无从下手。本节将详细的设置步骤列出，当熟练并理解其运作原理后才能灵活变通。

（1）先按第 4.6 节所述设好局域网的项目公共目录，进入相应的模型存放路径，新建 Revit 文档或将初始的 Revit 文档拷贝到这里，设好文件名，如 "示例项目 _ 建筑结构 _ 中心文件 .rvt"。**注意，文件名一旦确定就不能轻易修改，因此命名要规范化。**建议加 "_ 中心文件" 或 "_CENTRAL" 为后缀，但不要加日期后缀。

（2）项目 BIM 负责人打开文件，点击『**协作→协作**』按钮，启用协作，如图 14-1 所示设置，再保存文件。由于是启用协作后的第一次保存，Revit 弹出图 14-1 中提示，点击 "是" 按钮即可。

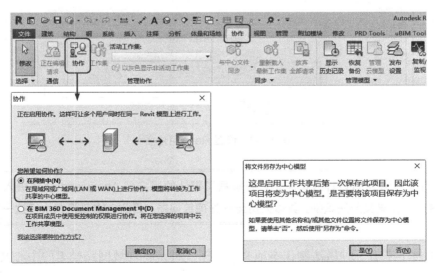

图 14–1　启用协作并保存为中心文件

（3）点击『**协作→工作集**』命令，在此预设多个工作集，如图 14-2 左图所示，然

后点击"确定"按钮关闭。工作集后续也可以继续添加、修改。完成后点击『**协作→
与中心文件同步**』命令，在弹出的设置框中，勾选放弃"用户创建的工作集"①，同步
后关闭中心文件，至此中心文件设置完毕。

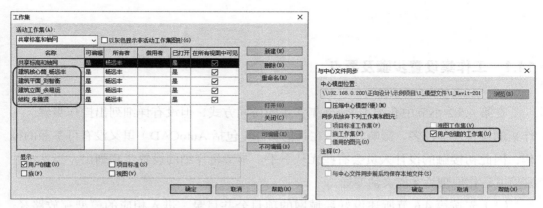

图 14-2　设定工作集并同步

（4）下面介绍各设计人员如何进行本地文件的操作。首先，一定要先在『**选项→
常规→用户名**』处设置好 Revit 用户名，如图 14-3 所示。为了方便同事识别，建议直
接用中文实名。

图 14-3　设置 Revit 用户名

💡提示：这一步经常有设计人员忘记，直接用了默认的用户名 Administrator 等进入工作集，
造成占用工作集又无法识别，具体人员无法处理等问题，因此一定要强调执行这一步操作。

（5）接下来有三种做法制作本地文件。第一种是将局域网路径里的中心文件复制
到本地，将文件名改为自己识别的名字，建议将上述"_ 中心文件"后缀改为本人实名。

---

① 这是为了不占用这些工作集，以便后面各设计师激活自己对应的工作集进行工作。

由于这里已经是本地的副本，对文件命名没有严格要求，**可以加日期后缀、阶段后缀作为标记**。然后双击"打开"按钮，弹出如图 14-4 所示提示。注意，最下面一行提示将变为本地用户副本，直接点击"关闭"按钮即可。

第二种是先启动 Revit，从 Revit 的『**打开**』命令处打开局域网的中心文件（而不是双击打开），注意下方的选项，两个都不要勾选，如图 14-5 所示，打开后马上另存到本地目录里，自己命名。

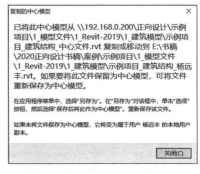

图 14-4 打开中心文件副本的提示

图 14-5 打开中心文件时的选项

第三种也是从 Revit 打开中心文件，区别是在图 14-5 所示处，勾选"新建本地文件"，然后点"打开"按钮，Revit 弹出如图 14-6 左上方所示提示，这里选第二个选项"**将时间戳附加到现有版本**"，确定后，Revit 自动创建本地文件，其保存路径由 Revit『**选项→文件位置**』命令确定，可自行设定；文件名由"中心文件名＋用户名＋时间戳"自动确定，无法自定义。

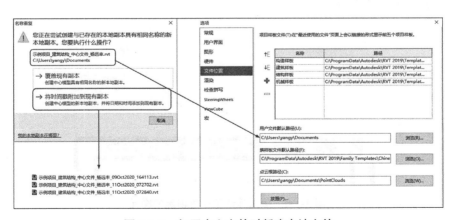

图 14-6 打开中心文件时新建本地文件

💡提示：以上三种创建本地文件的方式都可以，第三种是官方推崇的方式，每次均建立新的副本，最安全但占用硬盘最大，并不便于管理。本书推荐第一种方式，更便于管理，但需自己定期备份。

（6）建立本地文件后，通过『**协作→工作集**』命令，将其他人的工作集设为"不可编辑"，仅保留自己的工作集为"可编辑"，同时将自己的工作集设为"活动工作集"。然后才可以开始进行设计工作。这时每个人添加的图元，都有一个工作集参数表明它的权属，如图 14-7 所示。

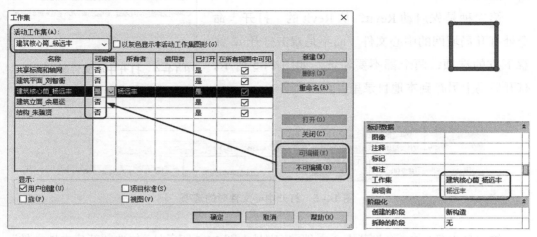

图 14-7　设定工作集权限及查看图元的工作集属性

（7）当需要编辑其他人创建的图元时，如果创建者已放弃权限，则可以点击"使图元可编辑"按钮，直接编辑（借用），同步时要勾选"放弃借用的图元"，否则原创建者动不了；如果创建者没有放弃权限，Revit 文档会即时向对方提出"申请"，对方"批准"后才能编辑（图 14-8）。

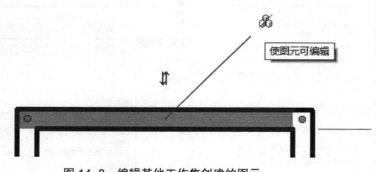

图 14-8　编辑其他工作集创建的图元

（8）本地文件需定期保存并与中心文件同步，建议 2h 同步一次。如果工作集中有多人同时同步，则按先后点击顺序依次同步，可能需要等待较长时间。

（9）外出工作或回家加班：将本地文件拷贝回家，临时脱离中心文件，是危险操作。原则上团队中只能有一个人这么做，以免工作冲突。回家后提示找不到中心文件，可强制占用所有权限进行工作，回公司后重新同步并放弃所占用的权限。如果多人均有脱离中心文件进行编辑，如有构件冲突，以最后同步为准。

（10）**中心文件不可重命名、移路径**。否则所有本地文件要重新连至新的中心文件。如有需要，可以以独立本地文件重新做一个中心文件。

（11）中心文件偶尔会出现一直在同步或提示文件损坏等状况，原因难以分析，可尝试在打开时勾选"核查"，或通过『**协作→修复中心文件**』命令，看能否修复。如果无法修复，只能损失一部分最新的工作量，用最后成功同步的本地文件重新做中心文件，或通过『**协作→恢复备份**』命令打开备份的中心文件版本。

（12）如果需要脱离中心文件、变回独立文件，在打开本地文件时，勾选"从中心分离"，另存即可。

14.2 总平面与单体定位

在第 4.7.2 小节中提到总平面与单体定位的基本流程，其中多个 Revit 文件的定位是比较复杂的操作，需用到 Revit 的共享坐标概念。这个概念相当晦涩，我们通过案例来说明。

（1）以图 14-9 所示的总平面为例，首先整理 dwg 总图，**确认在 dwg 总图里所有坐标标注与其实际坐标一致**，同时查看 dwg 图是按米（m）还是毫米（mm）绘制。

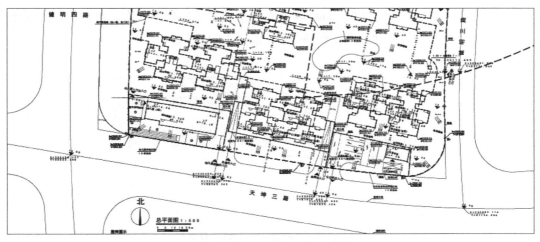

图 14-9 总平面案例局部

（2）新建 Revit 文件，在场地或 ±0 标高的平面视图链接 dwg 总图，参考图 14-10 设置，注意导入单位跟 dwg 总图的绘图单位要一致（一般米或者毫米）。**定位方式不需要用原点对原点**。链接进来后，将其设为半色调显示。

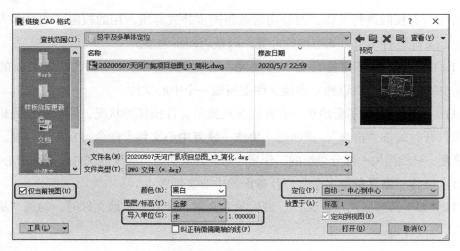

图 14-10　链接 dwg 总图

💡 提示：由于总图坐标一般远离大地坐标的原点，如果一定追求绝对的原点对原点，在 Revit 里可能会有捕捉不精确、小曲面显示出错等预想不到的结果。

（3）通过『**管理→坐标→在点上制定坐标**』命令，选择具有标志性的点（本例为左侧十字路口的路中线交点），在弹出的窗口中设定 X、Y、Z 三个方向的相对坐标值，如图 14-11 所示，注意其中"北 / 南"对应 Y 轴坐标，但由于总图坐标标注的特殊性，应将其标注值里面的 X 值转为毫米值填入；"东 / 西"则填入标注值 Y 的毫米值；"立面"则为标高偏移，本例保持为 0（如场地整体高程与海平面相差较大，可设定一个基准标高）。角度由于均按正北方向，保持为 0，如图 14-11 所示。

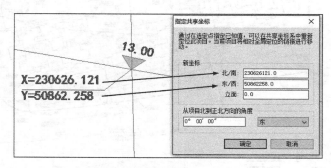

图 14-11　设定总图相对坐标系

（4）理论上相对坐标系已经设置完毕，为保险起见，再随即找几个点，用 Revit 文件的『**注释→高程点坐标**』命令标注其坐标值，看与底图的坐标值是否对应。如图 14-12 所示，图中的 Revit 坐标标注族经过了设定，包括 X、Y 的对调等，使其接近底图的标注效果。

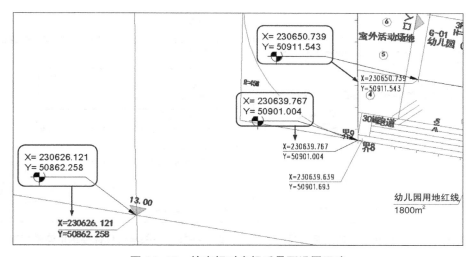

图 14-12　检查相对坐标系是否设置正确

（5）接下来将各单体依次链接进来，以图中幼儿园为例，用"原点到原点"链接"广氮 _ 幼儿园 _ 轴网 .rvt"文件[1]，再通过移动、旋转或对齐命令，将其准确定位在总平面中，如图 14-13 所示。**注意高度上的定位，需通过立面或剖面视图垂直移动**。

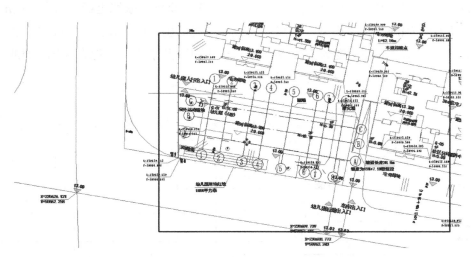

图 14-13　链接单体基准文件并准确定位

（6）通过『**管理→坐标→发布坐标**』命令，选择该链接文件，弹出如图 14-14 所示的窗体，这里记录了该链接文件在主文件里面的相对位置，默认是叫"室内灯"，将其重命名为"幼儿园"，这就是主文件与链接文件之间的**共享坐标**。

---

① 原点对原点是为了高度保持 ±0 导入，后续调整就更方便。为什么选择轴网，后面会讲到同一单体其他文件均需通过链接此文件去获取它与总平面的共享坐标，因此选择轻量的单体轴网文件是最方便的。

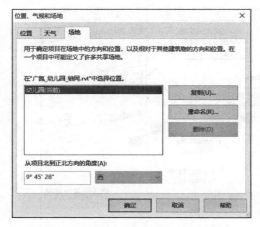

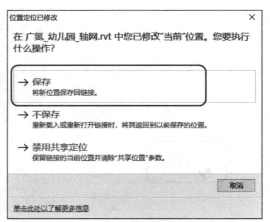

图 14-14　记录单体的共享坐标　　　　图 14-15　将共享坐标保存至单体模型文件

（7）其余单体同样处理。完成后保存主文件，此时 Revit 文件会弹出如图 14-15 所示的提示，询问是否将共享坐标的信息存入链接文件（即幼儿园本身的 Revit 文件），点击"保存"按钮。这样就完成了单体与总平面之间的定位。

（8）接下来将这个共享坐标传递给幼儿园的其他专业模型。关闭上述总平面文件，打开幼儿园单体的其他模型文件，然后通过『**管理→坐标→获取坐标**』命令，点击"广氪 _ 幼儿园 _ 轴网"链接模型[①] 即可。完成后查看链接文件的属性，发现"共享场地"参数已从"< 未共享 >"变为上面设置的"幼儿园"共享坐标。保存关闭，此时的主文件已拥有"幼儿园"共享坐标（图 14-16）。

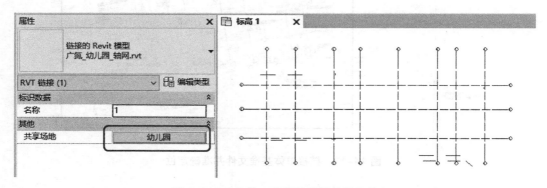

图 14-16　将共享坐标传递至其他文件

💡提示：注意这个步骤是单体的其他 Revit 文件为主文件，链接刚刚已获得共享坐标的同一个子文件，而不是反过来。

---

① 上述轴网模型此前应该已经通过"原点到原点"链接进来了，如果还没有则需先链接。

（9）下面检验一下是否传递成功。重新打开总平面 Revit 文件，执行链接命令，选择上一步处理的单体文件，然后在定位处（图 14-17）选择"通过共享坐标"方式链接，完成后可看到该文件同样被定位到总平面的正确位置。

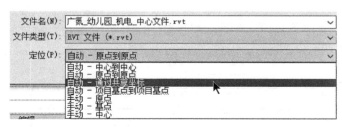

图 14-17　通过共享坐标链接文件

（10）其他文件按上述步骤依次执行，笔者没有找到可以批量操作的方法。完成后，在互相链接、多个文件链接至总平面、导出 Navisworks 进行合模等操作，均可直接选择"通过共享坐标"，无需手动对位。

💡提示：共享坐标是跟其主体两个文件相关联的，必须通过链接关系才能建立、传递，不同的链接关系不能混用共享坐标。因此对于多单体项目，需尽量简化链接关系与共享坐标关系，否则很容易出错。

14.3　导入 AutoCAD 的线型

Revit 不支持复杂线型，仅支持由短线、点、空隙组合而成的简单线型。如果希望将 AutoCAD 里面的线型（仅限简单线型）导入 Revit 使用，以实现在 Revit 中图面显示完全一样的效果，则需要专门设置。直接将 dwg 文件导入 Revit 虽然可以将线型一起导入，但由于比例的问题，导进来常常变成连续线，没有保留原来的样式。

原因是 Revit 没有线型比例的概念，所有线型定义均按实际长度，并且其短线、空隙的最小长度有限制，**不能小于 0.5292mm**（Revit 线型中一个点的显示长度），而 AutoCAD 软件的线型定义里有很多小于这个数值，因此直接导入时被 Revit 直接忽略。

由于这个限制，实际上并不能确保 Revit 里能跟 AutoCAD 完全一样，有些太密的线型只能等比例放大至最小间隙，同时 Revit 线型要考虑主要应用的视图比例，如按 1∶100 比例设置的线型，放到 1∶20 的大样图里就不合适。

下面以面向比例 1∶100 比例的视图为例，介绍将 AutoCAD 里若干常用的线型导入 Revit 使用的步骤。

（1）在 AutoCAD 新建空文件，加载所需线型，先保持全局比例因子为 1，如图 14-18 所示。

图 14-18　在 AutoCAD 中加载所需线型

（2）画若干线条，分别设为上述已加载的线型，并设置全局线型比例（ltscale）至合适的数值，使其短线、空隙均大于 53mm。由于我们的目标是应用于 1 : 100 的 Revit 视图，因此实际的最小间隙为 $0.5292 \times 100 \approx 53mm$。如图 14-19 所示，对这几个线型来说设到 250mm 以上即可满足要求。如果有些线型疏密程度相差太大，可另开一个 dwg 文件设定。

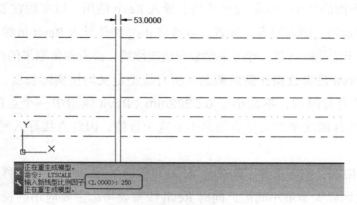

图 14-19　绘制线条并设置线型比例

（3）保存文件，在 Revit 中打开一个比例 1 : 100 的视图，导入该 dwg 文件，注意导入的比例选毫米。导入后其线型已经连带导入，通过『**管理→其他设置→线型图案**』

命令查看，从 AutoCAD 里导入的线型全部带有"IMPORT"前缀，其属性已定义好，如图 14-20 所示。该 dwg 文件可删除，线型则保留在 Revit 文档中。

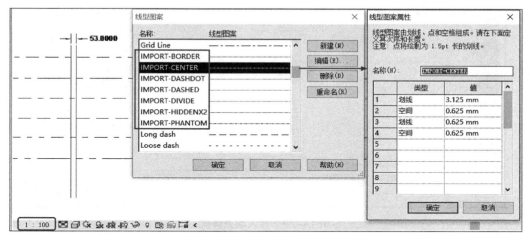

图 14-20　将 dwg 导入 Revit 后线型连带导入

（4）如果疏密程度需要调整，则回到第（2）步重新设线型比例，再重新导入即可。

实际上，直接新建线型图案再自己输入数值编辑也很简单，上述过程主要是可以更清晰地将 AutoCAD 与 Revit 对线型的不同定义方式展现出来。

14.4　导入 AutoCAD 的填充图案

【操作步骤】在 Revit 中添加常用的填充样式：

（1）在 Revit 中点击"管理"选项卡→"其他设置"→"填充样式"。

（2）弹出"填充图案"窗口，点击"新建"按钮。

（3）弹出"新填充图案"窗口，点击"自定义"→"浏览"，如图 14-21 所示。

（4）弹出"导入填充样式"窗口，打开特定文件夹中的填充图案定义文件，如图 14-22 所示。

提示：

1）填充图案定义文件的文件格式为 .pat。

2）AutoCAD 与天正软件自带的填充图案定义文件默认路径。

AutoCAD（以 CAD2014 为例）：

图 14-21　新填充图案

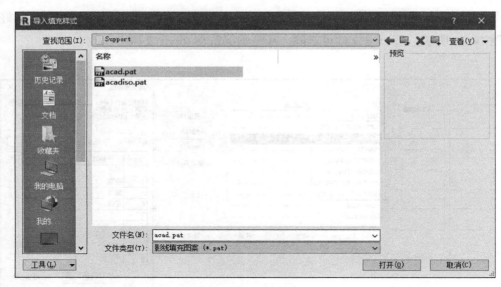

图 14-22　导入填充样式

C：\Program Files\Autodesk\AutoCAD 2014\UserDataCache\zh-CN\Support。

天正（以天正 T20V4.0 为例）：C：\Tangent\TArchT20V4\SYS。

（5）在窗口中预览并选择所需添加的图案名称，如图 14-23 所示。

注意：Revit 默认将文件单位识别为"英寸"，且无法在此更换，只可在"导入比例"中输入 0.039，将英寸转换为毫米，如图 14-24 所示。

说明：1 英寸 =25.4 毫米；1 毫米≈ 0.039 英寸。

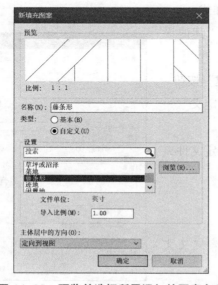

图 14-23　预览并选择所需添加的图案名称

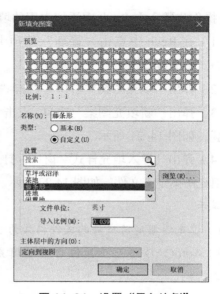

图 14-24　设置"导入比例"

（6）添加"填充样式"完成，如图 14-25 所示。

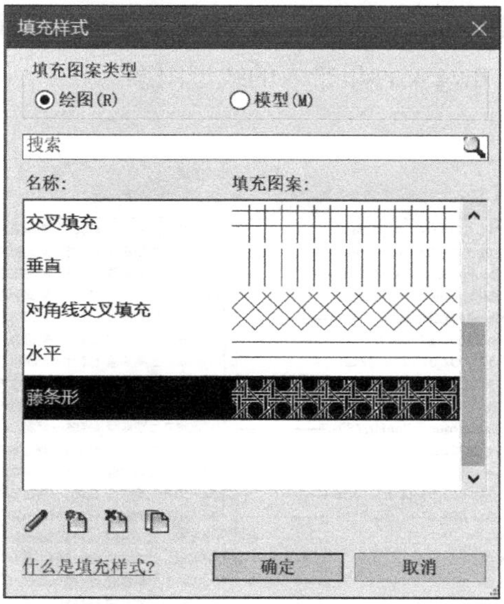

图 14-25　完成添加填充样式

注意，上述步骤导入的是绘图类的填充样式。如需导入为模型类，则需先将上述的 acad.pat 文件复制一份，然后用记事本编辑，在所需填充图案的第一行处插入：

```
; %TYPE=MODEL
*藤条形, Tangent
;%TYPE=MODEL
0,2.8125,0,5,5,0.3125,-0.625,3.4375,-0.625
0,0.625,3.125,5,5,0.3125,-0.625,3.4375,-0.625
0,0,3.75,5,5,0.9375,-0.625,2.8125,-0.625
0,2.8125,4.375,5,5,0.9375,-0.625,2.8125,-0.625
90,0.9375,0,5,5,0.3125,-0.625,3.4375,-0.625
90,1.5625,0,5,5,0.9375,-0.625,2.8125,-0.625
90,2.1875,2.1875,5,5,0.9375,-0.625,2.8125,-0.625
90,2.8125,2.8125,5,5,0.3125,-0.625,3.4375,-0.625
45,0,0,3.5355339,3.5355339,4.4194,-0.8839,0.4419,-1.3258678
45,0.625,0,3.5355339,3.5355339,4.4194,-1.3258678,0.4419,-0.8839
135,2.1875,0.9375,3.5355339,-3.5355339,0.4419,-1.3258678,4.4194,-0.8839
135,1.875,1.875,3.5355339,-3.5355339,0.4419,-0.8839,4.4194,-1.3258678
```

14.5　Dwg 底图及钢筋符号处理要点

将 dwg 文件链接或导入 Revit 平面视图作为底图是设计过程中的常见操作，但此操作需要规范化，以免对 Revit 文件造成影响。其注意要点总结如下：

（1）如无必要，禁止导入 dwg 文件到 Revit 文档，只能使用链接方式。

所谓必要，是指需分解以利用 dwg 文件里面图元的情形。如某些轮廓族，已在

dwg 文件里画好轮廓，导入后分解利用。如果仅作为建模的参照，不允许导入，只能使用链接。原因是导入的操作会将 dwg 文件里面的线型、填充样式、字体样式[①] 等均带入 Revit，影响操作，难以清理[②]。如图 14-26 所示是一个反面案例，前期没有控制好，结果 Revit 里面有上千个 dwg 文件里带入的线型图案。

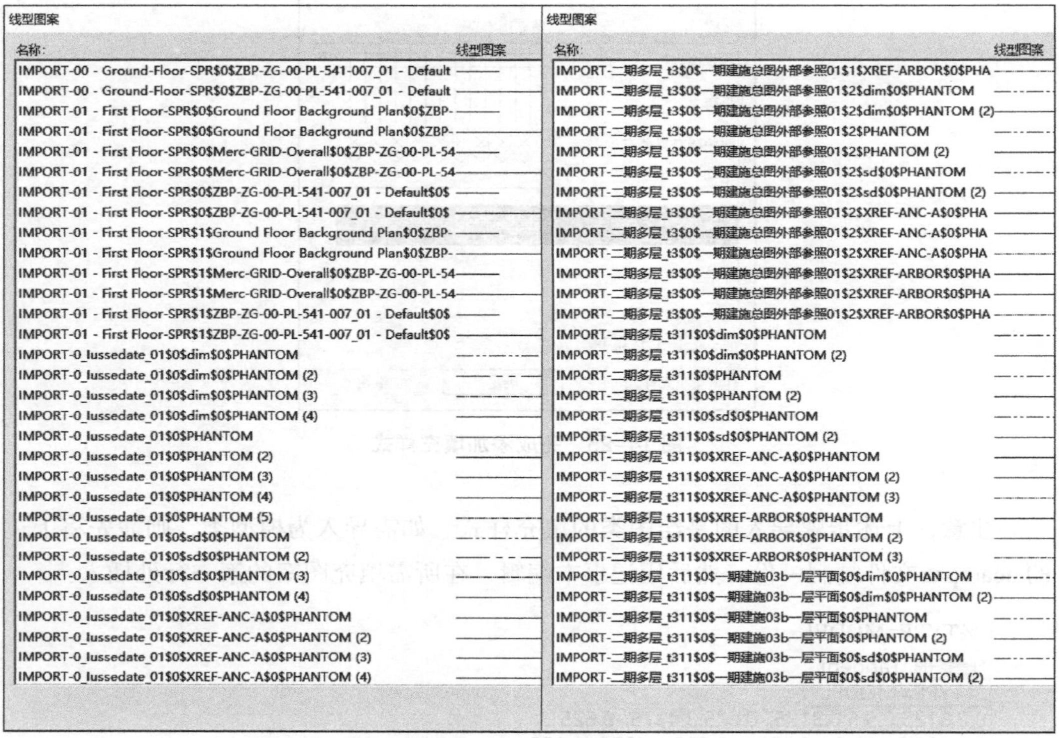

图 14-26 从 dwg 文件中连带导入 Revit 的线型图案

（2）必须导入并分解的 dwg 文件，一定要清理无关图元，保持最精简状态。

如前所述，导入并分解后，dwg 文件里面的文字样式、填充样式等均加入 Revit 样式，为避免大量无用样式进入 Revit，需在 AutoCAD 中精简该 dwg 文件，通过 purge 命令或 wblock 命令清理样式再导入 Revit。

（3）链接作为底图参照的 dwg 文件，需预处理。

预处理包括：

1）多楼层平面图需拆分楼层。

2）各层平面图需在 AutoCAD 中进行原点对位。

3）规范命名。

---

① 填充样式、文字样式是分解后才加入 Revit；线型图案则在导入时即连带导入。

② 『管理→清除未使用项』命令并不能清除多余线型。

第 2）点是为了链接到 Revit 时，可以直接按**原点到原点**链接，无需手动对位。第 3）点详见第 12.3 节内容。

（4）链接到 Revit 时的注意事项

1）选择原点到原点，避免手动对位。

2）勾选"仅当前平面"，避免其他视图（如剖面、3D）也能看到该底图。

3）不要勾选"□纠正稍微偏离轴的线"。

4）颜色建议直接设为黑白，链接后再在视图可见性设置中勾选"半色调"，使其灰显。

如图 14-27 所示，其中第 3）点是为了避免 Revit 自动纠正时，把原本准确的线条纠偏了，尤其是大的总平面，有可能出现这种情况。

图 14-27 链接 dwg 的选项

（5）结构钢筋字体的处理

结构 dwg 图的钢筋标号表达有多种方式，如常见的探索者字体 tssdeng.shx 用 "%%132"等表达，图 14-28 则示意了一种名为 simtxt.shx 的字体，通过"|"等符号表达。这些 dwg 文件链接到 Revit 时，Revit 不会自动转换，会按其原本字符显示。

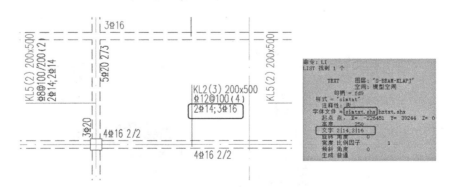

图 14-28 CAD 中的结构钢筋符号表达

为了让其在 Revit 中正确显示钢筋符号，需先在 AutoCAD 里将其字符替换为"Revit.ttf"字体中钢筋符号对应的字符（图 14-29），并将其样式字体设为"Revit.ttf"字体（图 14-30）。如图 14-29 的"|"字符，替换为"&"字符并修改字体样式，则链接到 Revit 后，钢筋符号得以正确显示，如图 14-31 所示。

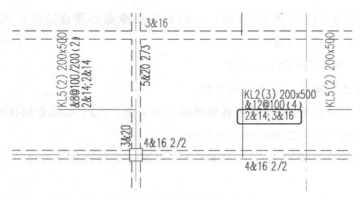

图 14-29 替换钢筋字符

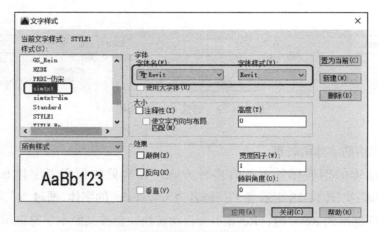

图 14-30 修改该样式的字体为 Revit 字体

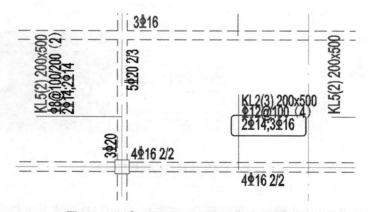

图 14-31 在 AutoCAD、Revit 中均正确显示

　　显然这个过程不可能全部手动完成。我们通过一个简单的 Autolisp 程序，在 AutoCAD 里批量进行字符替换操作，代码如图 14-32 所示。

```
(defun c:ret()
  (setq ss (ssget "A" '((0 . "*text"))))
  (or ss (setq ss (ssadd)))
  (setq m (sslength ss) n 0)
  (while (< n m)
    (setq en (ssname ss n))
    (setq data (entget en))
    (setq str (cdr (assoc 1 data)))
    (while (vl-string-search "%%130" str)
      (setq str (vl-string-subst "$" "%%130" str)))
            (while (vl-string-search "%%131" str)
      (setq str (vl-string-subst "%" "%%131" str)))
            (while (vl-string-search "%%132" str)
      (setq str (vl-string-subst "&" "%%132" str)))
            (while (vl-string-search "%%133" str)
      (setq str (vl-string-subst "#" "%%133" str)))
    (while (vl-string-search "[" str)
      (setq str (vl-string-subst "$" "[" str)))
            (while (vl-string-search "]" str)
      (setq str (vl-string-subst "%" "]" str)))
            (while (vl-string-search "|" str)
      (setq str (vl-string-subst "&" "|" str)))
            (while (vl-string-search "\\" str)
      (setq str (vl-string-subst "#" "\\" str)))
    (setq data (entmod (subst (cons 1 str) (assoc 1 data) data)))
    (setq n (1+ n))
  )
)
```

图 14-32　钢筋字符批量替换程序代码

用记事本将上述代码存为“结构字体替换 .lsp”，拖入 AutoCAD 的绘图区域加载，然后执行第一行里的 ret 命令，即自动替换 4 种钢筋标号的字符。但上述程序没有进行字体样式的修改，还需要手动修改。

上述代码处理了上文见到的探索者 tssdeng 字体、simtxt 字体，如果有其他结构字体，可参照上面的代码自行修改。

14.6　视图 / 图纸输出 dwg 格式

（1）Revit 导出 dwg 的选项传递

Revit 导出 dwg 文件的选项无法单独保存或导出，但可以通过『**管理→传递项目标准**』命令在项目间传递，如图 14-33 所示。该命令需要同时打开两个 Revit 文件（或其中一个链接另一个）才能传递，因此颇为不便。

（2）图层映射

这是导出 dwg 文件最重要的设置项，将 Revit 的构件类别映射为 dwg 里面的图层。这个页面相当复杂，先看其映射表，以电气专业的动力配电系统出图为例，如图 14-34 所示，所涉及的构件类别均按企业 CAD 图层标准设定为特定的图层及颜色；桥架及桥架配件则加上“- 动力”的后缀。

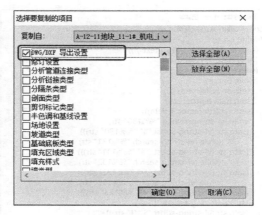

图 14-33　传递 dwg 导出设置

从中可看出图层映射的局限性。**Revit 提供了大类的映射，无法进行细分类别的分别映射**。在视图中我们可以通过视图过滤器对构件类别进行各种细分，但在这里则没有办法。部分构件可以通过图层修改器进行有限的细分，但灵活性很差，稍后介绍。

图 14-34　图层映射设置

因此，当导出动力系统的视图时，需要将桥架设置为后缀"- 动力"的图层；当导出火灾自动报警系统的视图时，又需要将桥架设置为后缀"- 火灾自动报警"的图层。为了随时切换，将这些设置分别保存为独立的配置项，如图 14-34 中左侧列表。

（3）图层修改器

图层修改器给管道系统及风管系统提供了多一个层级的细分，如图 14-35 所示，可加入系统名称、系统类型、系统分类等字段。

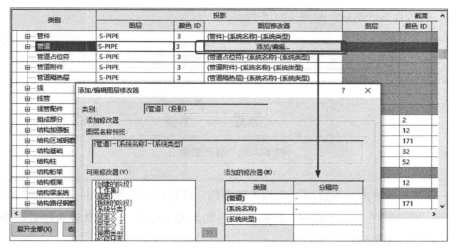

图 14-35 添加图层编辑器

导出后的效果有 3 种, 分别对应图层映射表上方**导出图层选项**中的 3 个选项, 区别如下:

1) 导出类别属性 BYLAYER, 并替换 BYENTITY: 保持了图元在 Revit 中的颜色, 但图元是直接设色, 并非 ByLayer, 如图 14-36 所示。

图 14-36 导出效果 1

2) 导出类别属性 BYLAYER, 但不导出替换: 图元颜色为 ByLayer, 但各个系统的图层颜色均为绿色, 如图 14-37 所示。

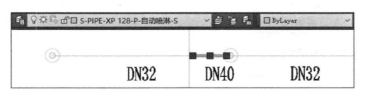

图 14-37 导出效果 2

3) 导出类别属性 BYLAYER, 并创建新图层用于替换: 各个系统新建图层, 颜色按 Revit 显示, 如果同一系统图元在 Revit 中颜色不一样, 则增加图层, 按序号后缀递增,确保图元颜色为 ByLayer，如图 14-38 所示。

图 14-38　导出效果 3

💡提示：虽然有 3 种方式供选择，但均不甚理想。理想的导出结果是：不同系统按不同图层导出，图层颜色也各不相同，但图元颜色均为 ByLayer。方式 2 较为接近理想结果，但需手动修改图层颜色。

在第 7.7、8.4 两节内容中，分别示意了给水排水、暖通空调专业的建议设置，可对照查看。

（4）导出带有重合线的模型

在许多 Revit 模型中，图元会共享一个平面，导致模型线在图纸中重合。将 Revit 模型导出为 CAD 格式时，可以决定是否保留与相同空间中其他线重合的模型线。默认情况下不会保留重合线，建议改为勾选，如图 14-39、图 14-40 所示。

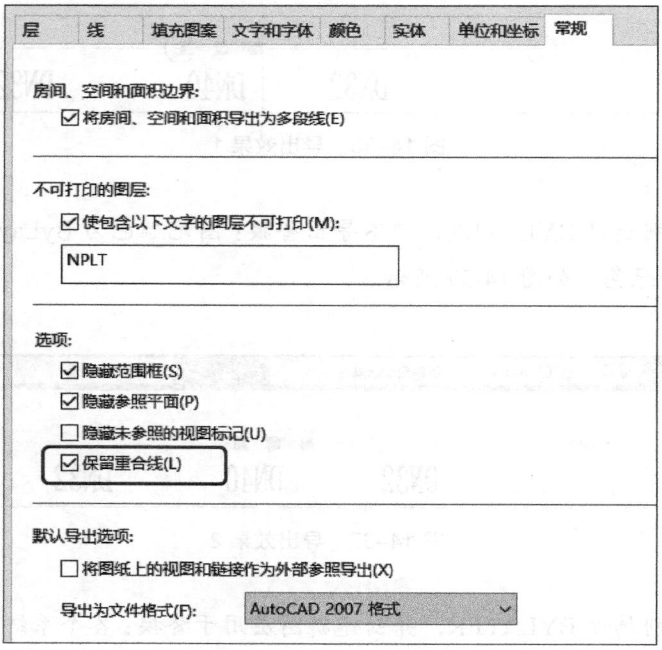

图 14-39　保留重合线

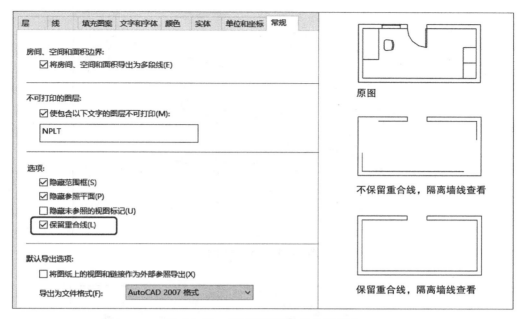

图 14-40　是否保留重合线效果对比

14.7　使用优比 ReCAD 插件导出 dwg 文件

从第 14.6 节的介绍中可以看到，Revit 自带导出 dwg 的功能有较大限制，导出的结果与设计人员以往习惯的使用 AutoCAD 及天正等软件绘制的 dwg 文件有很大区别，不管是内部配合、外部配合，还是成果交付，均需要经过大量的手工处理，才能满足要求。总结起来，Revit 导出 dwg 需经过以下环节的后处理：

（1）图层整理：图层颜色、图层细分。

（2）字体：Revit 导出的 dwg 跟 Revit 本身一样，只能用 Windows 的 TrueType 字体，需手动设置为 shx 字体才满足后续使用要求。

（3）尺寸样式：除标注字体亦为 TrueType 字体外，样式也不符合习惯表达，如斜短线无法加粗，需替换成习惯的样式。

（4）线宽：Revit 将部分图元的线宽直接导出为 dwg 的图元线宽，但不完全；同时由于图层导出的逻辑不完全按颜色组织，因此图元的线宽非常难以整理设定，在 AutoCAD 里打印也难以控制效果。需在图层整理的基础上，将图元设为 ByLayer，才能按颜色设定打印线宽（图 14-41 ~ 图 14-43）。

此外，还有很多细部问题，不一一列举。以图 14-41 所示的局部为例，导出的图面效果如图 14-42 所示。为了解决这些问题，珠江优比研发了一个 Revit 插件——**优比ReCAD**，用于代替 Revit 自带的导出 dwg 功能，取得良好的效果，同一个局部的对比如图 14-43 所示。

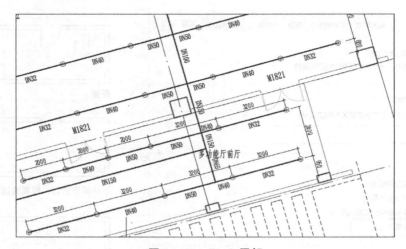

图 14-41　Revit 局部

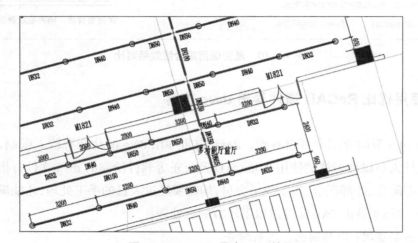

图 14-42　Revit 导出 dwg 效果

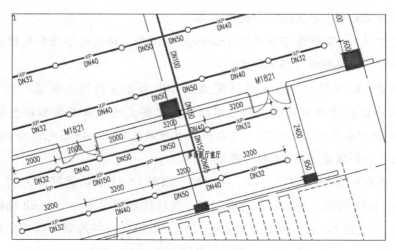

图 14-43　优比 ReCAD 导出 dwg 效果

优比 ReCAD 的界面如图 14-44 所示，在**附加模块**面板下，共 4 个功能按钮：**导出 dwg、批量导出 dwg、合并 dwg、从 CAD 粘贴**。图 14-44 中是其导出 dwg 的功能设置界面。

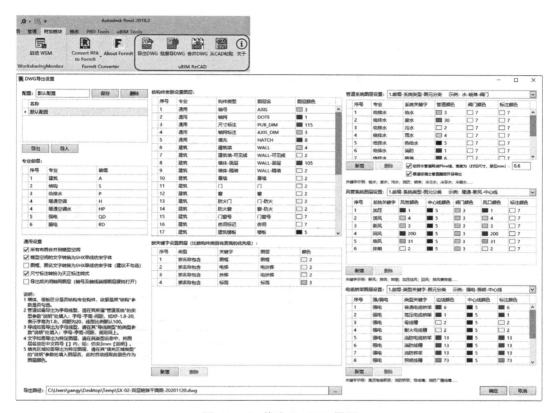

图 14-44　优比 ReCAD 界面

其导出 dwg 文件的功能如下：

（1）导出至模型空间

按国内大部分设计师的习惯，提供了这样的可选项：所有布图合并到模型空间。

（2）尺寸按天正样式

导出后直接将所有尺寸替换为天正尺寸标注样式，如图 14-45 所示。

（3）文字为单线 SHX 字体

可分别设置视图 / 图纸中的文字是否转换为 shx 单线字体，如图 14-45 所示。

（4）图层完全按设计院标准

提供了极大的自由度进行图层的设定，如建筑墙与结构墙分别设定图层；机电专业的分系统导出图层等，此外还加入很多自己控制的方式进行图层细分。如特定的文字样式、详图线样式、填充图案样式，均可自主设定导出的图层及颜色。

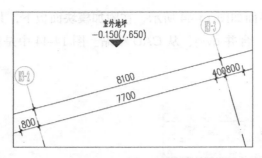

图 14-45　尺寸与文字转换效果

（5）可按关键字设导出图层

可以按族名称的关键字设定导出图层，如电梯、地漏、水泵等专项构件均可导出单独的图层，非常灵活。

（6）可设字母线型

通过在 Revit 中设置管线系统或导线等的属性，直接按设定导出字母线型，如图 14-46 所示。

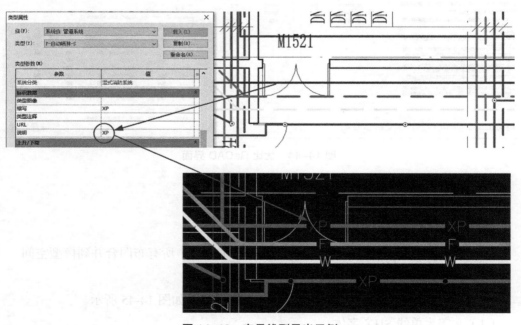

图 14-46　字母线型导出示例

（7）大量细节优化

为了符合设计师的习惯表达，软件对导出的 dwg 进行了大量的细节优化，如：

1）轴号标头与轴线图层分开（甚至还贴心地为机电专业提供了导出后保留轴号隐藏轴线的功能）。

2）图块块内图元设为 0 层。

3）管道可以设定 Pline 线宽度。

4）单线管道导出时将管道与管件合并成一根线。

5）标注符号散件组合成图块。

6）两个半圆组合成一个圆。

7）图框粗细线的区分。

……

（8）图层导出设置

下面对各专业的图层导出设置展开介绍。设置框的中上栏为土建专业的图层设定，按构件类别设定，考虑了国内的分图层习惯，如图 14-47 所示。

按构件类别设置图层：

序号	专业	构件类型	图层名	图层颜色		序号	专业	构件类型	图层名	图层颜色
1	通用	轴号	AXIS	3		17	建筑	建筑楼板	楼板	5
2	通用	轴网	DOTE	1		18	建筑	建筑楼板-截面线	楼板-截面线	5
3	通用	尺寸标注	PUB_DIM	115		19	建筑	家具	家具	8
4	通用	轴网标注	AXIS_DIM	3		20	建筑	橱柜	厨卫设备	147
5	通用	填充	HATCH	8		21	建筑	卫浴装置	厨卫设备	147
6	建筑	建筑墙	WALL	4		22	建筑	楼梯	楼梯	2
7	建筑	建筑墙-可见线	WALL-可见线	2		23	建筑	护栏	护栏	13
8	建筑	墙体-面层	WALL-面层	105		24	建筑	消火栓	消火栓	1
9	建筑	墙体-隔墙	WALL-隔墙	2		25	结构	结构墙	WALL	6
10	建筑	幕墙	幕墙	2		26	结构	结构墙-可见线	WALL-可见线	2
11	建筑	门	门	2		27	结构	梁	梁	4
12	建筑	窗	窗	2		28	结构	梁-截面线	梁-截面线	6
13	建筑	防火门	门-防火	2		29	结构	柱	柱	6
14	建筑	防火窗	窗-防火	2		30	结构	柱-可见线	柱-可见线	4
15	建筑	门窗号	门窗号	7		31	结构	结构楼板	楼板	2
16	建筑	房间标记	房间	7		32	结构	结构楼板-截面线	楼板-截面线	6

图 14-47 土建专业导出图层设定

设置框右侧为机电专业的图层设置，主要根据**系统＋图元分类**组织图层，设置及导出效果如图 14-48 所示。可看到导出后图层设置是相当规范的。

在专业及系统的统一设置以外，优比 ReCAD 还提供了**按关键字设置图层**的功能，其优先级更高，提供了完全自主的图层设定灵活性。以动力系统为例，常需要设置的构件类别有：防火卷帘控制器、配电箱、双电源自动切换箱、电缆沟、变压器、电度表箱等，可以将本专业的常用构件全部分类设定，并保存配置项随时调用，如图 14-49 所示。

还有一个细节，是第 8.2.5 小节中提到的，暖通空调立管的问题，按详细程度为中等显示，立管符号的大小是固定的，不反映真实尺寸。优比 ReCAD 针对这种情况作了优化，增加了一个可选项，导出时如果检测到有暖通专业的立管，则按真实外径导出，如图 14-50 所示。

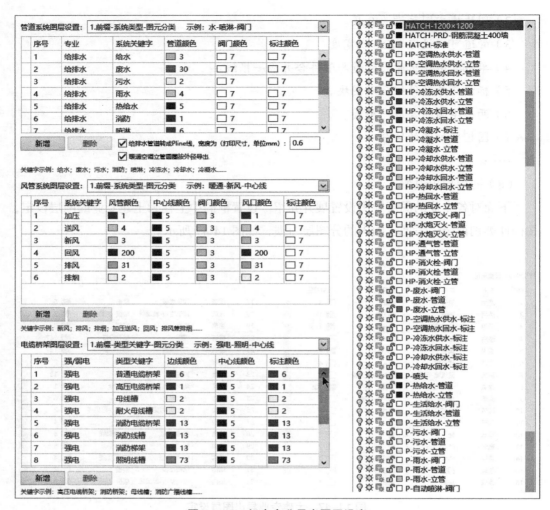

图 14-48　机电专业导出图层设定

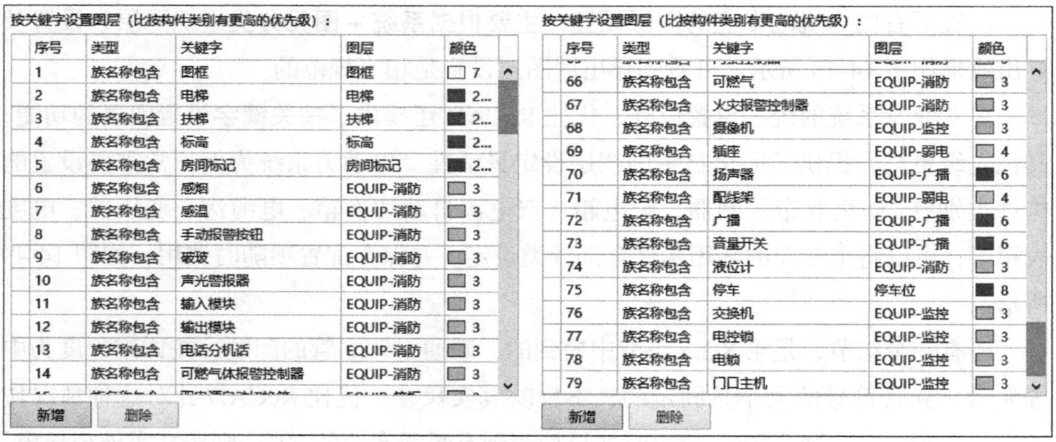

图 14-49　按关键字设置导出图层

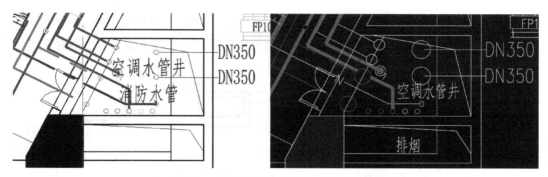

图 14-50　暖通空调立管按真实外径导出

14.8　视图 / 图纸输出 pdf 格式

Revit 不像 AutoCAD 可以打印成 plt 打印文件，其图纸输出主要通过 pdf 格式。一般安装 Adobe Acrobat 后，使用 Adobe PDF 打印机打印，如图 14-51 所示。如果没有 Adobe Acrobat 授权，可使用第三方的免费或开源 PDF 打印机，如 PDFCreator 等。

下面以 Adobe PDF 打印机为例说明打印的注意事项，如图 14-51 所示。

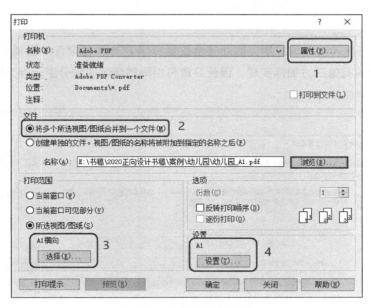

图 14-51　PDF 打印设置

（1）Adobe PDF 打印机属性

如果使用其他 PDF 打印机，设置项会有不同。这里主要需要修改一个默认选项，使打印精度更高。点击图中①处属性按钮，如图 14-53 所示，在默认设置下拉框处选择 "高质量打印"。此选项的分辨率是 2400（默认为 600），且图像精度最高。

如图 14-52 所示,左侧为默认的"标准"打印,右侧为"高质量打印",当放大到 400% 时,左侧的有些线条开始模糊,右侧的则依然挺拔,打印出纸质版也会有区别。

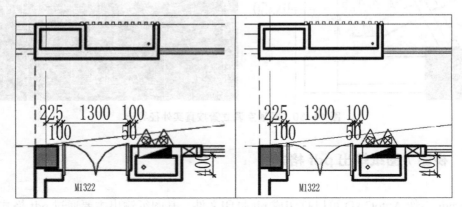

图 14-52　PDF 打印机精度对比

其次,需**去掉勾选"□仅依靠系统字体,不使用文档字体"**。否则经常提示无法打印成功。

图幅处则需每次均按需求设置,无法保存为配置项。

💡提示:由于图幅无法自动识别,因此完全批量打印 PDF(包含各种图幅)是不可能的,目前也没看到有第三方插件实现,因此只能将相同图幅的图纸分组保存为图纸集,再分别进行批量打印。详下文。

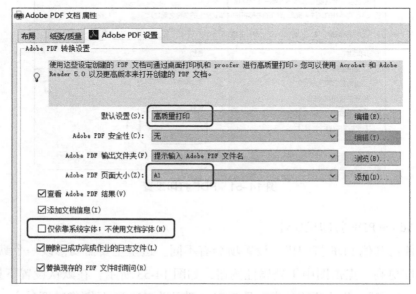

图 14-53　Adobe PDF 打印机属性

（2）PDF 文件合并

将多个视图和图纸打印到 PDF 时，可以指定是将各个视图或图纸保存在单独的 PDF 文件中，还是将所有选定视图和图纸包含在一个 PDF 文件中。如果决定保存多个视图和图纸到各个文件，则打印作业启动后将无法取消。

（3）打印范围

1）当前窗口：即打印当前视图的裁剪区域范围。

2）当前窗口可见部分：即打印当前视图在屏幕的绘图区域所见范围。

3）所选视图 / 图纸：选择预先归类和定义的"视图 / 图纸集"进行批量打印，如图 14-54 所示，事先将同样图幅的图纸分别保存为图纸集，这样每次可以在 PDF 打印机设定处设定一次图幅就把一批图纸打印出来，不用频繁切换图幅。

（4）打印设置

打印设置项如图 14-55 所示。

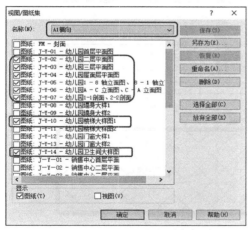

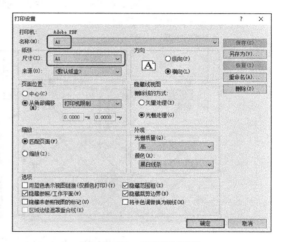

图 14-54　设定图纸集　　　　　　　　　图 14-55　打印设置项

这里是对图幅与打印表现的设置，其余选项按需设置，然后按打印尺寸分别保存配置项。需注意的是**缩放**选项，原则上按比例打印时应该选择**缩放 100%**，但有时候会导致 PDF 打印时外边框少了一条或多条边线。建议选择**匹配页面**，使其略小于页面设置的尺寸，这样就不会丢失边框线，但打印成实体图纸时会带来极微小的比例偏差。

💡提示：如前所述，不同图幅的打印机设置，对应相应图幅的图纸集，选择对应图幅的打印配置项，这样搭配好后基本实现批量打印。

14.9　填充图案的线宽问题

关于 Revit 图元填充图案的线宽，受哪些设置的影响，如何设置符合标准的显示样式，逻辑层级非常复杂。我们拿楼板做实验来进行说明，**首先确保楼板材质没有表面填充。**

（1）在对象样式中，将楼板投影线宽设为 4 号线，截面线宽设为 6 号线。在平面图的"可见性 / 图形替换"（VV 设置）中，添加表面和截面填充图案（颜色不同），如图 14-56 所示。效果表明：

1）对于材质无表面填充的构件，VV 设置的表面填充图案线宽由对象样式中的投影线宽控制。

2）截面填充图案的线宽与对象样式无关。

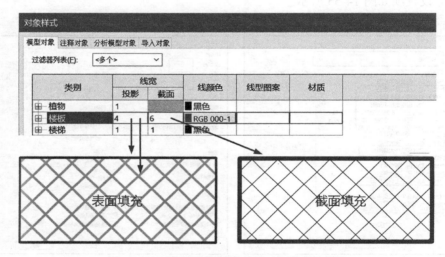

图 14-56　表面及截面填充与对象样式的关系

（2）在平面图的 VV 设置中，将楼板的投影和截面线图形宽度都替换为 8 号线，然后查看效果，如图 14-57 所示，发现楼板的表面及截面的**轮廓线宽度都改变了，填充图案的线宽都没有改变**。结论：

VV 设置不影响表面或截面的填充图案线宽。

（3）将楼板的材质设为有表面填充，图 14-57 中的表面填充随即变为细线，**不再受对象样式控制**，如图 14-58 所示。

（4）经查阅资料后发现，图元截面填充图案的**线宽只受"线宽"设置中 1 号线控制**。打开 Revit 的线宽设置，如图 14-59 所示，对比 1 号线的线宽设置为 0.1mm（细线）与 0.50mm（粗线）的效果，证实截面填充线宽由 1 号线线宽决定。材质有表面填充时，也一样由 1 号线线宽决定，不再展示试验结果。

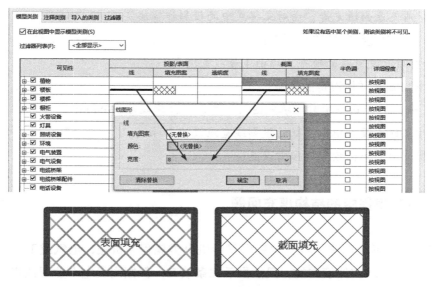

图 14-57 修改投影和截面线宽度

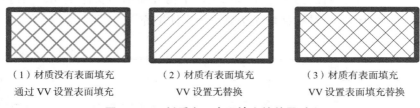

（1）材质没有表面填充　　　（2）材质有表面填充　　　（3）材质有表面填充

通过 VV 设置表面填充　　　VV 设置无替换　　　VV 设置表面填充替换

图 14-58 材质有无表面填充的效果对比

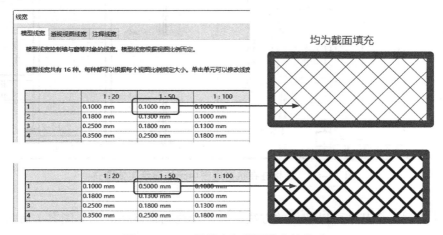

图 14-59 1 号线宽与截面填充的关系

其余构件也遵循这个规律，综合结论如下：

（1）表面填充线宽的决定因素：

1）材质有表面填充者，由 1 号线宽决定。

2）材质无表面填充者，由对象样式中的投影线宽决定。

（2）截面填充线宽的决定因素：

无论材质有没有截面填充，均由 1 号线宽决定。

（3）对 Revit 样板设定的影响：

1）1 号线的线宽应按常规填充图案线宽设定，建议是 0.08mm。

2）对象样式设置中，楼板的投影线宽应设为 1 号线。

3）视图中的楼板投影线按需设置。

14.10 机械规程中的结构填充问题

在 Revit 图形视图中，当其规程设置为机电类规程（**机械、电气或卫浴**）时，**结构构件是无法显示实体填充的，只能显示线条填充**。但国内机电专业习惯将土建底图中的结构构件按灰色实体填充显示，这个矛盾一直没能解决。

如图 14-60 所示，右图为土建模型视图，结构柱显示为实体填充，当链接到机电模型时，无论如何设置，结构柱均无法显示为实体填充。

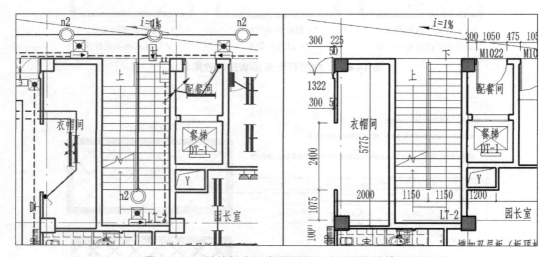

图 14-60　结构柱在机电底图中无法显示实体填充

目前找到一个基本可以替代的方法，即使用线间距极密的填充图案（命名为"密线填充"），使其打印为 PDF 后尽量填满空隙，形成"视觉上的实体填充效果"。

但这个间距并非越小越好，Revit 也不允许过小的间距。Revit 支持最小的线宽为 0.025mm，而设置填充图案时的线条间距则需大于其一倍，否则会弹出提示，如图 14-61 所示。

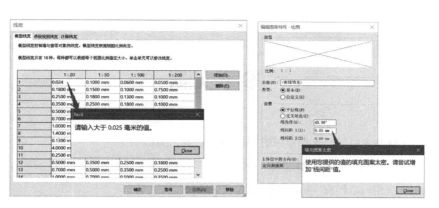

图 14-61　Revit 线宽与线间距的最小限值

当最小线宽按上一节建议设为 0.08mm 时，密线填充的间距则应设为 0.161mm。我们按此设置，然后切换到机械规程。可看到 Revit 视图中，结构柱显示为斜密线填充（需局部放大才会显示），然后打印 PDF 文件，结果如图 14-62 所示。

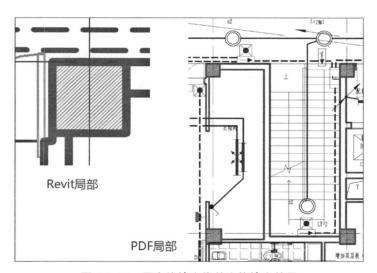

图 14-62　用密线填充代替实体填充效果

图 14-62 所示的效果并非完全变成实体。实际上这个"密度"很难把握，如果将 1 号线的线宽设为更小的值、线间距随之缩小，且不考虑其他影响（如第 14.9 节提到的表面填充线宽问题），即使打印为 PDF 成为实体，也不一定是通用解法，因为还跟 PDF 打印时的图幅、比例、精度有关。

💡提示：我们建议在项目初期，经过纸质版的打印测试，找到项目主要的出图比例下，大家能接受的密度即可。

参考文献

[1] 李云贵 .BIM 技术应用典型案例中国建筑工业出版社，2020.

[2] 刘济瑀 . 勇敢走向 BIM2.0 [M]. 北京：中国建筑工业出版社，2015.

[3] 许臻 .BIM 应用· 设计 [M]. 上海：同济大学出版社，2016.

[4] 李云贵 . 建筑工程设计 BIM 应用指南（第二版）[M]. 北京：中国建筑工业出版社，2017.

[5] 焦柯，杨远丰 .BIM 结构设计方法与应用 [M]. 北京：中国建筑工业出版社，2016.